"十三五"普通高等教育本科系列教材

普通高等教育"十一五"国家级规划教材

# 泵与风机

## （第五版）

主编　何　川　郭立君
编写　潘良明
主审　叶　衡　龙天渝

中国电力出版社
CHINA ELECTRIC POWER PRESS

## 内 容 提 要

本书以讲述叶片式泵与风机为主，并侧重于离心式和轴流式。主要内容包括：泵与风机的工作原理、设备性能、相似理论在泵与风机中的应用、泵的汽蚀、泵与风机的运行及调节，还介绍了热力发电厂中常用泵与风机的结构、运行特点及选型。书后附有泵与风机的型号、型谱、性能曲线及中英文常用名词对照等。

本书为高等院校热能与动力工程专业的专业课教材，也可作为有关专业和工程技术人员的参考书。

**图书在版编目（CIP）数据**

泵与风机/何川，郭立君主编. —5 版. —北京：中国电力出版社，2016.8（2024.1重印）
"十三五"普通高等教育本科规划教材　普通高等教育"十一五"国家级规划教材
ISBN 978 - 7 - 5123 - 9718 - 7

Ⅰ.①泵… Ⅱ.①何… ②郭… Ⅲ.①泵－高等学校－教材②鼓风机－高等学校－教材 Ⅳ.①TH3②TH44

中国版本图书馆 CIP 数据核字（2016）第 205157 号

中国电力出版社出版、发行
（北京市东城区北京站西街 19 号　100005　http：//www.cepp.sgcc.com.cn）
廊坊市文峰档案印务有限公司印刷
各地新华书店经售

\*

1986 年 12 月第一版
2008 年 8 月第五版　2024 年 1 月北京第四十五次印刷
787 毫米×1092 毫米　16 开本　12.5 印张　305 千字
定价 36.00 元

# 前　言

本书是根据原全国高等学校热能动力类专业教学委员会"流体力学，泵与风机"教学组审订的《泵与风机》教材编写大纲，以及在总结了 1980 年、1986 年、1997 年、2004 年、2008 年《泵与风机》教材编写实践经验的基础上拟定的编写大纲编写而成。本书是高等院校热能与动力工程专业的一门专业课教材。

根据专业的特点和要求，本书在加强理论基础的同时，在泵与风机的基本原理、设备性能和运行调节方面内容有所侧重，同时也适当编入了泵与风机的选型设计，对热力发电厂中常用的泵与风机，也作了一般性的介绍。为使学生能牢固掌握所学知识，部分章节后附有例题、思考题和习题。

近年来我国电力工业发展迅速，机组设备更新换代很快。本书取材以大容量、高参数的 600MW 及以上机组配套的泵与风机为主，并力求反映国内外相关的先进科学技术。

本书由重庆大学何川、郭立君担任主编，郭立君编写了绪论、第一章、第六章，何川编写了第二章、第三章、第四章，潘良明编写了第五章、第七章。

本书由浙江大学叶衡、重庆大学龙天渝主审。在编写过程中得到各兄弟院校及泵与风机制造部门、电力设计单位的大力支持，在此表示衷心的感谢。

由于编者水平有限，书中有不妥之处，恳请读者批评指正。

编　者
2016 年 8 月

# 第四版前言

本书是根据原全国高等学校热能动力类专业教学委员会"流体力学，泵与风机"教学组审订的《泵与风机》教材编写大纲，以及在总结了 1980 年、1986 年、1997 年、2008 年《泵与风机》教材编写实践经验的基础上拟定的本书编写大纲进行编写的。它是高等院校热能与动力工程专业的一门专业课教材。

根据专业的特点和要求，在加强理论基础的同时，内容侧重在泵与风机的基本原理、设备性能和运行调节方面，同时也适当编入了泵与风机的选型设计内容，对热力发电厂中常用的泵与风机，也作了一般性的介绍。为使学生能牢固掌握所学知识，各章均附有例题、思考题和习题。

近年来我国电力工业发展迅速，机组设备更新换代很快，因此全书取材以大容量、高参数的 300MW、600MW 机组配套的泵与风机为主，并力求反映国内外相关的先进科学技术。

本书由重庆大学郭立君、何川担任主编，郭立君编写绪论、第一章、第六章，何川编写第二章、第三章、第四章，潘良明编写第五章、第七章。

本书由浙江大学叶衡、重庆大学龙天渝主审。在编写过程中得到各兄弟院校及泵与风机制造部门、电力设计单位的大力支持，在此表示衷心的感谢。

由于编者水平有限，书中不妥之处，恳请读者批评指正。

编 者

2008 年 3 月

# 目　　录

# 绪　　论

## 第一节　泵与风机在国民经济中的应用

泵与风机是将原动机的机械能转换成流体的压力能和动能从而实现流体定向输运的动力设备。输送液体的为泵，输送气体的为风机。液体和气体均属流体，故泵与风机也称为流体机械。

泵与风机广泛地应用在国民经济的各个方面，如农田的灌溉和排涝，采矿工业中井下通风和坑道排水，水力采煤中的液体输送，冶金工业中冶炼炉的鼓风及流体的输送，石油工业中的输油和注水，化学工业中的流体介质输送，城市给排水以及舰艇、航空航天的动力系统等。泵输送的介质除水外，还可输送油、酸液、碱液及液固混合物，以及高温下的液态金属和超低温下的液态气体。可以说，凡需使流体发生非自发流动的场合，都离不开泵与风机的工作。

电能是国民经济至关重要的能源，目前热力发电在电力生产中占据着主导的地位。泵与风机是热力发电厂重要的辅机。图 0-1 是热力发电厂系统简图。由图看出，具有一定温度的水经给水泵 11 升压后送入锅炉，循环水泵 14 从冷水源取水后送往凝汽器，冷却汽轮机的排汽，凝结水泵 6 从凝汽器热水井中抽取凝结水送往除氧器。送风机 26 供给炉膛燃烧所需的空气，而引风机 28 则将锅炉燃烧后的烟气从炉膛抽出排入大气。除此之外还有供给润滑油和调速油的主油泵，补充管路系统汽水损失的补给水泵，排除系统中疏水的疏水泵以及灰渣泵和冲灰泵等。

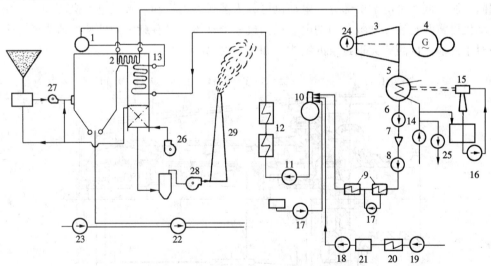

图 0-1　热力发电厂系统简图

1—锅炉汽包；2—过热器；3—汽轮机；4—发电机；5—凝汽器；6—凝结水泵；7—除盐装置；
8—升压泵；9—低压加热器；10—除氧器；11—给水泵；12—高压加热器；13—省煤器；
14—循环水泵；15—射水抽气器；16—射水泵；17—疏水泵；18—补给水泵；19—生水泵；
20—生水预热器；21—化学水处理设备；22—灰渣泵；23—冲灰水泵；24—主油泵；
25—工业水泵；26—送风机；27—排粉风机；28—引风机；29—烟囱

在热力发电厂的电力生产过程中，如果泵和风机发生故障，则直接影响到主机主炉的正常工作，严重时会造成停机停炉的重大事故，特别是当今机组向大容量、单元制方向发展，由事故所造成的经济损失将更大。

在热力发电厂里，厂用电量约占电厂发电量的 10% 左右，泵和风机耗电量又占厂用电量的 70%～80%。由此可见，泵和风机对电厂的安全、经济运行起着十分重要的作用。

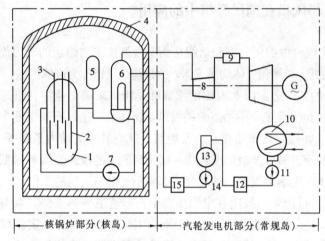

核电站在 20 世纪 80 年代迅速发展起来，与热力发电厂的电力生产过程基本相同，其常规岛部分也是一个汽水循环系统（见图 0-2），也需要给水泵、凝结水泵等。所不同的是锅炉部分，锅炉由反应堆和蒸汽发生器组成一回路系统，在反应堆中进行核裂变所产生的热量靠冷却剂（水或气体）将其带出反应堆送入蒸汽发生器加热给水，冷却剂释热后再回反应堆去吸热。其循环由冷却剂循环泵来完成，它是核电站中最重要的泵，也是一回路系统中唯一的转动机械。为防止泄漏，要求具有极高的密封性，故一般采用无轴封泵。无轴封泵的泵部分与一般

图 0-2　压水式反应堆核电站系统简图

1—反应堆；2—燃料元件；3—控制棒；4—安全壳；5—稳压器；
6—蒸汽发生器；7—冷却剂循环主泵；8—汽轮机发电机组；
9—汽水分离再热器；10—凝汽器；11—凝结水泵；12—低压
加热器组；13—除氧器；14—给水泵；15—高压加热器组

泵相同，所不同的是电动机部分，电动机可分为湿式电动机和屏蔽式电动机两种。采用屏蔽式电动机可将泵与装在屏蔽套内的电动机构成一个整体，没有旋转轴外伸，这样就保证了流体绝对不外泄。屏蔽式无轴封泵的结构，如图 0-3 所示。

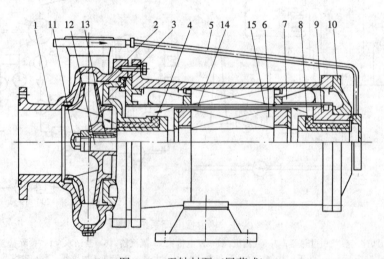

图 0-3　无轴封泵（屏蔽式）

1—泵壳；2—叶轮；3—泵后盖；4—前滑动轴承；5—润滑冷却液体接管；6—电机转子；7—电机定子；8—后滑
动轴承；9—轴承座；10—后端盖；11—叶轮螺母；12—轴；13—键；14—定子屏蔽套；15—转子屏蔽套

# 第二节　泵与风机的分类

由于泵与风机的用途广泛，种类繁多，因而分类方法也很多，但目前多采用以下两种方法。

## 一、按产生压力的大小分类

（1）泵按产生压力的大小分为

低压泵：压力在 2MPa 以下；

中压泵：压力在 2～6MPa 之间；

高压泵：压力在 6MPa 以上。

（2）风机按产生全压的大小分为

通风机：全压 $p<15$kPa；

鼓风机：全压 $p$ 在 15～340kPa 之间；

压气机：全压 $p>340$kPa。

（3）通风机按产生全压的大小可分为

低压离心通风机：全压 $p<1$kPa；

中压离心通风机：全压 $p$ 在 1～3kPa 之间；

高压离心通风机：全压 $p$ 在 3～15kPa 之间；

低压轴流通风机：全压 $p<0.5$kPa；

高压轴流通风机：全压 $p$ 在 0.5～5kPa 之间。

## 二、按工作原理分类

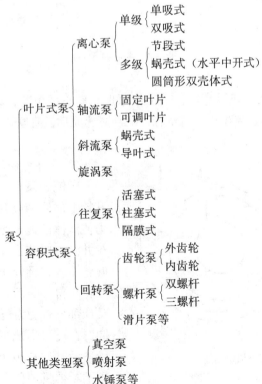

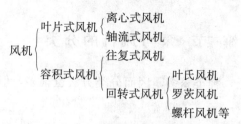

现将几种主要的泵与风机的工作原理及结构特点简述如下。

（一）叶片式泵与风机

叶片式泵与风机都具有叶轮，叶轮中的叶片对流体做功，使流体获得能量。按其获得能量的方式不同，又可分为离心式、轴流式和斜流式。

1. 离心式泵与风机

离心式泵与风机的工作原理是利用旋转叶轮带动流体旋转，借离心力的作用，使流体的能量增加，流体沿轴向进入叶轮后转 90°沿径向流出。图 0-4 为离心泵示意图。叶轮 1 装在螺旋形外壳 2 内，流体从旋转叶轮获得能量后，从扩压管 4 排出。流体排出后必然在叶轮进口形成真空，流体则由吸入室 3 被吸入，叶轮连续旋转，流体则不断被吸入和输出。

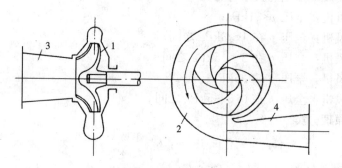

图 0-4　离心泵示意图

1—叶轮；2—压水室；3—吸入室；4—扩散管

图 0-5 所示为离心风机示意图，其工作原理与离心泵相同。离心式泵与风机性能参数可调节范围广、效率高、体积小、重量轻，能与高速原动机直联，在国民经济各领域中得到广泛的应用。

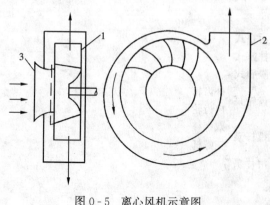

图 0-5　离心风机示意图

1—叶轮；2—机壳；3—集流器

2. 轴流式泵与风机

轴流式泵与风机的工作原理，是利用叶轮上的翼型叶片在流体旋转所产生的升力使流体的能量增加。流体沿轴向进入叶轮并沿轴向流出。图 0-6 为轴流泵示意。叶轮 1 装在圆筒形泵壳 3 内，流体从旋转叶轮获得能量后，经导叶 2 将流体的旋转动能部分转变为压力能，然后沿轴向流出，同时在进口形成低压，流体则由吸入喇叭管 4 沿轴向被吸入，叶轮连续旋转，流体则不断被吸入和排出。图 0-7 为轴流风机示意，其工作原理与轴流泵相同。

轴流式泵与风机与离心式相比，其效率高、流量大、压力小，故一般用于大流量低扬程的场合。目前，大容量机组中的循环水泵及引送风机多采用轴流式的。

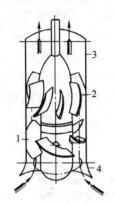

图 0-6　轴流泵示意

1—叶轮；2—导叶；
3—泵壳；4—喇叭管

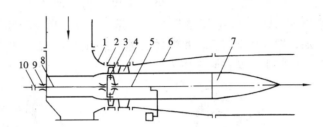

图 0-7　轴流风机示意

1—进气箱；2—外壳；3—动叶片；4—导叶；5—动叶调节机构；
6—扩压筒；7—导流体；8—轴；9—轴承；10—联轴器

### 3. 斜流式泵

斜流式又称混流式，是介于轴流式和离心式之间的一种叶片泵，斜流泵的工作原理是：部分利用了离心力，部分利用了升力，在两种力的共同作用下，提升流体能量，并提高其压力，流体轴向进入叶轮后，沿圆锥面方向流出。图 0-8 为导叶式斜流泵示意。热力发电厂中，斜流泵可作为大容量机组的循环水泵。

### （二）容积式泵与风机

因工作方式的不同，容积式泵与风机可分为往复式和回转式两类。

### 1. 往复式泵与风机

往复式泵与风机的工作原理是利用工作容积周期性的改变来输送流体，并提高其压力。往复式泵与风机包括活塞式、柱塞式及隔膜式三类，现以活塞式为例来说明其工作过程。图 0-9 为活塞泵示意，活塞泵主要由泵缸和活塞组成，活塞由曲柄、连杆带动，将原动机的回转运动变为往复运动。当活塞 1 在泵缸 2 内自最左位置向右移动时，工作室 3 的容积逐渐扩大，室内压力降低，流体顶开吸水阀 4，进入由活塞右移所让出的空间，直到活塞移动至最右位置为止，此过程为泵的吸水过程。当活塞向左方移动，工作室中的流体受活塞挤压，压力升高，吸水阀关闭，并打开压水阀 5 排向压力管路，此过程称为压水过程。输送液体的称活塞泵，输送气体的称活塞式压缩机，其产生的压力较高，但流量小而不均匀，不利

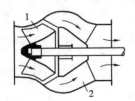

图 0-8　导叶式斜流泵示意

1—叶轮；2—导叶

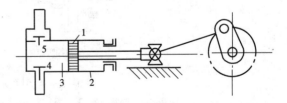

图 0-9　活塞泵示意

1—活塞；2—泵缸；3—工作室；4—吸水阀；5—压水阀

于高速原动机直联，调节较为复杂，适用于压力高，流量小的场合。

2. 回转式泵与风机

回转式泵与风机是利用一对或几个特殊形状的回转体如齿轮、螺杆或其他形状的转子在壳体内做旋转运动来输送流体并提高其压力。图0-10为齿轮泵示意。齿轮泵具有一对互相啮合的齿轮，主动齿轮1旋转时带动从动齿轮2一起旋转，齿轮旋转时，流体经吸入管3进入，并沿上下壳壁被两个齿轮分别挤压至压出管4排出。齿轮泵一般输送黏度较大的液体。图0-11所示为三螺杆泵示意，螺杆泵也是利用螺杆相互啮合来吸入和排出液体的回转式泵。它由主动螺杆1、从动螺杆2与泵壳3组成。当主动螺杆转动时，两个从动螺杆做相反方向转动，螺纹相互啮合，将流体沿轴向进口压至出口。螺杆泵效率比齿轮泵高，可与原动机直联。电厂中，螺杆泵多作为油泵。

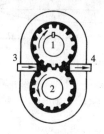 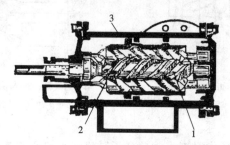

图0-10　齿轮泵示意

1—主动轮；2—从动轮；
3—吸油管；4—压油管

图0-11　三螺杆泵示意

1—主动螺杆；2—从动螺杆；3—泵壳

（三）其他泵

1. 喷射泵

喷射泵主要由喷嘴、扩散管和吸入室组成，如图0-12所示，其工作原理是利用高速射流的抽吸作用来输送流体。压力较高的工作流体进入喷嘴1，流体在喷嘴中将部分压力能转变为动能，从喷嘴射出，因高速射流将喷嘴周围的流体带走，于是在其附近形成真空，被抽吸流体便经吸入管进入吸入室2，在混合室3中与工作流体混合后，经扩散管4进入排出管排出。由于工作流体连续喷射，吸入室继续保持真空，于是得以不断将流体吸入和排出。喷射泵的工作流体可以是蒸汽，也可以是水。被输送流体可以是水或空气。在热力发电厂中，喷射泵多用作抽出凝汽器内的空气，以维持凝汽器内的真空值。

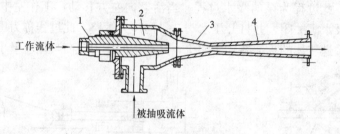

图0-12　喷射泵示意

1—喷嘴；2—吸入室；3—混合室；4—扩散管

2. 水环式真空泵

水环式真空泵主要由一个星形叶轮、泵壳、吸气口、排气口、吸气管和排气管组成，如

图0-13所示。其工作原理是：星形叶轮1偏心地
装在圆筒形泵壳2内，启动前在泵内注入一定量
的水作为工作液体，当叶轮旋转时，水受离心力
的作用被甩向四周形成一个相对于叶轮为偏心的
封闭水环。水环上部内表面与轮毂相切，两相邻
叶片与水环内表面之间形成一周期性扩大与减小
的两个月牙形空间，当叶轮顺时针方向旋转时，
右边月牙形部分空间容积逐渐增大，压力降低，
使之形成真空，将气体由吸气口3吸入。气体进
入左边月牙形部分，空间容积又逐渐减小，气体
受到压缩，压力升高，气与水便由排气口4排出。
叶轮不断旋转，则连续完成吸气和排气的工作
过程。

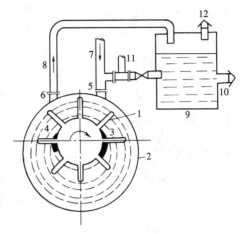

图0-13　水环式真空泵
1—星形叶轮；2—泵壳；3—吸气口；4—排气口；
5、6—接头；7—吸气管；8—排气管；9—水箱；
10—放水管；11—阀；12—放气管

　　水环式真空泵工作时，必须从外部连续地向
泵内注入一定量的水，以补充随气体带走的水。
在热力发电厂中，水环式真空泵主要作为大型泵（如循环水泵）在启动时抽真空之用。

## 第三节　泵与风机的主要部件

### 一、离心式泵与风机的主要部件

（一）离心泵的主要部件

离心泵的主要部件有：叶轮、吸入室、压出室、导叶密封装置等。

1. 叶轮

叶轮是实现能量转换的主要部件，其作用是将原动机的机械能传递给流体，使流体获得
压力能和动能。叶轮水力性能的好坏，对泵效率的影响很大。

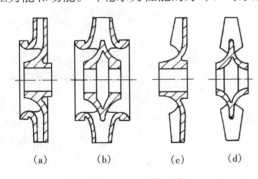

图0-14　叶轮型式
(a)、(b) 封闭式叶轮；(c) 半开式叶轮；(d) 开式叶轮

叶轮一般由前盖板、叶片、后盖板和轮毂
组成。叶轮有封闭式、半开式和开式三种，如
图0-14所示。有前盖板、叶片、后盖板及轮
毂的称封闭式叶轮。封闭式叶轮具有较高的效
率，一般用于输送清水，如电厂中的给水泵，
凝结水泵等。只有叶片、后盖板及轮毂的称半
开式叶轮。前后盖板均没有，只有叶片及轮毂
的称开式叶轮。半开式和开式叶轮一般用于输
送含杂质的流体，如电厂中的灰渣泵、泥浆
泵。开式叶轮效率较低，很少采用。

　　封闭式叶轮又分为单吸式和双吸式两种，如图0-14（a）和（b）所示。双吸式叶轮流
量大于单吸式叶轮，且基本上不产生轴向力并具有改善汽蚀性能的优点。叶片型式有圆柱形
叶片和扭曲（双曲率）叶片。圆柱形叶片流动效率较低，因此，为提高泵效率一般均采用扭
曲叶片。

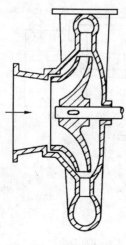

图 0 - 15　锥形吸入室

#### 2. 吸入室

离心泵吸水管法兰接头至叶轮进口的空间称为吸入室,其作用是以最小的阻力损失,引导液体平稳地进入叶轮,并使叶轮进口处的液体流速分布均匀。

吸入室可分为以下几种。

(1)锥形吸入室,如图 0 - 15 所示,其优点是水力性能好,结构简单,制造方便。液体能在锥形吸入室中加速,速度分布较均匀。锥形管的锥度约 $7° \sim 8°$。这种形式的吸入室广泛用于单级悬臂式泵上。

(2)环形吸入室,如图 0 - 16 所示,其优点是结构对称、简单、紧凑、轴向尺寸较小。由于泵轴穿过环形吸入室,在轴的背面产生旋涡,造成进口流速分布不均匀,流动损失较大。但由于轴向尺寸较短,故广泛用于分段式多级泵中。

(3)半螺旋形吸入室,如图 0 - 17 所示。半螺旋形吸入室在轴的背面没有旋涡,进口速度分布均匀,流动损失最小。但液流进入叶轮前有预旋,导致扬程略有下降。它主要用在单级双吸式水泵、水平中开式多级泵上。

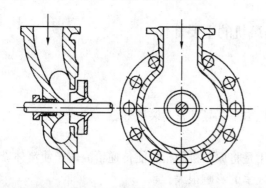

图 0 - 16　环形吸入室

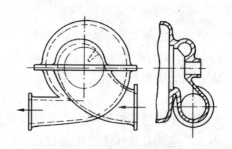

图 0 - 17　半螺旋形吸入室

#### 3. 压出室

压出室是指叶轮出口或导叶出口至压水管法兰接头间的空间,其作用是收集从叶轮流出的高速流体,然后以最小的阻力损失引入压水管或次级叶轮进口。同时,还将液体的部分动能转变为压力能。压出室可分为两种。

(1)螺旋形压出室,又称蜗壳,如图 0 - 18 所示。它收集从叶轮流出的液体,同时在螺旋形的扩散管中将液体的部分动能转换为压力能。螺旋形压出室具有结构简单、制造方便、效率高的特点;但在非设计工况下运行时,会产生径向力。它多用在单级单吸、单级双吸及水平中开式多级离心泵上。

(2)环形压出室,如图 0 - 19 所示。环形压出室的流道断面面积相等,因此,各处流速不相等,流动损失较大,故效率低于螺旋形压出室。它多用于多级泵的出水段或输送含有杂质的液体。

#### 4. 导叶

多级泵的液流是从前一级叶轮流入次级叶轮的,两级之间必须装有导叶。导叶的作用是汇集前一级叶轮流出的液体，并在损失最小的条件下，引入次级叶轮的进口或压出室，同时在导叶内还把部分动能转换为压力能。所以导叶和压出室的作用相同。导叶可分为径向式导叶与流道式导叶。

图0-18　螺旋形压出室

图0-19　环形压出室

（1）径向式导叶，如图0-20所示。它由螺旋线、扩散管、过渡区（环状空间）和反导叶组成。螺旋线和扩散管部分称正导叶，液体从叶轮流出后，由螺旋线部分收集起来，经扩散管将部分动能转变为压力能。液流在过渡区沿轴向转180°后经反导叶进入次级叶轮的进口。

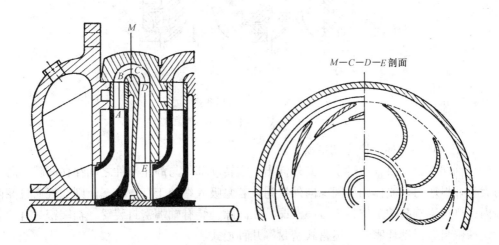
图0-20　径向式导叶

（2）流道式导叶，如图0-21所示。流道式导叶和径向式导叶所不同的是：正反导叶是一个连续的整体，正导叶进口到反导叶出口形成单独的流道，各流道内的液体不相混合。流道式导叶流动损失比径向式小，但结构复杂，制造较困难。目前分段式多级泵趋向采用流道式导叶。

5. 密封装置

密封装置分为密封环和轴端密封。

（1）密封环。密封环又称口环。由于叶轮出口的压力较高，入口压力较低，则由叶轮流出的流体将有一部分反流回叶轮进口。为防止高压流体通过叶轮进口与泵壳之间的间隙泄漏至吸入口，在叶轮进口外圈与泵壳之间加装密封环。密封环有如图0-22所示几种结构型式，一般泵常采用平环式及角接式，高压泵则常采用迷宫式。密封环间隙 $\Delta$ 一般为0.1～

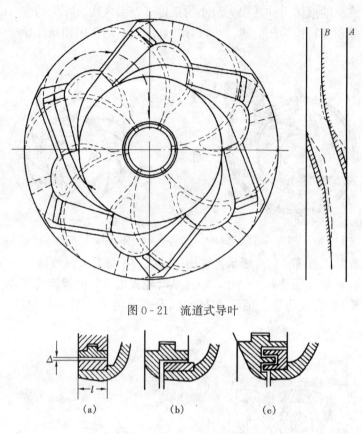

图 0 - 21　流道式导叶

图 0 - 22　密封环型式
(a) 平环式；(b) 角接式；(c) 迷宫式

0.5mm。密封环易磨损，应定期更换。

（2）轴端密封。泵轴通过泵体向外伸出，在转动部件与静止部件之间存在间隙。若泵内压力大于外界压力，流体则从间隙向外泄漏，若泵吸入端处于真空状态，则空气通过间隙流入泵内，严重影响泵的工作。为减小泄漏，在间隙处装有轴端密封装置。轴端密封有填料密封、机械密封、浮动环密封、迷宫式密封等几种形式。

1）填料密封。带水封环的填料密封结构如图 0 - 23 所示。它由填料压盖、填料、水封环、填料箱等组成，是目前普通离心泵最常采用的一种轴封。泵工作时，压盖将填料压紧，使泄漏量减小，从而达到密封的目的。压盖不能过松或过紧，过紧则造成轴套与填料表面摩擦加大，温度迅速升高，严重时可导致轴套和填料烧坏；过松则泄漏量增加，泵效率下降。压紧程度应使液体从填料箱漏出少量（每分钟约 60 滴）液滴为宜。填料箱中装有水封环。通过水封环引入洁净水，使其在轴上形成水环进行密封，以防止空气漏入泵内或泵内压力水漏出泵外，密封水在填料与轴之间流过，同时亦起冷却与润滑作用。

填料常采用石墨油浸石棉绳，或石墨油浸含有铜、铝等金属丝的石棉绳，高温高压泵采用聚四氟乙烯效果较好。填料密封具有结构简单、工作可靠、造价低等优点；但使用寿命短，一般应用于中低压水泵上。

2）机械密封。机械密封的结构如图 0 - 24 所示，主要由动环、静环、弹簧、密封圈等

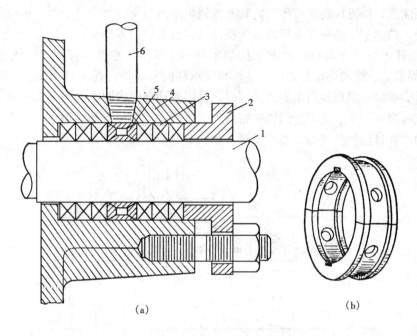

图 0 - 23　带水封环的填料密封

（a）填料密封；（b）水封环

1—轴；2—压盖；3—填料；4—填料箱；5—水封环；6—引水管

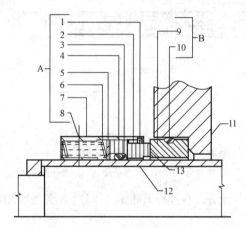

图 0 - 24　机械密封

A—转动部件：1—开口环；2—动环；3—防轴向移动环；4—动环密封圈；5—圆盘；

6—弹簧；7—定位座；8—定位螺栓

B—静止部件：9—静环；10—静环密封圈；11—泵体；12—轴套；13—动密封面

组成。动环用定位螺栓销定在转轴上，与轴一起转动；静环用防转销固定在泵体上，静止不动。动环在液体压力及弹簧力的作用下与静环的端面保持均匀、紧密接触，从而实现密封。为了保证动、静环的正常工作，在两环的端面间需要保持一层极薄的水膜，起冷却和润滑的作用，该液体由外界引入。为防止轴间泄漏，设有动环密封圈；为防止静环与泵体间的泄漏，设有静环密封圈。机械密封具有摩擦耗功小、泄漏量小、密封效果好、密封压力高、使用寿命长等优点，在近代高温高压、高转速的锅炉给水泵上得到广泛应用。机械密封缺点是结构较复杂，端面加工精度要求极高，价格昂贵，且安装技术要求高。

3）浮动环密封。浮动环密封的结构如图0-25所示，主要由浮动环、支承环（浮动套）、弹簧等组成。浮动环密封是以浮动环与支承环的密封端面在液体压力及弹簧力的作用下，保持紧密接触来实现径向密封的；同时，又以浮动环的内圆表面与轴套的外表面所形成的微小间隙对液体产生节流来达到轴向密封。液体的支承力使浮动环沿支承环的密封端面径向自由浮动，并自动调整环心。当浮动环与轴同心时，液体支承力平衡，浮动环不再浮动。

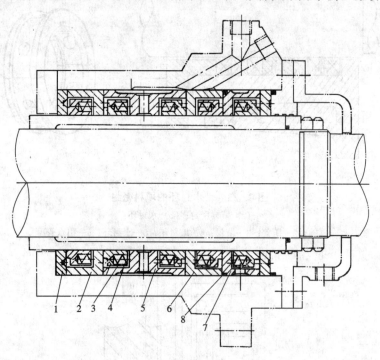

图0-25　浮动环密封

1—密封环；2—浮动套（甲）（支承环）；3—浮动环；4—弹簧；5—浮动套（乙）；
6—浮动套（丙）；7—浮动套（丁）；8—密封圈

为了提高密封效果减小泄漏，在浮动环和轴套间通有密封冷却水，密封液体的压力略高于被密封液体的压力。

浮动环密封相对于机械密封，结构较简单，运行中无轴向碰撞问题，运行可靠、密封效果好；其缺点是轴向尺寸较长，对具有短而粗的轴的大容量机组给水泵应用较少。

4）迷宫式密封。迷宫式密封是一种非接触型的流体动力密封，其机理是利用流体流过转子与静子间的微小间隙产生的节流降压效应来实现密封。迷宫式密封有多种不同型式，图0-26为金属迷宫式密封的示意，与静子固接的金属密封片与转轴间形成多级突扩—突缩的间隙，对轴向泄漏流体实施多级降压、节流，从而实现密封。图0-27为螺旋迷宫式密封的示意，在转轴表面上车有与液体泄漏方向相反的螺旋形沟槽，沟槽中注有略高于密封腔压力的密封水，轴转动时，螺旋沟槽内的密封水沿轴向螺旋前进，阻止泵内液体的外泄。

迷宫式密封在工作时动、静部件间无接触、无磨损，使用寿命长，在大容量机组的给水泵上应用广泛。

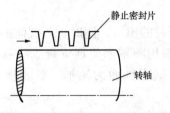

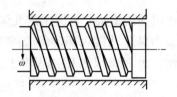

图 0 - 26　金属迷宫式密封示意　　　　　图 0 - 27　螺旋迷宫式密封示意

**（二）离心式风机的主要部件**

1. 叶轮

叶轮是风机的主要部件，由前盘、后盘、叶片及轮毂组成。叶片有前弯式、径向式、后弯式三种，如图 0 - 28 所示。

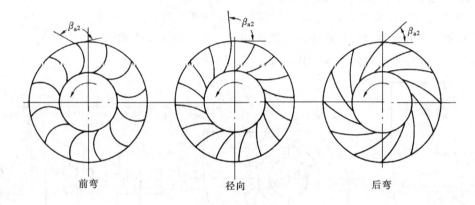

图 0 - 28　叶片型式

后弯式叶片有机翼型、直板型和弯板型三种型式。机翼型叶片具有良好的空气动力特性，效率高；但输运烟气及含尘气体时，叶片易磨穿，一旦粉尘进入空心翼型，则会因叶片积灰失去平衡，引起振动，严重影响风机的正常工作。直板型叶片制造简单，但效率低。弯板型叶片若经优化设计，可具有良好的空气动力特性，效率接近机翼型叶片，因而可用做锅炉引风机的叶片。

前盘有直前盘、锥形前盘和弧形前盘三种型式，如图 0 - 29 所示。直前盘制造简单，但效率较低；弧形前盘制造复杂，但效率较高；锥形前盘介于两者之间。

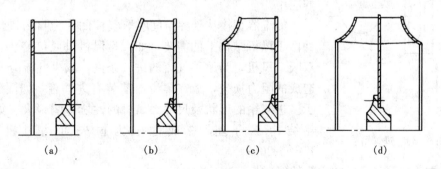

图 0 - 29　前盘型式

（a）直前盘；（b）锥形前盘；（c）弧形单吸前盘；（d）双吸叶轮

**2. 蜗壳**

蜗壳的作用是汇集从叶轮流出的气体并引向风机的出口，同时，将气体的部分动能转换为压力能。为提高风机效率，蜗壳的外形一般采用阿基米德螺旋线或对数螺旋线，但为了加工方便，也常做成近似阿基米德螺旋线。蜗壳轴面为矩形，且宽度不变，如图0-30所示。

在蜗壳出口附近有"舌状"结构，称为蜗舌，其作用是防止部分气流在蜗壳内循环流动。蜗舌分为平舌、浅舌、深舌三种，如图0-31所示。它的几何形状、蜗舌尖部的圆弧半径 $r'$ 以及距叶轮的最小距离 $t$，对风机性能、效率和噪声等均有很大的影响。

蜗壳出口断面的气流速度仍然很大，为了将这部分动能转换为压力能，在蜗壳出口装有扩压器。因气流从蜗壳流出时向叶轮旋转方向偏斜，因此，扩压器做成向叶轮一边扩大，其扩散角通常为 $6°\sim8°$，如图0-30所示。

**3. 集流器与进气箱**

集流器装在叶轮进口，其作用是以最小的阻力损失引导气流均匀地充满叶轮入口，集流器有圆筒形、圆锥形和锥弧形等形式，如图0-32所示。

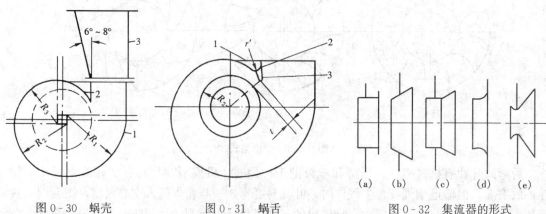

图0-30　蜗壳
1—螺形室；2—蜗舌；
3—扩压器

图0-31　蜗舌
1—平舌；2—浅舌；
3—深舌

图0-32　集流器的形式
(a) 圆筒形；(b) 圆锥形；(c) 圆筒与圆锥组合形；(d) 弧形；(e) 锥弧形

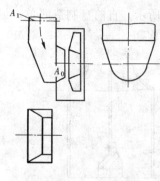

图0-33　进气箱

锥弧形集流器最符合气流流动的规律，它与圆柱形集流器相比，效率可提高 $2\%\sim3\%$，故在大型风机上得到了广泛的应用。

集流器直接从外界空间吸取气体的称为自由进气。另一种由于风机结构上的需要，如大型风机进风口前装有弯管或双吸入风机，为改善气流的进气条件，减少气流分布不均而造成的阻力损失，故在集流器前装有进气箱，如图0-33所示。进气箱的形状及尺寸对风机的性能影响很大。如果进气箱结构不合理，造成的阻力损失可达风机全压的 $15\%\sim20\%$。

**二、轴流式泵与风机的主要部件**

由于轴流式泵与风机的主要部件基本相同，故一并讲述，主要部件有叶轮、导叶、吸入室、扩压筒等。

**1. 叶轮**

叶轮的作用与离心式相同，是把原动机的机械能转换成流体的压力能和动能的主要部件。叶轮由叶片和轮毂组成，如图 0-6 和图 0-7 所示。叶片为扭曲形状，一般为 4～6 片。轮毂用来安装叶片和叶片调节机构。叶轮有固定叶片、半调节叶片及全调节叶片三种。大型轴流泵与风机为提高运行效率，一般采用全调节叶片。

**2. 导叶**

导叶能使通过叶轮前后的流体具有一定的流动方向，并使其阻力损失最小。装在叶轮进口前的称前导叶，装在叶轮出口处的称为后导叶。后导叶除将流出叶轮流体的旋转运动转变为轴向运动外，同时还将旋转运动的部分动能转换为压力能。

**3. 吸入室和集流器**

泵称吸入室，风机称集流器，分别装在叶轮进口，其作用与离心式相同。中小型轴流泵多采用喇叭管形吸入室，大型轴流泵多采用肘形吸入室，如图 0-34 所示。轴流风机一般采用喇叭管形集流器，并在集流器前装有进气箱。

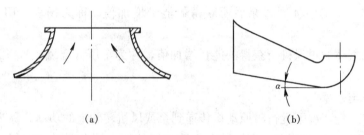

(a)　　　　　　　　　　　(b)

图 0-34　轴流泵吸入室

(a) 喇叭形吸入室；(b) 肘形吸入室

**4. 扩压筒**

扩压筒的作用是将后导叶流出气流的动能部分转变为压力能，其结构有筒形和锥形，如图 0-35 所示。

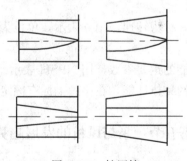

图 0-35　扩压筒

## 第四节　泵与风机的主要性能参数

泵与风机的主要性能参数有：流量、扬程（全压）、轴功率、转速、效率。对水泵而言，还有反映其汽蚀性能的参数——汽蚀余量。下面分别进行介绍。

### 一、流量

泵与风机在单位时间内所输送的流体量称为流量，它可以用体积流量 $q_V$ 表示，也可以用质量流量 $q_m$ 表示。体积流量 $q_V$ 的常用单位为 m³/s、m³/h、L/s；质量流量 $q_m$ 的常用单位为 kg/s、t/h。

体积流量与质量流量的关系为

$$q_m = \rho q_V$$

式中　　$\rho$——流体密度，kg/m³。水在常温 20℃ 时的密度为 $10^3$ kg/m³，空气在常温 20℃ 时的密度为 1.2kg/m³。

由于空气的密度很小，且随温度、压力的变化而变化，所以风机的流量是以在标准状况（$t=20℃$，$p=101.3$kPa）下，单位时间内流过风机入口处的体积流量 $q_V$ 表示的。若工作状况下的流量为 $q_{V1}$，密度为 $\rho_1$，则标准状况下的流量为

$$q_V = \frac{\rho_1}{1.2}q_{V1}$$

### 二、扬程（全压）

单位重力作用下的液体通过泵后所获得的能量增加值，称为扬程，用 $H$ 表示，单位为 m。

单位体积的气体通过风机所获得的能量增加值，称为全压（全风压），用 $p$ 表示，单位为 Pa。

### 三、轴功率与效率

泵与风机在一定工况下运行时原动机传递到泵或风机转轴上的功率，称为轴功率，用 $P$ 表示，单位为 kW。单位时间内通过泵或风机的流体所获得的功率称为有效功率，用 $P_e$ 表示。

泵或风机的效率为有效功率与轴功率之比，即

$$\eta = \frac{P_e}{P}$$

### 四、转速

泵或风机轴每分钟的转数，称为转速，用 $n$ 表示，单位为 r/min。

### 五、汽蚀余量

汽蚀余量是标志泵汽蚀性能的重要参数，用 NPSH 表示。

性能参数反映了泵与风机的整体性能，在铭牌上标有额定工况下的各参数。

## 第五节　泵与风机的发展趋势

随着现代科学技术的不断发展，泵与风机在设计方法上也有了很大进步，这就从根本上改善了泵与风机的动力特性、汽蚀性能和振动特性，特别是在大容量、高转速、高效率、高可靠性、低噪声和自动化方面都达到了新的水平，现分述如下。

### 一、大容量、高参数化

为了提高汽轮发电机组的效率和环保水平，增加机组单机容量和提高运行参数是最有效的途径。20 世纪 90 年代，300～600MW 亚临界压力机组是热力发电的主力机组，21 世纪

已开始向 600～1000MW 超临界和超超临界压力机组发展。2006 年，我国首台 1000MW 超超临界压力机组已投入使用。作为重要辅机的锅炉给水泵容量和参数也相应提高，其出口压力已由亚临界压力的 17.7～20MPa，发展到超临界压力的 25.6～29.4MPa。现在给水泵的最高出口压力已达 34MPa，目前国外正准备发展下一代高效超临界压力机组，其给水泵出口压力将高达 50MPa 以上，驱动功率可达 10000kW。风机方面，1000MW 机组配套的轴流式引、送风机的驱动功率已达 8000kW。

## 二、高速化

20 世纪 60 年代，由于受汽蚀和材料性能等问题的制约，泵的转速一般仅为 3000r/min。近年来，随着科学技术的不断发展，泵的转速越来越高。对泵而言，提高转速可提高泵的单级扬程。因此，在总扬程相同时，可减小叶轮直径，减少泵的级数，缩短泵轴的长度，减小体积，减轻重量，节约原材料和降低制造成本；另外，采用短而粗的泵轴也有利于提高泵的运行可靠性。

如 660MW 机组的给水泵，当转速从 3000r/min 提高到 7500r/min 时，单级扬程可达 1143m，级数从 5 级减少到 2 级，重量减轻了 3/4。由此可见，转速提高后所带来的经济效益是十分显著的。图 0‑36 为不同转速时锅炉给水泵体积比较示意。现代锅炉给水泵的转速一般都在 5500～6000r/min，甚至更高。

目前，送、引风机也正趋于向高转速发展。

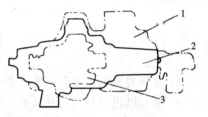

图 0‑36　不同转速时锅炉给水泵体积比较示意

1—3000r/min 时的泵体积；2—4700r/min 时的泵体积；3—7500r/min 时的泵体积

## 三、高效率

泵与风机为通用流体机械，泵的耗电量约占全国年总耗电量的 20%，风机约占 10%。为此，提高泵与风机效率对节约能源具有十分重要的意义。我国早在 20 世纪 70 年代就已经淘汰了效率低于 60% 的离心式和轴流式水泵及效率低于 70% 的风机。随着技术的进步，我国生产的给水泵的效率已超过 80%，引、送风机的效率已接近 90%。

值得注意的是，全国泵与风机设备在系统中的实际运行效率只有 40% 左右，比发达国家低 10%～30%。为此，除提高泵与风机自身的效率外，还需要提高其在系统中的运行效率。

## 四、高可靠性

泵与风机向大容量、高转速方向发展，对可靠性的要求也相应提高。高可靠性是评价泵与风机的一项重要技术指标。因为只追求高效率而忽略可靠性，则在运行中的节能费用远远抵消不了由于泵与风机事故停机所造成的经济损失。为此，在提高效率的同时，应把提高可靠性放在首位。

泵与风机的可靠性需要从计算设计、材料选择、加工制造直到运输安装、运行维护等各个环节加以保证。

## 五、低噪声

热力发电厂是一个强噪声源，如 300MW 机组的送风机附近的噪声高达 124dB。而按有关规定，噪声要控制在 90dB 以下。噪声污染如同空气污染、水污染一样，对人们健康是有害的。

目前，许多国家对噪声控制的机理，噪声检测技术，以及对噪声限制标准等方面都做了大量的研究，并形成了一门新兴的学科。

### 六、自动化

随着计算机技术和网络技术的发展与应用，现在在 300MW 以上机组已全部实现了计算机网络监测控制的 DCS（distributed control system），即分散式计算机控制系统或简称集散控制系统。国外已经有了把热电厂电气部分监测控制均纳入 DCS，从而实现整个火电厂的计算机网络系统监测控制和管理，成为自动化的热电厂。在 DCS 中，泵与风机已不是单机控制，而是网络监测控制；能实现泵与风机的自动启停，在线实现流量、压力、温度等参数的实时监测、显示与控制，以及在线故障自动诊断、自动连锁与保护。

另外，在泵与风机产品开发设计方法上，已从计算机辅助设计（CAD）发展到计算流体力学（CFD）的分析应用，进而向泵与风机的虚拟产品设计（virtual product design）和虚拟产品开发（virtual product development）的方向发展，从而将大大缩短产品开发周期，降低成本，提高产品质量。

## 思 考 题

1. 在热力发电厂中有哪些主要的泵与风机？其各自的作用是什么？
2. 泵与风机可分为哪几大类？发电厂主要采用哪种类型的泵与风机？为什么？
3. 泵与风机有哪些主要的性能参数？铭牌上标出的是指哪个工况下的参数？
4. 水泵的扬程和风机的全压二者有何区别及联系？
5. 离心式泵与风机有哪些主要部件？各有何作用？
6. 轴流式泵与风机有哪些主要部件？各有何作用？
7. 轴端密封的方式有几种？各有何特点？用在哪种场合？
8. 目前热力发电厂对大容量、高参数机组的引、送风机一般都采用轴流式风机，循环水泵也越来越多采用斜流式（混流式）泵，为什么？
9. 试简述活塞泵、齿轮泵及真空泵、喷射泵的作用原理。

# 第一章　泵与风机的叶轮理论

## 第一节　离心式泵与风机的叶轮理论

### 一、离心式泵与风机的工作原理

离心式泵与风机工作时，叶轮带动流体一起旋转，借离心力的作用，使流体获得能量。因此，叶轮是实现机械能转换为流体能量的主要部件。为阐明其工作原理，取一内缘和外缘封闭的叶轮，如图 1-1 所示，其中流体只能和叶轮一起做旋转运动，不能从叶轮流道中流出。在叶轮流道内取一流体微团，密度为 $\rho$，所在半径为 $r$，厚度为 $\mathrm{d}r$，宽度为 $b$，所对应的圆心角为 $\mathrm{d}\varphi$，其质量 $\mathrm{d}m$ 为

$$\mathrm{d}m = \rho b r \mathrm{d}\varphi \mathrm{d}r \tag{1-1}$$

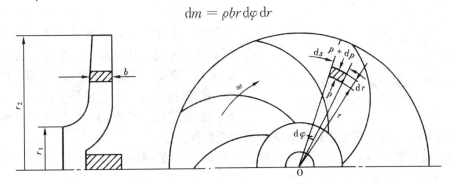

图 1-1　离心式泵与风机的工作原理

质量为 $\mathrm{d}m$ 的流体微团随叶轮以角速度 $\omega$ 旋转时产生的离心力为

$$\mathrm{d}F = \mathrm{d}m r \omega^2 \tag{1-2}$$

将式 (1-1) 代入式 (1-2) 得

$$\mathrm{d}F = \rho b r^2 \omega^2 \mathrm{d}\varphi \mathrm{d}r$$

离心力作用在流体微团的外周，其作用面积为

$$\mathrm{d}A = (r + \mathrm{d}r)\mathrm{d}\varphi b \approx b r \mathrm{d}\varphi$$

单位面积上作用的离心力，其值应与径向压力差相等，即

$$\mathrm{d}p = \frac{\mathrm{d}F}{\mathrm{d}A} = \rho r \omega^2 \mathrm{d}r$$

若为不可压缩流体，且叶轮内缘和外缘的半径分别为 $r_1$ 和 $r_2$，则叶轮内缘和外缘的压力差为

$$p_2 - p_1 = \int_{p_1}^{p_2} \mathrm{d}p = \rho \omega^2 \int_{r_1}^{r_2} r \mathrm{d}r = \frac{\rho}{2}(\omega^2 r_2^2 - \omega^2 r_1^2) = \frac{\rho}{2}(u_2^2 - u_1^2) \tag{1-3}$$

或

$$\frac{p_2 - p_1}{\rho g} = \frac{u_2^2 - u_1^2}{2g} \tag{1-4}$$

式中　$u_1$、$u_2$——叶轮进口和出口处的圆周速度；

　　　　$p_1$、$p_2$——叶轮进口和出口处流体的压力。

式（1-3）指出，离心力使叶轮外缘压力增加，且随半径及转速的升高而加大。如果叶轮不封闭，且外界压力小于 $p_2$ 时，流体则流出叶轮。在叶轮进口处，由于流体流出后压力降低，当低于 $p_1$ 时，在吸入空间压力的作用下，流体被吸入。故在离心力的作用下，流体源源不断的被吸入和排出，形成离心式泵与风机的连续工作。

**二、流体在叶轮中的运动及速度三角形**

（一）流体在叶轮中的运动及速度三角形

为研究叶轮与流体相互作用的能量转换关系，首先要了解流体在叶轮中的运动。由于流体在叶轮中的运动比较复杂，为使问题简化，做以下两点假设：

（1）叶轮中叶片数为无限多，且无限薄，这样可认为流体微团的运动轨迹与叶片的外形曲线相重合。因此，相对速度的方向即为叶片的切线方向。

（2）叶轮中的流体为无黏性流体，即理想流体。因此，可暂不考虑由黏性而产生的能量损失。

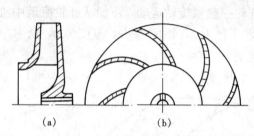

图 1-2　叶轮的轴面投影及平面投影

（a）轴面投影；（b）平面投影

流体在叶轮中的运动情况，可由叶轮的轴面投影图和平面投影图反映出来。这两个投影图表示了叶轮的几何形状。如图 1-2 所示，轴面又称子午面，是通过轴线的平面。轴面投影是用圆弧投影法，即以轴线为圆心，把叶片旋转投影到轴面上所得到的投影图。平面是垂直于轴线的平面，平面投影是把前盖板去掉后的投影图。

当叶轮旋转时，叶轮中某一流体微团将随叶轮一起做旋转运动。同时该微团在离心力的作用下，又沿叶轮流道向外缘流出。因此，流体在叶轮中的运动是一种复合运动。复合运动用矢量法来进行分析研究十分方便，也是研究叶轮理论的重要基础。

叶轮带动流体的旋转运动，称牵连运动，其速度称牵连速度，又称圆周速度，用 $u$ 表示。流体相对于叶轮的运动称相对运动，其速度称相对速度，用 $w$ 表示。流体相对于静止机壳的运动称绝对运动，其速度称绝对速度，用 $v$ 表示，如图 1-3 所示。绝对速度应为相对速度和圆周速度的矢量和，即

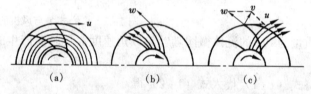

图 1-3　流体在叶轮中的运动

（a）圆周运动；（b）相对运动；（c）绝对运动

$$v = u + w$$

由这三个速度矢量组成的矢量图，称为速度三角形，如图 1-4 所示。绝对速度 $v$ 可以分解成两个相互垂直的分量。绝对速度在圆周方向的分量，称为圆周分速度，用 $v_u$ 表示，$v_u = v \cdot \cos \alpha$，其大小与流体通过叶轮后所获得的能量有关；绝对速度在轴面上的分量，称为轴面速度，用 $v_m$ 表示，$v_m = v \cdot \sin \alpha$，它是流体沿轴面向叶轮出口流出的分量，与通过叶轮的流量有关。轴面速度 $v_m$ 的分量为径向速

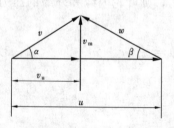

图 1-4　速度三角形

度 $v_r$ 和轴向速度 $v_a$，当轴面流线是径向时，轴面速度才沿半径方向，即 $v_a = 0$ 时，$v_m = v_r$。

在速度三角形中，$\alpha$ 表示绝对速度 $v$ 与圆周速度 $u$ 之间的夹角，$\beta$ 表示相对速度 $w$ 与圆周速度 $u$ 反方向之间的夹角，均称为流动角。$\beta_a$ 表示叶片切线与圆周速度反方向之间的夹角，称为叶片安装角，它是影响泵与风机性能的重要几何参数。当流体沿叶片切线运动时，$\beta = \beta_a$。用下标 1 表示叶片进口处的参数，下标 2 表示叶片出口处的参数，下标 $\infty$ 表示无限多叶片时的参数。

（二）叶轮流道内任意点速度的计算

只要知道三个条件即可做出叶轮流道内任意点的速度三角形，一般由泵与风机的设计参数可求出 $u$、$v_m$ 和 $\beta$ 角，其求法介绍如下。

1. 圆周速度 $u$

叶轮内任意点的圆周速度由下式计算，其方向与所在点的圆周相切。

$$u = \frac{\pi D n}{60} \quad \text{m/s} \tag{1-5}$$

式中　$n$——叶轮转速，r/min；

　　　$D$——计算点的叶轮直径，m。

2. 轴面速度 $v_m$

由连续流动方程，轴面速度为

$$v_m = \frac{q_{VT}}{A} = \frac{q_V}{A\eta_V} \tag{1-6}$$

式中　$q_{VT}$——理论流量，$m^3/s$；

　　　$q_V$——实际流量，$m^3/s$；

　　　$A$——与轴面速度 $v_m$ 相垂直的过流断面面积，$m^2$；

　　　$\eta_V$——容积效率，%。

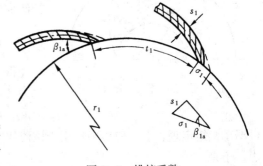

图 1-5　排挤系数

由于过流断面被叶片厚度 $s$ 占去一部分，如图 1-5 所示。设每一叶片在圆周方向的厚度为 $\sigma$，如叶轮有 $z$ 个叶片，则总厚度为 $z\sigma$，当叶片宽度为 $b$ 时，叶片占去的总面积为 $z\sigma b$，则过流断面面积 $A$ 应为

$$A = \pi D b - z\sigma b = \pi D b \left(1 - \frac{z\sigma}{\pi D}\right) \tag{1-7}$$

由于

$$\sigma = \frac{s}{\sin\beta_a}$$

将 $\sigma$ 代入式 (1-7)，并令 $\psi = 1 - \frac{zs}{\pi D \sin\beta_a}$

则

$$A = \pi D b \psi \tag{1-8}$$

式中　$\psi$——排挤系数，表示叶片厚度对流道过流断面面积减小的程度，等于实际过流断面面积与无叶片时的过流断面面积之比。

将式 (1-8) 代入式 (1-6) 得

$$v_m = \frac{q_V}{\pi D b \psi \eta_V} \tag{1-9}$$

**3. 相对速度 $w$ 的方向或 $\beta$ 角**

当叶片为无限多时，相对速度 $w$ 的方向应与叶片相应点切线方向一致，即 $\beta_a = \beta_\infty$。求出 $u$、$v_m$ 及 $\beta$ 后，就可按一定比例画出如图 1-4 所示的速度三角形。

对离心式泵与风机，在研究流体通过叶轮的能量转换关系时，只需知道叶轮进口和出口的运动状态，而不必知道叶轮流道内的运动情况。因此，只需做出叶轮进口和出口的速度三角形即可。

**三、能量方程及其分析**

叶轮旋转对流体做功，使流体获得能量，所增加的能量可以用流体力学中的动量矩定律导出，所得方程即为能量方程。该方程是欧拉（Euler）在 1756 年首先导出，所以也称欧拉方程。

动量矩定理指出：在定常流动中，单位时间内流体质量的动量矩变化，等于作用在该流体上的外力矩。

为讨论问题简化，仍假设叶片数无限多，且无限薄，并为理想的无黏性流体。取叶轮进、出口及两叶片间流道为控制面，当流量、转速等不随时间变化时，叶轮前后的流动为定常流。

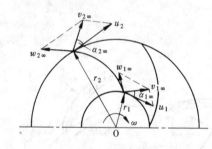

图 1-6　推导能量方程式用图

设叶轮进、出口处的半径分别为 $r_1$ 和 $r_2$，相应的速度三角形如图 1-6 所示。当通过进、出口控制面的质量流量为 $\rho q_V$ 时，则在单位时间内流入和流出进出口控制面的流体相对于轴线的动量矩分别为

$$\rho q_{VT} v_{1\infty} \cos\alpha_{1\infty} r_1$$

$$\rho q_{VT} v_{2\infty} \cos\alpha_{2\infty} r_2$$

由此得单位时间内，叶轮进、出口处流体动量矩的变化为

$$\rho q_{VT}(v_{2\infty} \cos\alpha_{2\infty} r_2 - v_{1\infty} \cos\alpha_{1\infty} r_1)dt$$

根据动量矩定理，上式应等于作用于该流体上的外力矩，即等于叶轮旋转时给予该流体的转矩。于是

$$M = \rho q_{VT}(v_{2\infty} \cos\alpha_{2\infty} r_2 - v_{1\infty} \cos\alpha_{1\infty} r_1)$$

叶轮以等角速度 $\omega$ 旋转时，该力矩对流体所做的功率为

$$M\omega = \rho q_{VT}(v_{2\infty} \cos\alpha_{2\infty} r_2 \omega - v_{1\infty} \cos\alpha_{1\infty} r_1 \omega)$$

或

$$M\omega = \rho q_{VT}(u_2 v_{2u\infty} - u_1 v_{1u\infty})$$

若单位重力作用下流体通过无限多叶片叶轮时所获得的能量为 $H_{T\infty}$，则单位时间内流体通过无限多叶片叶轮时所获得的总能量为 $\rho g q_{VT} H_{T\infty}$。对理想流体而言，叶轮传递给流体的功率，应该等于流体从叶轮中所获得的功率，即

$$\rho g q_{VT} H_{T\infty} = \rho q_{VT}(u_2 v_{2u\infty} - u_1 v_{1u\infty})$$

全式除以 $\rho g q_{VT}$ 得

$$H_{T\infty} = \frac{1}{g}(u_2 v_{2u\infty} - u_1 v_{1u\infty}) \tag{1-10}$$

$H_{T\infty}$ 为理想流体通过无限多叶片叶轮时的扬程，单位为 m。式（1-10）即为离心式泵与风机的能量方程。对风机而言，通常用风压来表示所获得的能量，即 $p_{T\infty}=\rho g H_{T\infty}$，其单位为 Pa。因此，风机的能量方程为

$$p_{T\infty} = \rho(u_2 v_{2u\infty} - u_1 v_{1u\infty}) \tag{1-11}$$

能量方程是泵与风机理论中的重要公式，现分析如下。

（1）理论扬程 $H_{T\infty}$ 与流体的种类和性质无关。如对同一台泵，转速相同，在输送不同的介质时，所产生的理论扬程是相同的。例如，输送水时为某水柱高度，输送空气时则为相同的气柱高度。但是由于介质密度不同，所产生的压力和所需的功率是不同的。

（2）当 $\alpha_{1\infty}=90°$ 时，$v_{1u\infty}=0$，由式（1-10）得

$$H_{T\infty} = \frac{u_2 v_{2u\infty}}{g} \tag{1-12}$$

因此，当 $\alpha_{1\infty}=90°$ 时，叶轮可得到最大的理论扬程。

（3）式（1-12）指出：$H_{T\infty}$ 与 $u_2$、$v_{2u\infty}$ 有关。因此，提高转速 $n$，加大叶轮外径 $D_2$ 和绝对速度的圆周分速 $v_{2u\infty}$ 均可提高理论扬程 $H_{T\infty}$。但加大 $D_2$ 将使损失增加，降低泵的效率；提高转速 $n$，水泵会受汽蚀性能的限制，风机会受噪声性能的限制。比较之下，还是以提高转速 $n$ 来提高理论扬程较为有利。$v_{2u\infty}$ 与叶片出口安装角 $\beta_{2a}$ 有关。而 $\beta_{2a}$ 的大小将影响泵与风机的特性，将在下节讲述。

（4）利用速度三角形，按余弦定律可得

$$w_{2\infty}^2 = v_{2\infty}^2 + u_2^2 - 2u_2 v_{2\infty}\cos\alpha_{2\infty}$$

$$w_{1\infty}^2 = v_{1\infty}^2 + u_1^2 - 2u_1 v_{1\infty}\cos\alpha_{1\infty}$$

由以上两式得

$$u_2 v_{2u\infty} = \frac{1}{2}(v_{2\infty}^2 + u_2^2 - w_{2\infty}^2)$$

$$u_1 v_{1u\infty} = \frac{1}{2}(v_{1\infty}^2 + u_1^2 - w_{1\infty}^2)$$

代入式（1-10）得能量方程的另一表达式，即

$$H_{T\infty} = \frac{v_{2\infty}^2 - v_{1\infty}^2}{2g} + \frac{u_2^2 - u_1^2}{2g} + \frac{w_{1\infty}^2 - w_{2\infty}^2}{2g} \tag{1-13}$$

式（1-13）中第一项是流体通过叶轮后所增加的动能，又称动扬程，用 $H_{d\infty}$ 表示；为减小损失，这部分动能将在压出室内部分地转换为压力能。第二项和第三项是流体通过叶轮后所增加的压力能，又称静扬程，用 $H_{st\infty}$ 表示。其中第二项在前面工作原理部分已知，是由离心力的作用所增加的压力能，第三项则是由于流道过流断面增大，导致流体相对速度下降所转换的压力能。

### 四、离心式叶轮叶片型式的分析

当流体以 $\alpha_{1\infty}=90°$ 进入叶轮时，其理论扬程为

$$H_{T\infty} = \frac{u_2 v_{2u\infty}}{g}$$

由图 1-7（a）速度三角形得

$$v_{2u\infty} = u_2 - v_{2m\infty}\cot\beta_{2a}$$

代入上式得

$$H_{T\infty} = \frac{u_2}{g}(u_2 - v_{2m\infty}\cot\beta_{2a}) \tag{1-14}$$

由式（1-14）可知，当叶轮几何尺寸、转速、流量一定时，则理论扬程 $H_{T\infty}$ 或风压 $p_{T\infty}$ 的大小仅取决于叶片出口安装角 $\beta_{2a}$。叶片出口安装角 $\beta_{2a}$ 决定了叶片型式，通常有以下三种：

$\beta_{2a} < 90°$，叶片的弯曲方向与叶轮的旋转方向相反［见图1-7（a）］，称为后弯式叶片；

$\beta_{2a} = 90°$，叶片的出口方向为径向［见图1-7（b）］，称为径向式叶片；

$\beta_{2a} > 90°$，叶片的弯曲方向与叶轮的旋转方向相同［见图1-7（c）］，称为前弯式叶片。

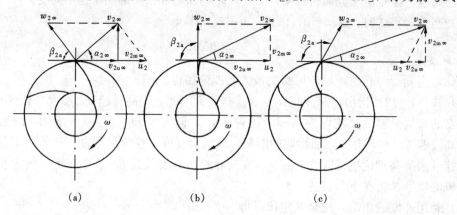

图 1-7　叶片型式

(a) 后弯式（$\beta_{2a\infty} < 90°$）；(b) 径向式（$\beta_{2a\infty} = 90°$）；(c) 前弯式（$\beta_{2a\infty} > 90°$）

现就这三种不同型式的叶片，对理论扬程 $H_{T\infty}$ 和静扬程 $H_{st\infty}$ 及动扬程 $H_{d\infty}$ 的影响分析如下。

为便于分析比较，假设三种叶轮的转速 $n$、叶轮外径 $D_2$、流量 $q_V$ 及入口条件均相同。

（一）叶片出口安装角 $\beta_{2a}$ 对理论扬程 $H_{T\infty}$ 的影响

1. $\beta_{2a} < 90°$（后弯式叶片）

$\beta_{2a} < 90°$ 时，$\cot\beta_{2a}$ 为正值，$\beta_{2a}$ 越小，$\cot\beta_{2a}$ 越大，$H_{T\infty}$ 则越小。当 $\beta_{2a}$ 减小到等于最小角 $\beta_{2amin}$ 时，如图1-7（a）所示，则

$$\cot\beta_{2amin} = \frac{u_2}{v_{2m\infty}}$$

代入式（1-14）得

$$H_{T\infty} = 0$$

这是叶片出口角 $\beta_{2a}$ 的最小极限值。

2. $\beta_{2a} = 90°$（径向式叶片）

当 $\beta_{2a} = 90°$ 时，$\cot\beta_{2a} = 0$，$v_{2u\infty} = u_2$，代入式（1-14）得

$$H_{T\infty} = \frac{u_2^2}{g}$$

3. $\beta_{2a} > 90°$（前弯式叶片）

$\beta_{2a} > 90°$ 时，$\cot\beta_{2a}$ 为负值。$\beta_{2a}$ 越大，$\cot\beta_{2a}$ 越小，$H_{T\infty}$ 则越大。当 $\beta_{2a}$ 增加到等于最大角 $\beta_{2amax}$ 时，如图1-7（c）所示，则

$$\cot\beta_{2a\max} = -\frac{u_2}{v_{2m\infty}}$$

代入式（1-14）得

$$H_{T\infty} = \frac{2u_2^2}{g}$$

这是叶片出口角 $\beta_{2a}$ 的最大极限值。

以上分析结果表明，随叶片出口安装角 $\beta_{2a}$ 的增加，流体从叶轮获得的能量越大。因此，前弯式叶片所产生的扬程最大，径向式叶片次之，后弯式叶片最小。

（二）叶片出口安装角 $\beta_{2a}$ 对静扬程 $H_{st\infty}$ 及动扬程 $H_{d\infty}$ 的影响

为了说明静扬程 $H_{st\infty}$ 和动扬程 $H_{d\infty}$ 在总扬程中所占的比例，现引入反作用度的概念。

反作用度 $\tau$ 表示静扬程 $H_{st\infty}$ 在总扬程 $H_{T\infty}$ 中所占的比例，即

$$\tau = \frac{H_{st\infty}}{H_{T\infty}} = \frac{H_{T\infty} - H_{d\infty}}{H_{T\infty}} = 1 - \frac{H_{d\infty}}{H_{T\infty}} \tag{1-15}$$

由式（1-13）可知

$$H_{d\infty} = \frac{v_{2\infty}^2 - v_{1\infty}^2}{2g} \tag{1-16}$$

由速度三角形得

$$v_{2\infty}^2 = v_{2m\infty}^2 + v_{2u\infty}^2$$

$$v_{1\infty}^2 = v_{1m\infty}^2 + v_{1u\infty}^2$$

将以上两式代入式（1-16）得

$$H_{d\infty} = \frac{v_{2m\infty}^2 - v_{1m\infty}^2}{2g} + \frac{v_{2u\infty}^2 - v_{1u\infty}^2}{2g} \tag{1-16a}$$

通常 $v_{2m\infty}$ 和 $v_{1m\infty}$ 相差不大，可认为 $v_{2m\infty} \approx v_{1m\infty}$；若流体以 $\alpha_{1\infty} = 90°$ 径向流入叶轮，则 $v_{1u\infty} = 0$，式（1-16a）简化为

$$H_{d\infty} = \frac{v_{2u\infty}^2}{2g} \tag{1-16b}$$

将式（1-16b）和式（1-12）代入式（1-15）得

$$\tau = 1 - \frac{v_{2u\infty}^2/2g}{u_2 v_{2u\infty}/g} = 1 - \frac{v_{2u\infty}}{2u_2} \tag{1-17}$$

现用反作用度 $\tau$ 对三种叶片型式进行分析。

1. 当 $\beta_{2a} = \beta_{2a\min}$ 时，$v_{2u\infty} = 0$

由式（1-17）得 $\tau = 1$，表明当 $\beta_{2a} = \beta_{2a\min}$ 时，静扬程 $H_{st\infty}$ 及动扬程 $H_{d\infty}$ 均为零。

2. $\beta_{2a} = 90°$ 时，$v_{2u\infty} = u_2$

由式（1-16b）得

$$H_{d\infty} = \frac{v_{2u\infty}^2}{2g} = \frac{u_2 v_{2u\infty}}{2g} = \frac{H_{T\infty}}{2}$$

$$H_{st\infty} = H_{T\infty} - \frac{H_{T\infty}}{2} = \frac{H_{T\infty}}{2}$$

由式（1-17）得 $\tau = \frac{1}{2}$，表明径向式叶片流体获得的总扬程中，静扬程及动扬程各为1/2。

3. 当 $\beta_{2a} = \beta_{2amax}$ 时，$v_{2u\infty} = 2u_2$

由式（1-17）得 $\tau = 0$，表明当 $\beta_{2a} = \beta_{2amin}$ 时，流体获得的总扬程全部为动扬程，静扬程为零。

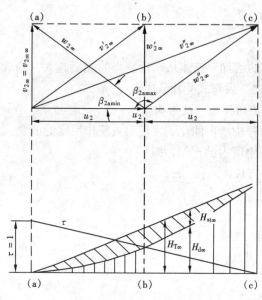

图 1-8　不同 $\beta_{2a}$ 的速度三角形及
反作用度 $\tau$ 与 $\beta_{2a}$ 的关系

(a) $\beta_{2a} = \beta_{2amin}$；(b) $\beta_{2a} = 90°$；(c) $\beta_{2a} = \beta_{2amax}$

分析结果表明：随着叶片出口角 $\beta_{2a}$ 加大，总扬程增加，反作用度 $\tau$ 减小，如图 1-8 所示。在 $\beta_{2amin} < \beta_{2a} < 90°$ 范围，流体获得的总扬程中，静扬程所占比例大于动扬程；$\beta_{2a} = 90°$ 时，总扬程中静扬程、动扬程各占 1/2；而在 $90° < \beta_{2a} < \beta_{2amax}$ 的范围内，总扬程中动扬程所占比例大于静扬程。

综上所述，三种不同的叶片在进、出口流道面积相等、叶片进口几何角相等时，由图 1-7 可知，后弯式叶片流道较长，弯曲度较小，且流体在叶轮出口绝对速度小。因此，当流体流经叶轮及转能装置（导叶或蜗壳）时，能量损失小、效率高、噪声低。但后弯式叶片产生的总扬程较低，所以在产生相同的扬程（风压）时，需要较大的叶轮外径或较高的转速。为了满足高效率的要求，离心泵均采用后弯式叶片，通常 $\beta_{2a}$ 为 20°～30°；对效率要求高的离心式风机，也采用后弯式叶片，一般 $\beta_{2a}$ 为 40°～60°。

径向式叶片，流道较短，且通畅，叶轮内的流动损失较小。但叶轮出口绝对速度比后弯式大，故在叶轮后续流道中的能量损失比后弯式大，总的效率低于后弯式，噪声也比后弯式高。其优点是在同样尺寸和转速下，所产生的扬程（风压）比后弯式高，且叶片制造工艺简单，不易积尘。因此常用于通风机或排尘风机中。

前弯式叶片，流道短，弯曲度大，且叶轮出口绝对速度大。因此，在叶轮流道及其后续流道中的能量损失大，效率低，噪声也大。前弯式叶片优点是总扬程（风压）高，当产生相同扬程（风压）时，可以有较小的叶轮外径或较低的转速。一般用于低压通风机中，其 $\beta_{2a}$ 为 90°～155°。

**五、有限叶片叶轮中流体的运动**

流体在无限多叶片叶轮中流动时，流道内的流体沿叶片的型线运动，因而流道任意半径处相对速度分布是均匀的，如图 1-9 中 $b$ 所示。而实际叶轮中的叶片是有限数量的，流体是在具有一定宽度的流道内流动。因此，除紧靠叶片的流体沿叶片型线运动外，其他都与叶片的型线有不同程度的差别，从而使流场发生变化。这种变化是由轴向旋涡运动引起的。

轴向旋涡运动可以用一个简单的物理试验来说明。如图 1-10 所示，用一个充满理想流体的圆形容器，流体上悬浮一箭头 AB。当容器在中心处以角速度 $\omega$ 绕中心 $O$ 作顺时针方向旋转时，因为理想流体没有摩擦力，所以流体不转动，此时箭头的方向未变。这说明流体由于本身的惯性保持原有的状态。若容器依某给定回转半径从位置Ⅰ沿顺时针方向向位置Ⅳ作等角速度旋转运动，容器中的流体相对于容器也有一个旋转运动，其方向却与容器旋转方向相反，角速度则相等。在旋转叶轮中，如果把叶轮流道进口和出口两端封闭，则叶轮流道就相当于一个绕中心轴旋转的容器，此时在流道中的流体就有一个和叶轮旋转方向相反、角速度相等的相对旋转运动，如图1-9中a所示。这种旋转运动具有自己的旋转轴心，相当于绕轴的旋涡，因此称为轴向旋涡运动，或轴向涡流。在有限叶片叶轮中，叶片压力面上，由于两种速度方向相反，叠加后，使相对速度减小；而在叶片吸力面上，由于两种速度方向一致，叠加后使相对速度增加。因此，在流道同一半径的圆周上，相对速度的分布是不均匀的，如图1-9中c所示。由于流体分布不均匀，则在叶轮出口处，相对速度的方向不再是叶片出口的切线方向，而是向叶轮旋转的反方向转动了一个角度，使流动角$\beta_2$小于叶片安装角$\beta_{2a}$。于是出口速度三角形由△abc变为△abd（如图1-11所示），由于轴向涡流使相对速度产生滑移，导致$\beta_2 < \beta_{2a}$，$v_{2u} < v_{2u\infty}$，使有限叶片叶轮的理论扬程下降，则有限叶片叶轮的理论扬程为

$$H_T = \frac{u_2 v_{2u}}{g} \tag{1-18}$$

由图1-11有

$$u_2 = v_{2u} + \Delta v_{2u} + v_{2m\infty} \cot\beta_{2a} \tag{1-19}$$

因$v_{2m\infty} = w_{2m\infty}$，$v_{2m} = w_{2m}$，且$w_{2m} \approx w_{2m\infty}$，故式（1-19）可写为

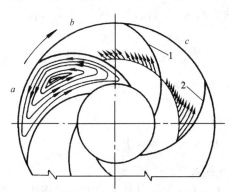

图1-9　流体在叶轮流道中的运动
1—压力面；2—吸力面

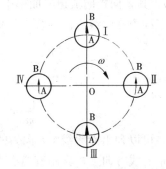

图1-10　轴向旋涡试验

$$v_{2u} = u_2 - \Delta v_{2u} - w_{2m} \cot\beta_{2a}$$

将上式代入式（1-18），可得另一表达式为

$$H_T = \frac{u_2(u_2 - \Delta v_{2u} - w_{2m}\cot\beta_{2a})}{g} \tag{1-20}$$

对轴向涡流可进一步从理论上用数学方法进行分析，从力的平衡关系出发建立运动微分方程式，从而可求得流体在有限叶片叶轮流道中相对速度的分布规律。

在叶轮流道中取一流体微团，其所在半径为$r$，如图1-12所示，其质量为

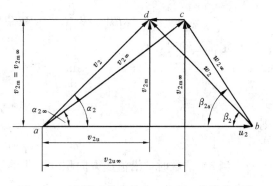

图1-11　有限叶片叶轮出口速度三角形的变化

$$dm = \rho\,dn\,ds\,b$$

式中　$dn$——微团沿流线法线方向的宽度;

　　　$ds$——微团沿流线方向的长度;

　　　$b$——所在半径处轴面上的厚度。

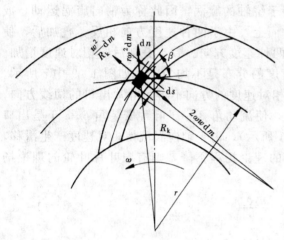

图 1-12　后弯式叶轮流道中流体微团的受力情况

设叶轮以等角速度 $\omega$ 旋转,流体微团在流道内以相对速度 $w$ 运动,如图 1-12 所示。取相对运动坐标,将作用在该流体微团上的力,分解成流线法线 $n$ 方向的力和沿流线 $s$ 方向的力。首先分析流线法线方向力的平衡方程式。作用在流体微团法线方向的力有以下几个。

(1) 流体微团沿叶片曲率半径为 $R_k$ 的流道运动时,产生的离心力为 $\dfrac{w^2}{R_k}dm$,其方向沿曲率半径向外。

(2) 流体微团与叶轮一起做旋转运动时,在叶轮半径方向产生的离心力 $r\omega^2 dm$,该离心力在法线方向的分量为 $r\omega^2\cos\beta dm$。

(3) 由于流体微团以相对速度 $w$ 在运动着的流道内流动,则在流线法线方向产生哥氏力 $2\omega w\,dm$,其方向指向流道的曲率中心。

上述三种力在法线方向的合力,将产生沿 $n$ 方向的压力变化。于是有

$$\frac{\partial p}{\partial n}dn\,ds\,b = \rho\left(\frac{w^2}{R_k}+r\omega^2\cos\beta-2\omega w\right)dn\,ds\,b$$

由上式得法线方向的压力梯度为

$$\frac{\partial p}{\partial n} = \rho\left(\frac{w^2}{R_k}+r\omega^2\cos\beta-2\omega w\right) \tag{1-21}$$

同理,可以列出沿流线 $s$ 方向力的平衡方程式。

在这个流线方向上,作用有离心力的分量 $r\omega^2\sin\beta dm$ 以及流动方向的压力变化所引起的压力差 $\dfrac{\partial p}{\partial s}dn\,ds\,b$。这两个力的合力将使流体微团产生加速度。按牛顿定律,其运动方程式为

$$\rho\,dn\,ds\,b\,\frac{dw}{dt} = \rho\,dn\,ds\,b\,r\omega^2\sin\beta-\frac{\partial p}{\partial s}dn\,ds\,b$$

在定常流动时,有

$$\frac{dw}{dt}=\frac{\partial w}{\partial s}\qquad \frac{ds}{dt}=w\frac{\partial w}{\partial s}$$

又　　　　　　　　　　　　　$$\sin\beta ds = dr$$

则　　　　　　　　　　　　$$\rho w\,dw = \rho r\omega^2 dr - dp$$

或　　　　　　　　　　$$\rho w\,dw - \rho r\omega^2 dr + dp = 0$$

于是,当 $\rho=$ 常数时,沿流线方向积分上式得

$$\frac{w^2}{2}+\frac{p}{\rho}-\frac{u^2}{2} = H' = 常数$$

再将上式除以 $g$ 得

$$\frac{w^2}{2g} + \frac{p}{\rho g} - \frac{u^2}{2g} = H = 常数 \tag{1-22}$$

式（1-22）为相对旋转运动的能量方程式。

根据两个方向的力的平衡方程式，可求得相对速度的分布规律。

由于不计摩擦损失，相邻流线的 $H$ 相等，即有 $\frac{\partial H}{\partial n}=0$，于是对式（1-22）在 $n$ 方向进行微分后得

$$\frac{\partial H}{\partial n} = \frac{w}{g}\frac{\partial w}{\partial n} + \frac{1}{\rho g}\frac{\partial p}{\partial n} - \frac{u}{g}\frac{\partial u}{\partial n} = 0$$

由上式得

$$\frac{\partial p}{\partial n} = \rho\left(u\frac{\partial u}{\partial n} - w\frac{\partial w}{\partial n}\right) \tag{1-23}$$

因为 $u=r\omega$，且使 $dn=\dfrac{dr}{\cos\beta}$，则有 $du=\omega dr$ 和 $\dfrac{du}{dn}=\omega\cos\beta$，将其代入式（1-23）得

$$\frac{\partial p}{\partial n} = \rho\left(r\omega^2\cos\beta - w\frac{\partial w}{\partial n}\right)$$

将上式与式（1-21）比较得

$$\frac{\partial w}{\partial n} = 2\omega - \frac{w}{R_k} \tag{1-24}$$

式（1-24）是后弯式有限叶片叶轮中理想流体相对运动的微分方程式。它反映了在两叶片间任一断面上相对速度在流线法线方向的变化。因此，它是研究流道内速度分布规律的基础。

对运动微分方程式（1-24）求解，即可得到流道内相对速度的分布规律。但由于实际情况比较复杂，只能在作了某些假设和简化之后，才能求得近似解。用近似解来解决工程问题，可以得到满意的结果。

假设流道内所有流线的曲率半径相等，并等于 $R_k$。这一假设对于叶片数越多，叶片间流道宽度越小的泵与风机，与实际情况越为接近。

在流道宽度方向，并在流道中线建立法向轴 $n$，同时用 $n$ 表示流道上任意点在 $n$ 轴上的坐标。当 $n=0$ 时，设流道中间流线上的相对速度为 $w_m$，将式（1-24）通分并移项得

$$\int_{w_m}^{w}\frac{dw}{2\omega R_k - w} = \int_0^n\frac{dn}{R_k}$$

上式积分得

$$w = (w_m - 2\omega R_k)e^{-n/R_k} + 2\omega R_k \tag{1-25}$$

由于比值 $n/R_k$ 很小，因此可以把 $e^{-n/R_k}$ 分解为级数后取其前两项，即

$$e^{-n/R_k} = 1 - \frac{n}{R_k}$$

将上式代入式（1-25）并简化后，得

$$w = w_m\left(1 - \frac{n}{R_k}\right) + 2\omega n \tag{1-26}$$

式（1-26）就是运动微分方程式（1-24）的解。

如叶片间流道的宽度为 $a$，则在叶片压力面上 $\left(n=-\dfrac{a}{2}\right)$ 的相对速度为

$$w' = w_{\mathrm{m}}\left(1+\frac{a}{2R_{\mathrm{k}}}\right) - a\omega \tag{1-27}$$

在叶片吸力面上 $\left(n=\dfrac{a}{2}\right)$ 的相对速度为

$$w'' = w_{\mathrm{m}}\left(1-\frac{a}{2R_{\mathrm{k}}}\right) + a\omega \tag{1-28}$$

由式（1-27）和式（1-28）可知，叶片吸力面上的相对速度大于压力面上的相对速度，故其在法线方向的分布是非均匀的。

由式（1-26）可以认为相对速度 $w$ 由两部分组成，即

$$w = w_{\mathrm{I}} + w_{\mathrm{II}}$$

其中

$$w_{\mathrm{I}} = w_{\mathrm{m}}\left(1-\frac{n}{R_{\mathrm{k}}}\right)$$

$$w_{\mathrm{II}} = 2\omega n$$

速度 $w_{\mathrm{I}}$ 表示叶轮未旋转时，通过叶轮流道的流体平均速度，即平均通流速度。对于径向式叶片，$R_{\mathrm{k}}=\infty$，$\dfrac{n}{R_{\mathrm{k}}}=0$，则

$$w_{\mathrm{I}} = w_{\mathrm{m}}$$

即流道断面上任意点的相对速度 $w_{\mathrm{I}}$ 等于中间流线的相对速度 $w_{\mathrm{m}}$，如图 1-9 中 $b$ 所示。

速度 $w_{\mathrm{II}}$ 与所取点的位置及叶轮的转速有关，在叶片吸力面上 $n=\dfrac{a}{2}$，则流体质点的相对速度为

$$w_{\mathrm{II}} = \omega a$$

在叶片压力面上 $n=-\dfrac{a}{2}$，则

$$w_{\mathrm{II}} = -\omega a$$

以上结果 $w_{\mathrm{II}}=\pm\omega a$ 表明，在叶片压力面和吸力面上的速度，大小相等方向相反。这相当于在封闭叶轮流道中形成了轴向涡流，如图 1-9 中 $a$ 所示。因此，在实际流动中断面上任一点的速度，是由 $w_{\mathrm{I}}$ 和 $w_{\mathrm{II}}$ 两部分速度叠加的结果。在压力面上，$w_{\mathrm{I}}$ 与 $w_{\mathrm{II}}$ 方向相反，则叠加后使速度减小。在吸力面上 $w_{\mathrm{I}}$ 与 $w_{\mathrm{II}}$ 方向相同，则叠加后使速度增加，所以相对速度是从压力面向吸力面方向近似成线性增加的，如图 1-9 中 $c$ 所示。这就从理论上证明了本小节前面讲过的由于流体惯性引起的轴向涡流。从能量守恒关系可知，因压力面上的速度小，所以压力大；而吸力面上速度大，所以压力小。

分析式（1-27）可以看出，当流量减小到某一数值时，也即是 $w_{\mathrm{m}}$ 减小到某一数值时，则发生一种特殊的现象，此时压力面上的相对速度为零。当流量进一步减小，即 $w_{\mathrm{m}}$ 进一步减小时，则在流道内出现逆流。所以对应每个叶轮有一最佳流量，当低于这个最佳流量时，则在叶片压力面上发生逆流。如果流量不变，则逆流取决于叶片间的宽度 $a$，即取决于叶片数 $z$ 及叶轮旋转角速度 $\omega$。目前对于高速泵来说，有可能在叶片工作面上出现逆流，从而降低泵扬程。因此，合理选择叶片数十分重要。

对于前弯式叶片叶轮的分析方法与后弯式叶片叶轮的分析相同，只是力的方向有变化，

故不再赘述。仅列出公式如下

$$\frac{\partial p}{\partial n} = \rho\left(\frac{w^2}{R_k} + r\omega^2\cos\beta + 2\omega w\right) \tag{1-21a}$$

$$\frac{\partial w}{\partial n} = -\left(2\omega + \frac{w}{R_k}\right) \tag{1-24a}$$

$$w = w_m\left(1 + \frac{n}{R_k}\right) + 2\omega n \tag{1-26a}$$

或

$$w' = w_m\left(1 - \frac{a}{2R_k}\right) - a\omega \tag{1-27a}$$

$$w'' = w_m\left(1 + \frac{a}{2R_k}\right) + a\omega \tag{1-28a}$$

对于径向式叶片叶轮，有

$$\frac{\partial w}{\partial n} = 2\omega \tag{1-24b}$$

$$w = w_m + 2\omega n \tag{1-26b}$$

### 六、滑移系数 $\sigma$ 和环流系数 $K$

由上述分析已知，在有限叶片叶轮流道中，由于流体惯性出现了轴向涡流，使叶轮出口处流体的相对速度产生滑移，导致扬程下降，使 $H_T < H_{T\infty}$，但所降低的扬程并不表示能量损失，而只是叶轮传递给流体的能量减少。

滑移量（如图 1-11 所示）可表示为

$$\Delta w_{2u} = \Delta v_{2u} = v_{2u\infty} - v_{2u}$$

上式中 $\Delta v_{2u}$ 称为滑移速度。对它至今还没有精确的计算方法。一般采用环流系数 $K$ 或滑移系数 $\sigma$ 来衡量滑移量的大小。

环流系数 $K$ 用式 (1-29) 表示

$$K = \frac{H_T}{H_{T\infty}} = \frac{v_{2u}}{v_{2u\infty}} = 1 - \frac{\Delta v_{2u}}{v_{2u\infty}} \tag{1-29}$$

滑移系数 $\sigma$ 用式 (1-30) 表示

$$\sigma = \frac{u_2 - \Delta v_{2u}}{u_2} = 1 - \frac{\Delta v_{2u}}{u_2} \tag{1-30}$$

$K$ 和 $\sigma$ 都是对 $H_{T\infty}$ 的修正系数。将式 (1-29) 和式 (1-30) 联立求解，消去 $\Delta v_{2u}$，可以得到它们之间的相互关系

$$K = 1 - (1-\sigma)\frac{u_2}{v_{2u\infty}} \tag{1-31}$$

$$\sigma = 1 - (1-K)\frac{v_{2u\infty}}{u_2} \tag{1-32}$$

只要知道 $K$ 或 $\sigma$，便可按以下公式求得 $H_T$。

(1) 若已知 $K$，便可用式 (1-29) 求得 $H_T$，即

$$H_T = KH_{T\infty} \tag{1-33}$$

(2) 若已知 $\sigma$，由式 (1-20) 有

$$H_T = \frac{u_2}{g}\left[u_2\left(1 - \frac{\Delta v_{2u}}{u_2}\right) - w_{2m}\cot\beta_{2a}\right]$$

将式（1-30）代入上式，则有

$$H_T = \frac{u_2}{g}(u_2\sigma - w_{2m}\cot\beta_{2a})$$

或

$$H_T = \frac{u_2^2\sigma - u_2 w_{2m}\cot\beta_{2a}}{g} \qquad (1-34)$$

对环流系数 $K$ 或滑移系数 $\sigma$ 至今还没有精确的理论计算公式，一般均采用经验公式计算。在这里只介绍几种比较常用的关系式。

1. 对离心泵通常采用以下计算式

（1）普弗列德尔（Pfleiderer）公式

$$K = \frac{1}{1+p} \qquad (1-35)$$

式中　$K$——环流系数；

　　　　$p$——修正系数。

修正系数 $p$ 可由式（1-36）计算，即

$$p = \psi\frac{r_2^2}{zs} \qquad (1-36)$$

式中　$r_2$——叶轮出口半径，mm；

　　　　$z$——叶片数；

　　　　$\psi$——经验系数；

　　　　$s$——叶片轴面投影图中间流线相对转轴的静矩（见图1-13），mm²。

$$s = \int_{r_1}^{r_2} r\mathrm{d}s = \sum_{i=1}^{n}\Delta s_i r_i \qquad (1-37)$$

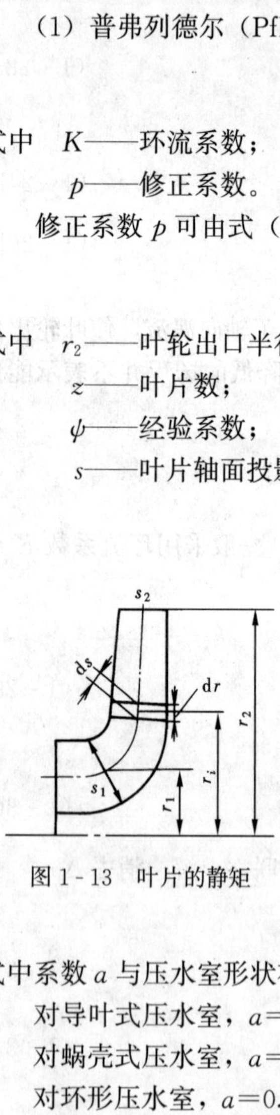

对低比转速叶轮，可近似认为 $\mathrm{d}r = \mathrm{d}s$，于是有

$$s = \int_{r_1}^{r_2} r\mathrm{d}r = \frac{r_2^2 - r_1^2}{2} \qquad (1-38)$$

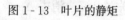

将式（1-38）代入式（1-37）及式（1-36），得

$$K = \frac{1}{1+2\dfrac{\psi}{z}\dfrac{r_2^2}{r_2^2 - r_1^2}} \qquad (1-39)$$

图 1-13　叶片的静矩

经验系数 $\psi$，可按式（1-40）计算

$$\psi = a\left(1 + \frac{\beta_{2a}}{60}\right) \qquad (1-40)$$

式中系数 $a$ 与压水室形状有关：

　　对导叶式压水室，$a = 0.6$；

　　对蜗壳式压水室，$a = 0.65\sim0.85$；

　　对环形压水室，$a = 0.85\sim1.0$。

式（1-40）适用于 $\beta_{2a} < 90°$，且半径 $\dfrac{r_1}{r_2} < 0.5$ 的叶轮。

当 $\beta_{2a}$ 较大，甚至大于 $90°$，且 $\dfrac{r_1}{r_2} > 0.5$ 时，经验系数 $\psi$ 可用式（1-41）计算，即

$$\psi = (1\sim1.2)\left(1 + \frac{\beta_{2a}}{60}\right)\frac{r_1}{r_2} \qquad (1-41)$$

（2）斯基克钦（Stechkin）公式

$$K = \cfrac{1}{1 + \cfrac{2\pi}{3z}\cfrac{1}{1-\left(\cfrac{r_1}{r_2}\right)^2}} \tag{1-42}$$

$$z = 6.5\sin\frac{\beta_{1a}-\beta_{2a}}{2}\left(\frac{D_2+D_1}{D_2-D_1}\right) \tag{1-43}$$

式中　$r_1$, $r_2$——叶轮进出口半径；

　　　$z$——叶片数，一般用式（1-43）确定。

（3）斯托道拉（Stodola）公式

$$K = 1 - \frac{u_2}{v_{2u\infty}}\frac{\pi\sin\beta_{2a}}{z} \tag{1-44}$$

式中　$z$——叶片数。

（4）威斯奈（Wiesner）公式

$$\sigma = 1 - \frac{(\sin\beta_{2a})^{1/2}}{z^{0.7}} \tag{1-45}$$

式中　$\sigma$——滑移系数；

　　　$\beta_{2a}$——叶片出口安装角；

　　　$z$——叶片数。

$\sigma$ 也可由图 1-14 查得，即只要知道叶片出口安装角 $\beta_{2a}$ 和叶片数 $z$，$\sigma$ 就可直接由图上查得。

2. 对离心风机通常采用如下计算公式

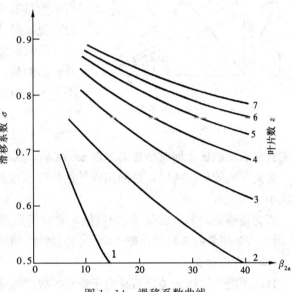

图 1-14　滑移系数曲线

（1）爱克（Eck）公式

对具有板式前盘，且前后盘平行的叶轮：

$$K = \cfrac{1}{1 + \sin\beta_{2a}\cfrac{\pi}{z\left[1-\left(\cfrac{r_1}{r_2}\right)^2\right]}} \tag{1-46}$$

式（1-46）仅适用于 $30° < \beta_{2a} < 50°$ 的范围，当 $\beta_{2a} > 50°$ 时，则采用式（1-47），即

$$K = \cfrac{1}{1 + \cfrac{1.5+1.1\cfrac{\beta_{2a}}{90°}}{z\left[1-\left(\cfrac{r_1}{r_2}\right)^2\right]}} \tag{1-47}$$

由式（1-47）计算的 $K$ 值较准确，与试验得出的 $K$ 值仅差 $2\%$。

（2）斯托道拉（Stodola）公式

$$K = 1 - \frac{u_2\pi\sin\beta_{2a}}{z\left(u_2 - \cfrac{q_{VT}}{\pi D_2 b_2 \tan\beta_{2a}}\right)} \tag{1-48}$$

粗略计算时，离心水泵的 $K$ 值可取 $0.8\sim1$，离心风机的 $K$ 值可取 $0.8\sim0.85$。

### 七、流体进入叶轮前的预旋

在实际流动中，流体在进入叶轮之前，受到下游流体的作用，已经开始进行旋转运动，这种进入叶轮前的旋转运动称为预旋或先期旋绕。预旋可分为强制预旋和自由预旋。

（一）强制预旋

强制预旋是由结构上的外界因素造成的，如双吸叶轮所采用的半螺旋形吸入室，多级叶轮背导叶出口角小于或大于 90°等的结构型式，都迫使流体以小于或大于 90°的角度进入叶轮。当 $\alpha_1 < 90°$时，预旋的方向与叶轮旋转的方向相同，称为正预旋。当 $\alpha_1 > 90°$时，预旋的方向与叶轮旋转的方向相反，称为负预旋。图 1-15 所示为具有强制预旋的进口速度三角形。强制预旋时，流量保持不变，即轴面速度 $v_{1m}$ 保持不变。

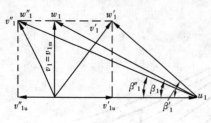

图 1-15　具有强制预旋的
进口速度三角形

强制预旋是由吸入室或背导叶造成的，并不消耗叶轮的能量，所以消耗功率不增加。由于预旋使 $v_{1u}$ 不为零，当为正预旋时，$\alpha_1 < 90°$，$v_{1u}$ 为正值，致使流体获得的理论扬程 $H_T$ 降低；但流体以正预旋进入叶轮，可以改善流体在叶轮进口处的流动，并消除了转轴背面的旋涡区，同时使相对速度 $w_1$ 减小，从而可以提高泵的抗汽蚀性能，以及减小损失、提高泵的效率。所以，目前国内外锅炉给水泵为改善泵性能，其背导叶的出口角往往设计成小于 90°。

当为负预旋时 $\alpha_1 > 90°$，$v_{1u}$ 为负值，此时流体获得的理论扬程 $H_T$ 虽增加，但相对速度 $w_1$ 增大，会使泵的抗汽蚀性能下降，损失增加，导致其效率降低。

（二）自由预旋

自由预旋与结构无关，而是由于流量的改变造成的。自由预旋产生的原因，有人认为是由旋转的叶轮造成的。斯梯瓦特（Stewart）曾用特殊的转子仪进行过试验，所得结果表明：在设计流量工作时，没有预旋，当大于或小于设计流量时，则产生预旋，之后的试验又证实了小于设计流量时为正旋转，大于设计流量时为负旋转。所以，斯捷潘诺夫否认了由叶轮旋转造成预旋的说法，因为叶轮不能使流体产生与之相反的预旋，而用最小阻力原理进行了解释，即认为流体总是企图选择阻力最小的路线进入叶轮。图 1-16 所示为自由预旋时的速度三角形。在设计流量工作时，轴面速度为 $v_{1m}$，流动角为 $\beta_1$。当流量小于设计流量时，轴面速度 $v'_{1m} < v_{1m}$，$\alpha'_1 < 90°$，$\beta'_1 < \beta_1$，若要阻力最小，流体以接近于 $\beta_1$ 角流入叶轮时，此时产

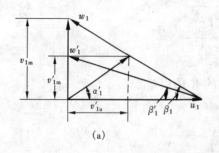

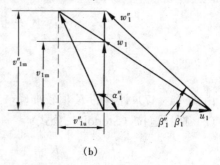

（a）　　　　　　　　　　　　　　　　（b）

图 1-16　流量变化引起预旋时的速度三角形
（a）$v'_{1m} < v_{1m}$；（b）$v''_{1m} > v_{1m}$

生和叶轮旋转方向相同的正预旋，如图 1-16（a）所示。当流量大于设计流量时，轴面速度 $v''_{1m}>v_{1m}$，$\alpha''_1>90°$，$\beta'_1>\beta_1$，则产生和叶轮旋转方向相反的负预旋，如图 1-16（b）所示。

亦有学者对预旋提出了另外的观点，如产生预旋时的流量称为临界流量（临界流量小于设计流量），当流量减小到这个临界流量时，在叶轮前盖板入口处产生强烈的逆流，如图 1-17 所示，由于逆流造成和主流的强烈混杂，也促使叶轮进口前产生预旋。流量越小，逆流越大，预旋越大。形成逆流的临界流量对不同的叶轮来说，其大小是不同的。因逆流而造成的预旋，其能量是由叶轮给予的，所以要消耗一部分叶轮的功率。

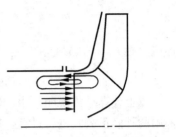

图 1-17　叶轮入口前的逆流

以上阐述了一些产生预旋的观点，但对预旋产生的原因，至今尚没有一致的看法。由于预旋使能量方程式（1-10）中第二项 $u_1v_{1u}$ 不为零，而 $v_{1u}$ 的数值至今还不能用理论的方法进行计算，只能用试验的统计资料来计算。

涅维里松的试验指出，风机的预旋强度较大。通常用预旋系数 $\varphi$ 来表示预旋强度，即

$$\varphi=\frac{v_{1u}}{u_1}$$

一般取 $\varphi=0.3\sim0.5$。

预旋对水泵的影响较小。在设计多级离心泵时，次级叶轮的预旋系数取 $\varphi=0.25\sim0.4$。首级叶轮一般不采用预旋，也有取 $\varphi=0.2$ 的。

【例 1-1】　现有一台蜗壳式离心泵，转速 $n=1450\text{r/min}$，$q_{VT}=0.09\text{m}^3/\text{s}$，$D_2=400\text{mm}$，$D_1=140\text{mm}$，$b_2=20\text{mm}$，$\beta_{2a}=25°$，$z=7$，$v_{1u\infty}=0$，试计算无限多叶片叶轮的理论扬程 $H_{T\infty}$（不计叶片厚度的影响）及有限叶片叶轮的理论扬程 $H_T$。

**解**　$u_2=\pi D_2 n=\pi\times0.4\text{m}\times\dfrac{1450}{60\text{s}}=30.35\text{m/s}$

$v_{2m\infty}=\dfrac{q_{VT}}{\pi D_2 b_2}=\dfrac{0.09\text{m}^3/\text{s}}{\pi\times0.4\text{m}\times0.02\text{m}}=3.58\text{m/s}$

$v_{2u\infty}=u_2-v_{2m\infty}\cot\beta_{2a}=30.35\text{m/s}-3.58\text{m/s}\times\cot25°=22.67\text{m/s}$

则无限多叶片叶轮的理论扬程为

$$H_{T\infty}=\frac{u_2 v_{2u\infty}}{g}=\frac{30.35\text{m/s}\times22.67\text{m/s}}{9.81\text{m/s}^2}=70.14\text{m}$$

（1）根据斯托道拉公式（1-44）修正

$$K=1-\frac{u_2}{v_{2u\infty}}\frac{\pi\sin\beta_{2a}}{z}=1-\frac{30.35\text{m/s}}{22.67\text{m/s}}\times\frac{\pi\sin25°}{7}=0.746$$

于是　　　　　　　　　　$H_T=KH_{T\infty}=0.746\times70.14\text{m}=52.32\text{m}$

（2）根据普弗列德尔公式（1-35）修正

$$K=\frac{1}{1+p}$$

其中　　　　　　　　　　$p=\psi\dfrac{r_2^2}{zs}$，　$\psi=a\left(1+\dfrac{\beta_{2a}}{60}\right)$

取 $a=0.75$，则

$$\psi = a\left(1 + \frac{\beta_{2a}}{60}\right) = 0.75\left(1 + \frac{25}{60}\right) = 1.06$$

$$p = \psi\frac{r_2^2}{zs} = 1.06 \times \frac{(0.2m)^2}{7 \times [(0.2m)^2 - (0.07m)^2]} = 0.346$$

环流系数
$$K = \frac{1}{1+p} = \frac{1}{1+0.346} = 0.743$$

$$H_T = KH_{T\infty} = 0.743 \times 70.14m = 52.11m$$

以上计算结果说明，由于轴向涡流的影响，使无限多叶片叶轮的理论扬程降低了 25%，采用两种修正公式进行计算，所得出的有限叶片叶轮的理论扬程，其结果是非常接近的。

**【例 1-2】** 有一离心式水泵，叶轮外径 $D_2 = 320mm$，叶轮内径 $D_1 = 120mm$，转速 $n = 1450r/min$，通过叶轮的理论流量 $q_{VT} = 180m^3/h$，叶片出口宽度 $b_2 = 15mm$，在圆周方向上每个叶片的出口厚度 $\sigma_2 = 10mm$，叶片出口安装角 $\beta_{2a} = 22.5°$，叶片数 $z = 7$。试分别用普弗列德尔公式和威斯奈公式计算环流系数 $K$ 和滑移系数 $\sigma$，并计算有限叶片叶轮的理论扬程 $H_T$。设流体径向流入叶轮，即 $\alpha_1 = 90°$。

**解** 叶轮出口过流断面面积为
$$A_2 = \pi D_2 b_2 - z b_2 \sigma_2 = \pi \times 0.32m \times 0.015m - 7 \times 0.015m \times 0.01m = 0.014m^2$$
叶轮出口处流体的轴面速度为

$$v_{2m} = \frac{q_{VT}}{A_2} = \frac{180m^3/3600s}{0.014m^2} = 3.57m/s$$

叶轮出口的圆周速度为

$$u_2 = \pi D_2 n = \pi \times 0.32m \times \frac{1450}{60s} = 24.28m/s$$

对无限多叶片叶轮，其流动角 $\beta_{2\infty}$ 等于叶片安装角 $\beta_{2a}$，并认为 $v_{2m\infty} \approx v_{2m} = w_{2m}$，在已知 $u_2$、$v_{2m}$ 及 $\beta_{2a}$ 后，由出口速度三角形得

$$v_{2u\infty} = u_2 - v_{2m\infty}\cot\beta_{2a} = 24.28m/s - 3.57m/s \times \cot22.5° = 15.66m/s$$

则无限多叶片叶轮的理论扬程为

$$H_{T\infty} = \frac{u_2 v_{2u\infty}}{g} = \frac{24.28m/s \times 15.66m/s}{9.81m/s^2} = 38.76m$$

(1) 根据普弗列德尔公式计算环流系数 $K$ 为

$$K = \frac{1}{1 + 2\dfrac{\psi}{z}\dfrac{r_2^2}{r_2^2 - r_1^2}}$$

其中
$$\psi = a\left(1 + \frac{\beta_{2a}}{60}\right)$$

取 $a = 0.6$（导叶式压水室），则

$$\psi = 0.6\left(1 + \frac{22.5}{60}\right) = 0.6(1 + 0.375) = 0.825 \approx 0.83$$

代入上式得

$$K = \frac{1}{1 + 2 \times \dfrac{0.83}{7} \times \dfrac{0.16^2}{0.16^2 - 0.06^2}} = 0.783$$

有限叶片叶轮的理论扬程为

$$H_T = KH_{T\infty} = 0.783 \times 38.76\text{m} = 30.35\text{m}$$

（2）根据威斯奈公式计算滑移系数 $\sigma$ 为

$$\sigma = 1 - \frac{(\sin\beta_{2a})^{1/2}}{z^{0.7}} = 1 - \frac{(\sin22.5)^{1/2}}{7^{0.7}} = \frac{3.9 - 0.6}{3.9} = 0.846$$

有限叶片叶轮的理论扬程为

$$H_T = \frac{u_2^2\sigma - u_2 w_{2m}\cot\beta_{2a}}{g}$$

$$= \frac{(24.28\text{m/s})^2 \times 0.846 - (24.28\text{m/s} \times 3.57\text{m/s})\cot22.5}{9.81\text{m/s}^2} = 29.5\text{m}$$

采用环流系数 $K$ 和采用滑移系数 $\sigma$ 所计算的结果，理论扬程 $H_T$ 仅相差 2.8%。

## 第二节　轴流式泵与风机的叶轮理论

### 一、概述

轴流式泵与风机是利用旋转叶轮的翼型叶片在流体中旋转所产生的升力使流体获得能量的。由于流体沿轴向进入叶轮并沿轴向流出，故称为轴流式。与离心式泵与风机相比轴流式泵与风机除具有流量大，扬程（风压）低的特点外，在结构上还具有以下特点。

（1）结构简单、紧凑，外形尺寸小，重量较轻。

（2）动叶可调轴流式泵与风机，由于动叶安装角可随外界负荷变化而改变，因而变工况时调节性能好，可保持较宽的高效工作区。图 1-18 是轴流风机与离心风机轴功率的对比。由图可见，在低负荷运行时，动叶可调轴流风机的经济性高于机翼型离心风机。

（3）动叶可调轴流式泵与风机因轮毂中装有叶片调节机构，转子结构较复杂，制造安装精度要求高。

（4）噪声较大，尤其是大型轴流风机，所以其进口或出口需要装设消声器。

鉴于以上特点，特别对动叶可调轴流式泵与风机，其综合技术性能明显优于离心式。因此，国内外大型电站普遍采用轴流式风机作为锅炉送、引风机，用轴式水泵作为循环水泵。我国 300MW 以上的机组送、引风机及循环水泵一般都采用轴流式。今后随着电厂单机容量的提高，其应用范围将会日益广泛。

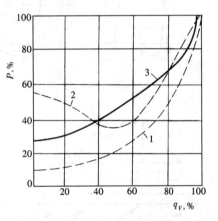

图 1-18　轴流风机与离心
风机的轴功率对比

1—动叶可调轴流风机；2—静叶可调
轴流风机；3—机翼型离心风机

### 二、流体在叶轮中的运动及速度三角形

在轴流式泵与风机叶轮中，流体的运动是一个复杂的空间运动。即流体微团的运动具有三个相互垂直的分量：圆周分速、轴向分速和径向分速。但为了分析问题简化起见，通常把复杂的空间运动简化为径向分速为零的圆柱面上的流动，该圆柱面称为流面，且相邻圆柱面上流体微团的流动互不相关，这种简化称为圆柱层无关性假设。实验证明，在设计工况下，流体微团的径向分速很小，以致在工程上可以略去不计。因此，略去径向分速，对实际流动具有足够的准确性。

（一）平面直列叶栅

根据圆柱层无关性假设，研究轴流式叶轮内复杂的空间运动，就可简化为圆柱面上的流动。对轴流式叶轮可做出很多个圆柱形流面，每个流面上的流动可能并不完全相同，但研究方法是相同的。因此，只要研究一个流面上的流动，其他流面上的流动就可按相同方法求得。

图 1-19 所示为一轴流泵叶轮。现在用任意半径 $r$ 及 $r+dr$ 的两个同心圆柱面截取一微小圆柱层，将圆柱层沿母线切开，展开成平面。叶片被圆柱面截割，形成垂直于纸面厚度为 $dr$ 的翼型，在展开平面上各叶片的翼型相同，并等距离排列，这种由相同翼型等距离排列的翼型系列称为平面直列叶栅，如图 1-20 所示。在直列叶栅中每个翼型的绕流情况相同。因此，只要研究一个翼型的绕流情况即可。于是对轴流式叶轮内的流动就简化为平面直列叶栅中绕翼型的流动。几个圆柱面上的翼型相结合，就得到了轴流泵的叶片。但需指出，在叶栅中存在相邻翼型间的影响。以致流体对翼型的绕流与对孤立翼型的绕流有所不同。

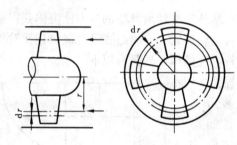

图 1-19　轴流泵叶轮

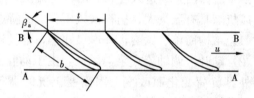

图 1-20　平面直列叶栅

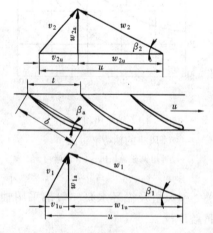

图 1-21　叶栅进、出口速度三角形

1. 进口速度三角形

（1）圆周速度 $u_1$

（二）速度三角形

流体在轴流式叶轮中圆柱流面上的流动仍是一个复合流动，流面上任一流体质点的绝对运动速度 $v$ 等于相对运动速度 $w$ 和圆周运动速度 $u$ 的矢量和，即 $v = u + w$。速度三角形的做法与离心式泵与风机基本相同，如图 1-21 所示。绝对速度也可分解为圆周分速度 $v_u$ 和轴面分速度 $v_m$。在轴流式叶轮中径向分速度为零，故轴面分速度的方向为轴向，所以也称为轴向速度，用 $v_a$ 表示。即

$$v = v_u + v_a$$

一般已知 $u$、$v_a$ 和 $v_u$ 三个条件，即可做出叶轮进、出口速度三角形。

$$u_1 = \frac{\pi D_1 n}{60}$$

式中　$D_1$——圆柱流面所在直径，m；

　　　$n$——叶轮转速，r/min。

（2）轴向速度 $v_{1a}$

$$v_{1a} = \frac{q_V}{\frac{\pi}{4}(D_2^2 - d_h^2)\eta_V\psi}$$

式中　$D_2$——叶轮外径，m；

　　　$d_h$——轮毂直径，m；

　　　$\eta_V$——容积效率，一般轴流泵的容积效率 $\eta_V=0.96\sim0.99$，作近似计算时常取 $\eta_V\approx1$；

　　　$\psi$——排挤系数，如图 1-22 所示。

排挤系数 $\psi$ 为

$$\psi = \frac{A-f}{A}$$

其中　$A=tb\sin\beta_a$。

式中　$f$——翼型面积，近似取 $f=\frac{2}{3}\delta_{max}b$；

　　　$\delta_{max}$——翼型的最大厚度；

　　　$b$——翼型弦长；

　　　$\beta_a$——翼型安装角。

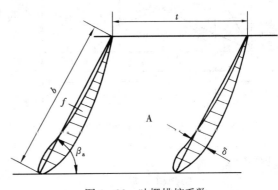

图 1-22　叶栅排挤系数

于是排挤系数又可写为

$$\psi = 1 - \frac{2}{3}\frac{\delta_{max}}{t\sin\beta_a}$$

（3）绝对速度圆周分速 $v_{1u}$，由吸入条件决定，通常 $v_{1u}=0$。由此，可确定相对速度 $w_1$ 的方向，从而确定叶片的安装角 $\beta_{1a}$。

2. 出口速度三角形

（1）圆周速度 $u_2$

$$u_2 = u_1 = u$$

（2）轴向速度 $v_{2a}$

$$v_{2a} = v_{1a} = v_a$$

（3）绝对速度圆周分速 $v_{2u}$，由能量方程确定

$$v_{2u} = \frac{H_T g}{u}$$

轴流式泵与风机和离心式泵与风机的速度三角形相比，具有两个特点：一是在轴流式叶轮中由于流体沿相同半径的流面流动，因而流面进、出口处的圆周速度相同；二是由于叶轮进出口过流断面面积相等；依据连续性方程，对不可压缩流体，流面进、出口的轴向速度也相同，即

$$u_1 = u_2 = u, \quad v_{1a} = v_{2a} = v_a$$

因此，为研究方便起见，可以把叶栅进、出口速度三角形绘在一起，如图 1-23 所示。由于流体对孤立翼型的绕流，并不影响来流速度的大小和方向。而对叶栅翼型的绕流，则将影响来流速度的大小和方向。所以在绕流叶栅的流动中，取叶栅前后相对速度 $w_1$ 和 $w_2$ 的几何平均值 $w_\infty$ 作为无限远处（流体未受扰动）的来流速度，其大小和方向由叶栅进、出口

速度三角形的几何关系来确定，即

$$w_\infty = \sqrt{w_a^2 + \left(\frac{w_{1u} + w_{2u}}{2}\right)^2} = \sqrt{v_a^2 + \left(u - \frac{v_{1u} + v_{2u}}{2}\right)^2} \qquad (1-49)$$

$$\beta_\infty = \arctan\left(\frac{w_a}{w_{u\infty}}\right) = \frac{2w_a}{w_{1u} + w_{2u}} \qquad (1-50)$$

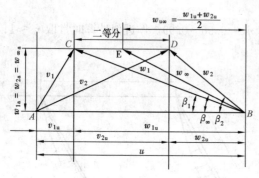

图 1-23　叶栅进出口速度三角形重叠

式中　$\beta_\infty$——几何平均相对速度 $w_\infty$ 与圆周速度反方向之间的夹角。

如用作图法，只需把图 1-23 中 $CD$ 线段的中点 $E$ 和 $B$ 连接起来，此连线 $BE$ 即决定了 $w_\infty$ 的大小和方向。

### 三、轴流式泵与风机的升力理论

#### (一) 翼型及叶栅的主要几何参数

由于轴流式泵与风机采用了机翼型叶片，因此，可以用升力理论来进行分析和研究。首先要了解影响空气动力特性的翼型和叶栅的主要几何参数。

1. 翼型的主要几何参数

机翼型叶片的横截面称为翼型，它具有一定的几何型线和一定的空气动力特性。翼型的主要几何参数如图 1-24 所示。

(1) 骨架线。通过翼型内切圆圆心的连线，称为骨架线或中弧线，是构成翼型的基础，其形状决定了翼型的主要空气动力特性。

(2) 前缘点、后缘点。骨架线与型线的交点，前端称前缘点，后端称后缘点。

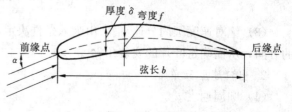

图 1-24　翼型

(3) 弦长 $b$。前缘点与后缘点连接的直线称翼弦。翼弦的长度称为弦长。

(4) 翼展 $l$。垂直于纸面方向叶片的长度（机翼的长度）称为翼展。

(5) 展弦比。翼展与弦长之比 $l/b$，称为展弦比。

(6) 弯度 $f$。弦长到骨架线的距离，称为弯度或挠度。$f/b$ 称为相对弯度。翼型上这一最大距离称为最大弯度 $f_{max}$，最大弯度与弦长之比 $f_{max}/b$ 称为翼型的最大相对弯度。

(7) 厚度 $\delta$。翼型上下表面之间的距离称为翼型厚度，最大值称为最大厚度 $\delta_{max}$，最大厚度与弦长之比 $\dfrac{\delta_{max}}{b}$ 称为翼型的最大相对厚度。

(8) 冲角 $\alpha$。翼型前来流速度的方向与弦长的夹角称为冲角，冲角在翼型以下时为正冲角，以上时为负冲角，如图 1-24 所示。

(9) 前驻点、后驻点。来流接触翼型后，开始分离的点（该点速度为零），称为前驻点；流体绕流翼型后汇合的点（该点速度也为零），称为后驻点。前缘点和后缘点不一定与前驻点和后驻点重合。

2. 叶栅的主要几何参数

（1）列线或额线。叶栅中翼型各对应点的连线称为列线或额线。

（2）栅距 $t$。叶栅中两相邻翼型间的距离称为栅距，其计算式为

$$t = \frac{2\pi r}{z}$$

式中　$r$——圆柱层流面的半径；

　　　$z$——叶片数。

（3）栅轴。与列线垂直的直线，称为叶栅轴线。

（4）稠度 $\sigma$。弦长与栅距之比，即 $\sigma = \frac{b}{t}$，称为叶栅稠度，其倒数 $\frac{t}{b}$ 称为相对栅距。

（5）安装角 $\beta_a$。翼弦与列线之间的夹角，称为翼型在叶栅中的安装角。

（二）孤立翼型及叶栅翼型的空气动力特性

1. 孤立翼型的空气动力特性

孤立翼型是指流体绕翼型的流动是在一个无限大的平面内进行的。除翼型外，没有其他固体物或其他因素影响流体的流动，从而可使问题的研究大为简化。事实上，在翼型上下、前后的一定距离处，流体的速度已与无限远处未受扰动的来流速度相等。因此，在实际工程中，只要翼型附近有足够大的空间尺寸，就可按孤立翼型分析。

翼型的空气动力特性，是指翼型上升力和阻力与翼型的几何形状及气流参数的关系。

首先讨论理想流体绕流孤立翼型时的情况。理想流体做平面有势流动，如果流场中有一翼型，当流体绕流翼型时，则流体对翼型作用有一个力，该力称为升力。由儒柯夫斯基升力定理可知，作用在单位翼展翼型上的升力为流体的密度 $\rho$、绕翼型的速度环量 $\Gamma$ 和无限远处来流速度 $v_\infty$ 三者的乘积。即

$$F_{y1} = \rho \Gamma v_\infty \tag{1-51}$$

其方向只需将速度矢量 $v_\infty$ 绕环量的反方向转 $90°$ 即得，如图 1-25 所示。此外，儒柯夫斯基升力公式也可写成以下形式，即

$$\Gamma = \frac{1}{2} c_{y1} b v_\infty \tag{1-52}$$

将式（1-52）代入式（1-51）得

$$F_{y1} = c_{y1} \rho b \frac{v_\infty^2}{2} \tag{1-53a}$$

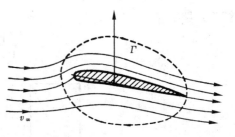

图 1-25　理想流体作用在孤立叶型上的力

对翼展为 $l$ 的翼型，其升力为

$$F_{y1} = c_{y1} \rho b l \frac{v_\infty^2}{2} \tag{1-53b}$$

式中　$v_\infty$——无限远处来流速度（未受翼型影响的速度），m/s；

　　　$c_{y1}$——孤立翼型的升力系数；

　　　$\rho$——流体密度，kg/m³；

　　　$b$——弦长，m；

　　　$l$——翼展，m。

实际流体绕流孤立翼型时，由于黏性的影响，作用在翼型上的力，除升力外，在流动方

向还产生一个阻力。它包括摩擦阻力及压差阻力（又称形状阻力）两部分。一般情况下，主要是翼型表面的摩擦阻力，其阻力值较小，但在冲角较大的情况下，翼型上表面会发生附面层分离，产生压差阻力，使阻力迅速增大。为了减小压差阻力，一般采用机翼型叶片，以便使附面层不发生分离或使分离点尽量后移至尾部。作用在翼型上的阻力用以下公式计算，即

$$F_{x1} = c_{x1} \rho l b \frac{v_\infty^2}{2} \qquad (1\text{-}54)$$

式中　$c_{x1}$——孤立翼型的阻力系数。

作用在翼型上的力，应该是升力和阻力的合力 $F$，如图 1-26 所示。合力 $F$ 与升力 $F_{y1}$ 之间的夹角称为升力角，用符号 $\lambda$ 表示。$\lambda$ 角越小，则升力越大而阻力越小，翼型的空气动力特性越好。由图 1-26 可得

$$\tan\lambda = \frac{F_{x1}}{F_{y1}} = \frac{c_{x1}}{c_{y1}}$$

它表示阻力与升力之比。

升力系数 $c_{y1}$ 和阻力系数 $c_{x1}$ 与翼型的几何形状及来流的冲角 $\alpha$ 有关。系数 $c_{y1}$ 和 $c_{x1}$ 的大小可以通过风洞试验求得，将试验结果绘成 $c_{y1}$ 和 $c_{x1}$ 与冲角 $\alpha$ 的关系曲线，如图 1-27 所示，这种曲线称为翼型的空气动力特性曲线。每种翼型都有其各自的空气动力特性曲线。由图 1-27 可知，升力系数 $c_{y1}$ 随冲角 $\alpha$ 的增大而增大。当冲角 $\alpha$ 超过某一数值时，升力系数 $c_{y1}$ 急剧下降，这是因为在大冲角下，绕流翼型时，在翼型上表面的流体在后缘点前发生附面层分离之故。此时，在翼型后面形成很大的旋涡区，如图 1-28 所示，致使翼型上下表面的压力差减小，因此升力系数和升力也随之减小。升力系数和升力减小的点称为失速点。冲角增大到失速点后，空气动力特性就大为恶化。在轴流式泵与风机中失速工况将使性能恶化，效率降低，并伴随有噪声及振动。因此，在设计轴流式泵与风机时，应使冲角 $\alpha$ 小于失速点，并使升力角 $\lambda$ 较小，使翼型具有较大的升阻比，以提高泵与风机效率。即

$$\frac{1}{\tan\lambda} = \frac{F_{y1}}{F_{x1}} = \frac{c_{y1}}{c_{x1}}$$

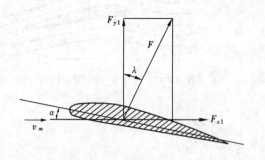

图 1-26　翼型上的作用力

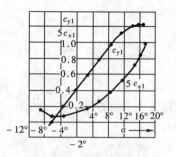

图 1-27　翼型的空气动
力特性曲线

由于升力系数 $c_{y1}$ 和阻力系数 $c_{x1}$ 都是冲角 $\alpha$ 的函数，因此，可以作一条以升力系数 $c_{y1}$ 为纵坐标，以阻力系数 $c_{x1}$ 为横坐标的曲线，此曲线称为翼型的极曲线，如图 1-29 所示。图 1-29 中标出了相应的冲角 $\alpha$，并在绘极曲线图时使 $c_{x1}$ 的比例比 $c_{y1}$ 大 5 倍。为了提高翼型的效率，希望升力最大，而阻力最小，从极曲线图上坐标的原点，引曲线上任一点的极线，该

极线的斜率即是升阻比$\dfrac{c_{y1}}{c_{x1}}$，若要得到最大的升阻比，只要引一条最大斜率的极线。由图 1-29可见，从坐标原点引与极曲线相切的极线，斜率最大。其切点所对应的冲角即是该翼型升阻比$\dfrac{c_{y1}}{c_{x1}}$最大、升力角最小时的冲角。翼型在该冲角下工作时，具有最好的空气动力特性，也即升力最大，而阻力最小，翼型的效率最高。

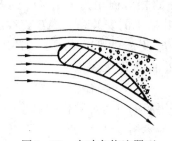

图1-28　大冲角绕流翼型

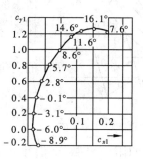

图1-29　翼型极曲线

2. 叶栅翼型的空气动力特性

理想流体绕流叶栅翼型时，作用在翼型上的升力定理与流体绕流孤立翼型时，具有相同的形式，即

$$F_y = \rho \Gamma w_\infty$$

即流体作用在叶栅翼型上的升力$F_y$，等于流体密度$\rho$、速度环量$\Gamma$和相对速度的几何平均值$w_\infty$三者的乘积，其方向将速度矢量$w_\infty$绕环量的反方向转$90°$得。与孤立翼型时所不同的只是把无限远处来流速度$v_\infty$换成相对速度的几何平均值$w_\infty$。

实际流体绕流叶栅翼型时，翼型上除升力外，还存在一个阻力，与孤立翼型相类似，其升力$F_y$与阻力$F_x$可用式（1-55）、式（1-56）计算，即

$$F_y = c_y \rho l b \frac{w_\infty^2}{2} \tag{1-55}$$

$$F_x = c_x \rho l b \frac{w_\infty^2}{2} \tag{1-56}$$

上两式中　　$F_y$、$F_x$——叶栅中翼型的升力和阻力；

　　　　　　$c_y$、$c_x$——叶栅中翼型的升力系数和阻力系数；

　　　　　　$w_\infty$——叶栅中几何平均相对速度。

流体绕流叶栅的翼型时，由于栅中相邻翼型间的相互影响，其空气动力特性与孤立翼型时并不完全相同。因此，作用在叶栅中翼型上的升力$F_y$与阻力$F_x$也与孤立翼型有所不同。除用叶栅中相对速度的几何平均值$w_\infty$代替无限远处的来流速度$v_\infty$外，其升力系数$c_y$与阻力系数$c_x$也和孤立翼型不同，为此，需对其加以修正。叶栅翼型的升力系数$c_y$是用孤立翼型进行试验所得的升力系数$c_{y1}$来进行修正的，并借用了平板直列叶栅的修正资料。试验证明，修正系数$L$不仅与叶栅的相对栅距$t/b$有关，也与翼型的安装角$\beta_a$有关。修正系数$L$等于叶栅中平板的升力系数$c_y$与单个平板的升力系数$c_{y1}$之比值，即

$$L = \frac{c_y}{c_{y1}}$$

式中　　$L$——平板叶栅中考虑平板间相互影响的修正系数。

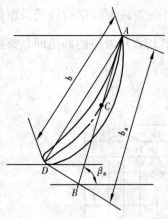

图 1 - 30　等价平板叶栅作法

对于由翼型组成的叶栅，为了借用平板叶栅的修正资料，应将翼型叶栅转化为等价的平板叶栅后再进行修正。

等价平板叶栅的作法：如图 1 - 30 所示，通过翼型后缘点 $A$ 和骨架线中点 $C$ 作直线，再由翼型的前缘点 $D$ 作翼弦 $AD$ 的垂线 $DB$，与直线 $AB$ 相交于 $B$ 点，则 $AB$ 直线就是所求的等价平板。由该等价平板组成的叶栅称为等价平板叶栅。等价平板叶栅的相对栅距为 $t/b_a$（$b_a$ 是等价平板的弦长）。等价平板在叶栅中的安装角为 $AB$ 直线与圆周方向间的夹角 $\beta_a$。根据 $t/b_a$ 及 $\beta_a$ 就可以从图 1 - 31 中查得修正系数 $L$，从而求得栅中平板的升力系数

$$c_y = Lc_{y1}$$

实践中往往把平板的升力系数作为翼型的升力系数。由于叶栅中翼型的阻力系数 $c_x$ 值很小，对叶栅的计算并无显著影响，所以不作修正，即 $c_x \approx c_{x1}$。

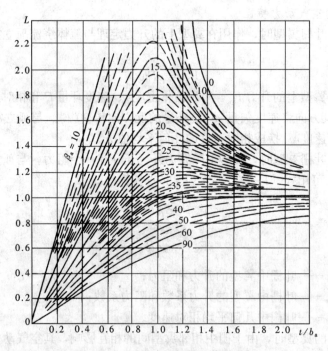

图 1 - 31　平板直列叶栅的修正系数

## 四、沿叶高气流参数的变化

### (一) 等环流公式

由前述已知，流体在轴流式泵与风机叶轮中的流动，可以认为是沿无限多个圆柱流面的流动，且任意半径处每个圆柱流面上的流动情况并不相同，其变化存在一定的规律。

假设叶轮中的流体（为简化分析，设为理想流体）沿圆柱面作正常的轴对称流动，取叶轮与导叶的轴向间隙中半径为 $r$ 处的一流体微团（见图 1 - 32），对其所受到的作用力进行分析。

作用在流体微团上沿半径方向的力有以下几个。

1. 惯性离心力

由流体微团的质量 $\mathrm{d}m = \rho r\,\mathrm{d}\varphi\,\mathrm{d}r\mathrm{d}z$，当其绕轴旋转时，产生的惯性离心力为

$$\mathrm{d}m\,\frac{v_{\mathrm{u}}^2}{r} = \rho r\,\mathrm{d}\varphi\,\mathrm{d}r\mathrm{d}z\,\frac{v_{\mathrm{u}}^2}{r}$$

式中 $v_{\mathrm{u}}$——流体微团绝对速度的圆周分速。

2. 径向表面力

设作用在微团内表面上的压力为 $p_{\mathrm{st}}$，外表面上的压力为 $p_{\mathrm{st}} + \mathrm{d}p_{\mathrm{st}}$，则其总作用力分别为 $p_{\mathrm{st}} r\,\mathrm{d}\varphi\,\mathrm{d}z$ 与 $(p_{\mathrm{st}} +$

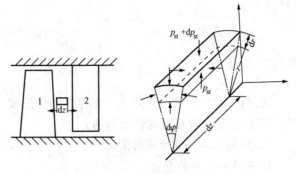

图 1-32　流体微团的受力
1—动叶；2—导叶

$\mathrm{d}p_{\mathrm{st}})(r+\mathrm{d}r)\mathrm{d}\varphi\,\mathrm{d}z$；而作用在微团左、右两侧面上的压力亦为 $p_{\mathrm{st}}$。其总作用力各为 $p_{\mathrm{st}}\,\mathrm{d}z\mathrm{d}r$，将其分解成相互垂直的两个分力，与半径方向相垂直的两个分力相互平衡，沿半径方向的两个分力形成合力为 $2p_{\mathrm{st}}\sin\dfrac{\mathrm{d}\varphi}{2}\mathrm{d}r\mathrm{d}z$。

根据达朗贝尔原理，该离心力应与作用在流体微团上的径向表面力相平衡，即

$$(p_{\mathrm{st}} + \mathrm{d}p_{\mathrm{st}})(r+\mathrm{d}r)\mathrm{d}\varphi\,\mathrm{d}z - p_{\mathrm{st}} r\,\mathrm{d}\varphi\,\mathrm{d}z - 2p_{\mathrm{st}}\sin\frac{\mathrm{d}\varphi}{2}\mathrm{d}r\mathrm{d}z - \rho r\,\mathrm{d}\varphi\,\mathrm{d}r\mathrm{d}z\,\frac{v_{\mathrm{u}}^2}{r} = 0$$

因 $\sin\dfrac{\mathrm{d}\varphi}{2} \approx \dfrac{\mathrm{d}\varphi}{2}$，去高阶无穷小，则有

$$r\,\mathrm{d}p_{\mathrm{st}} - \rho v_{\mathrm{u}}^2\,\mathrm{d}r = 0$$

即可得

$$\frac{\mathrm{d}p_{\mathrm{st}}}{\mathrm{d}r} = \rho\,\frac{v_{\mathrm{u}}^2}{r} \tag{1-57}$$

轴流风机的全压是静压和动压之和，即

$$p = p_{\mathrm{st}} + \frac{1}{2}\rho v^2 = p_{\mathrm{st}} + \frac{\rho}{2}(v_{\mathrm{u}}^2 + v_{\mathrm{a}}^2)$$

对半径求导，有

$$\frac{\mathrm{d}p}{\mathrm{d}r} = \frac{\mathrm{d}p_{\mathrm{st}}}{\mathrm{d}r} + \rho\Big(v_{\mathrm{u}}\,\frac{\mathrm{d}v_{\mathrm{u}}}{\mathrm{d}r} + v_{\mathrm{a}}\,\frac{\mathrm{d}v_{\mathrm{a}}}{\mathrm{d}r}\Big)$$

将式（1-57）代入上式，有

$$\frac{1}{\rho}\,\frac{\mathrm{d}p}{\mathrm{d}r} = v_{\mathrm{u}}\Big(\frac{v_{\mathrm{u}}}{r} + \frac{\mathrm{d}v_{\mathrm{u}}}{\mathrm{d}r}\Big) + v_{\mathrm{a}}\,\frac{\mathrm{d}v_{\mathrm{a}}}{\mathrm{d}r}$$

注意到

$$\frac{1}{2r^2}\,\frac{\mathrm{d}}{\mathrm{d}r}(rv_{\mathrm{u}})^2 = \frac{1}{2r^2}\Big[2(rv_{\mathrm{u}})\Big(v_{\mathrm{u}} + r\,\frac{\mathrm{d}v_{\mathrm{u}}}{\mathrm{d}r}\Big)\Big] = v_{\mathrm{u}}\Big(\frac{v_{\mathrm{u}}}{r} + \frac{\mathrm{d}v_{\mathrm{u}}}{\mathrm{d}r}\Big)$$

而

$$v_{\mathrm{a}} = v_2$$

则有

$$\frac{1}{\rho}\,\frac{\mathrm{d}p}{\mathrm{d}r} = \frac{1}{2r^2}\,\frac{\mathrm{d}}{\mathrm{d}r}(rv_{\mathrm{u}})^2 + v_2\,\frac{\mathrm{d}v_2}{\mathrm{d}r}$$

设风机全压 $p$ 及轴向速度 $v_2$ 沿叶高不变，即设 $\dfrac{\mathrm{d}p}{\mathrm{d}r} = 0$，$\dfrac{\mathrm{d}v_2}{\mathrm{d}r} = 0$

即有

$$\frac{\mathrm{d}}{\mathrm{d}r}(rv_u)^2 = 0$$

上式积分，得

$$rv_u = c \qquad\qquad (1-58)$$

式（1-58）为等环流公式，亦称自由涡公式。该式说明，动叶和导叶轴向间隙中的圆周分速度 $v_u$ 是按等环量规律分布的。

（二）气流参数沿叶高的变化

1. 扭速沿叶高的变化

所谓的扭速是指叶轮任意半径处，进出口气流相对速度的圆周分速之差，即 $\Delta w_u$。下面来分析扭速沿叶高的变化规律。

由式（1-58）可知，在任意半径 $r$ 处，有

$$rv_{2u} - rv_{1u} = r\Delta v_u = c_2 - c_1 = \Delta c(\text{常数})$$

由图 1-21 叶栅进出口速度三角形，有

$$rv_{2u} - rv_{1u} = r[(u-w_{2u})-(u-w_{1u})] = r(w_{1u}-w_{2u}) = \Delta c \qquad (1-59)$$

或写成

$$r(w_{2u}-w_{1u}) = r\Delta w_u = -\Delta c \qquad\qquad (1-60)$$

若记平均半径为 $r_c$，其对应的扭速为 $\Delta w_{uc}$，即有

$$\Delta w_u = \frac{r_c}{r}\Delta w_{uc} \qquad\qquad (1-61)$$

由式（1-61）可知，气流的扭速 $\Delta w_u$ 随半径 $r$ 的增大而减少，即等环量轴流式风机在叶根处的气流扭曲大（即气流转折角 $\Delta\beta$ 大），而在叶顶处气流扭曲小（即气流转折角小）。

2. 气流速度沿叶高的变化

记平均半径为 $r_c$，其对应叶高的圆周速度为 $v_{uc}$，轴向速度为 $v_{ac}$。由式（1-58）可得到任意半径 $r$ 处气流速度与平均半径处对应分速度之间的关系，即

$$v_u = \frac{r_c}{r}v_{uc}, \quad v_a = v_{ac} \qquad\qquad (1-62)$$

即气流绝对速度的圆周分速度 $v_u$ 随半径的增加而减小。其速度变化规律如图 1-33 所示（图 1-33 中 $r_T$ 为叶顶的半径）。

3. 气流角沿叶高的变化

由图 1-21 叶栅进出口速度三角形，可求得气流角沿半径（叶高）的变化规律。

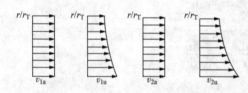

图 1-33　气流速度沿径向的变化

（1）$\alpha_1$ 的变化规律。

因

$$\tan\alpha_1 = \frac{v_{1a}}{v_{1u}} = \frac{v_{1a}}{\dfrac{r_c v_{1uc}}{r}} = \frac{r}{r_c}\frac{v_{1ac}}{v_{1uc}}$$

故

$$\tan\alpha_1 = \frac{r}{r_c}\tan\alpha_{1c} \qquad\qquad (1-63)$$

由式（1-63）可知，气流角 $\alpha_1$ 随叶高增大。

（2）$\alpha_2$ 的变化规律。

因
$$\tan\alpha_2 = \frac{v_{2a}}{v_{2u}} = \frac{v_{2a}}{\dfrac{r_c v_{2uc}}{r}} = \frac{r}{r_c}\frac{v_{2ac}}{v_{2uc}}$$

即
$$\tan\alpha_2 = \frac{r}{r_c}\tan\alpha_{2c} \tag{1-64}$$

由式（1-64）可知，在径向，随 $r$ 增大，气流角 $\alpha_2$ 也随之增大，在叶根处最小。

（3）$\beta_1$ 的变化规律。

设转速为 $n$，则在任意半径 $r$ 和平均半径 $r_c$ 处的圆周速度分别为

$$u = \frac{2\pi n r}{60}, \quad u_c = \frac{2\pi n r_c}{60}$$

即有
$$u = \frac{r}{r_c}u_c \tag{1-65}$$

由图 1-21 速度三角形可得

$$\tan\beta_1 = \frac{v_{1a}}{u - v_{1u}} = \frac{v_{1a}}{\dfrac{r}{r_c}u_c - \dfrac{r_c}{r}v_{1uc}} \tag{1-66}$$

由式（1-66）可知，随半径 $r$ 增大，气流角 $\beta_1$ 减小。

（4）$\beta_2$ 的变化规律。

同样由速度三角形可得

$$\tan\beta_2 = \frac{v_{2a}}{u - v_{2u}} = \frac{v_{2a}}{\dfrac{r}{r_c}u_c - \dfrac{r_c}{r}v_{2uc}} \tag{1-67}$$

由式（1-67）可知，随半径 $r$ 增大，气流角 $\beta_2$ 减小。

图 1-34 表示气流角 $\alpha$ 和 $\beta$ 沿半径 $r$ 变化的情况。在叶顶和叶根处 $\beta_1$ 和 $\beta_2$ 变化的差值，反映了叶片沿半径扭曲的情况。

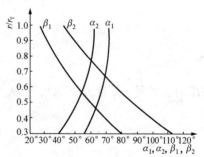

图 1-34 气流角沿径向的变化

**五、能量方程式**

用动量矩定理推导出来的离心式泵与风机的能量方程式也适用于轴流式泵与风机，所不同的是轴流式泵与风机，叶轮进出口处圆周速度、轴面速度相等。即

$$u_1 = u_2 = u, \quad v_{1a} = v_{2a} = v_a$$

由图 1-23 的速度三角形得

$$v_{1u} = u - v_a\cot\beta_1, \quad v_{2u} = u - v_a\cot\beta_2$$

因
$$H_T = \frac{1}{g}(u_2 v_{2u} - u_1 v_{1u}) = \frac{u}{g}(v_{2u} - v_{1u})$$

则
$$H_T = \frac{u}{g}v_a(\cot\beta_1 - \cot\beta_2) \tag{1-68}$$

式（1-68）是用动量矩定理推导出来的轴流泵的能量方程式。轴流风机的能量方程式为

$$p_T = \rho u v_a(\cot\beta_1 - \cot\beta_2)$$

因 $u_1 = u_2$，由式（1-13）轴流式泵与风机的能量方程式又可写为

$$H_T = \frac{v_2^2 - v_1^2}{2g} + \frac{w_1^2 - w_2^2}{2g} \tag{1-69}$$

由式（1-68）和式（1-69）可得出如下结论。

（1）因为 $u_1 = u_2 = u$，故流体在轴流式叶轮中获得的总能量远小于离心式。这就是轴流式泵与风机的扬程（全压）远低于离心式的原因。

（2）当 $\beta_1 = \beta_2$ 时，$H_T = 0$，即流体不能从叶轮获得能量。要使流体由叶轮获得能量，必须 $\beta_2 > \beta_1$。令 $\Delta\beta = \beta_2 - \beta_1$ 为气流转折角，则转折角越大时，获得的能量越大。

（3）为了提高流体通过叶轮后获得的压力能，必须使 $w_1 > w_2$，即入口相对速度要大于出口相对速度，常用的方法是使叶轮入口断面小于出口断面，故多采用进口为圆形的机翼型叶片。

必须指出，该能量方程只建立了总能量与流动参数之间的关系，而没有反映出总能量与翼型及叶栅几何参数之间的关系，因此不能用来进行轴流式泵与风机的设计计算。而用升力理论推导出的能量方程式，可以建立上述关系。为此，用升力法推导方法如下所述。

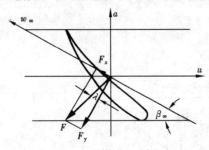

图 1-35　叶栅翼型上的作用力

实际流体绕流叶栅翼型时，产生升力 $F_y$ 和阻力 $F_x$，其合力为 $F$，如图 1-35 所示。合力 $F$ 与升力 $F_y$ 之间的夹角为 $\lambda$，则

$$F = \frac{F_y}{\cos\lambda}$$

由于平面直列叶栅是由半径为 $r$ 和 $r+dr$ 的两个同心圆柱面切割展开而得，故垂直于纸面方向的翼展为 $dr$。由式（1-55）得

$$F_y = c_y\rho\frac{w_\infty^2}{2}bdr$$

则作用在翼型上的合力 $F$ 又可写为

$$F = c_y\rho\frac{w_\infty^2}{2} \times \frac{bdr}{\cos\lambda} \tag{1-70}$$

合力 $F$ 在圆周方向的分量 $F_u$ 为

$$F_u = F\cos[90° - (\beta_\infty + \lambda)] = F\sin(\beta_\infty + \lambda)$$
$$= c_y\frac{\rho w_\infty^2}{2} \times \frac{bdr}{\cos\lambda}\sin(\beta_\infty + \lambda) \tag{1-71}$$

流体作用于翼型上的合力 $F$ 在圆周方向的分量 $F_u$ 和翼型对流体作用力的圆周分量大小相等，方向相反；而合力 $F$ 在轴向的分量 $F_a$ 对叶轮不产生转矩。因此，当叶轮转动时，单位时间内叶栅对流体所作的功率为

$$dP = F_u uz$$

式中　$z$——叶片数。

单位时间内流体从叶栅所获得的功率为

$$\mathrm{d}P' = \rho g H_\mathrm{T} \mathrm{d}q_V$$

单位时间内叶栅对流体所做的功率应该等于流体从叶栅获得的功率，即

$$F_\mathrm{u} u z = \rho g H_\mathrm{T} \mathrm{d}q_V \tag{1-72}$$

其中流量为

$$\mathrm{d}q_V = v_\mathrm{a} 2\pi r \mathrm{d}r = v_\mathrm{a} t \mathrm{d}rz \tag{1-73}$$

将式（1-71）和式（1-73）代入式（1-72）得

$$H_\mathrm{T} = c_y \frac{b}{t} \frac{u}{v_\mathrm{a}} \frac{w_\infty^2}{2g} \frac{\sin(\beta_\infty + \lambda)}{\cos\lambda} \tag{1-74}$$

式（1-74）就是用升力理论求得的轴流泵的能量方程式。即单位重力作用下的理想流体通过叶轮所获得的能量。对风机，常用风压表示其获得的能量。则有

$$p_\mathrm{T} = c_y \frac{b}{t} \frac{u}{v_\mathrm{a}} \frac{\rho w_\infty^2}{2} \frac{\sin(\beta_\infty + \lambda)}{\cos\lambda} \tag{1-75}$$

式（1-75）是轴流风机的能量方程式，表示单位体积理想流体通过叶轮所获得的能量。

式（1-74）和式（1-75）建立了总能量与叶栅的几何参数之间的关系。

又因

$$H_\mathrm{T} = \frac{u}{g}(v_{2\mathrm{u}} - v_{1\mathrm{u}})$$

由图 1-23 可得

$$w_\infty = \frac{v_\mathrm{a}}{\sin\beta_\infty}$$

将以上两式代入式（1-74）经整理后得

$$c_y \frac{b}{t} = \frac{2(v_{2\mathrm{u}} - v_{1\mathrm{u}})}{v_\mathrm{a}} \frac{\sin^2\beta_\infty \cos\lambda}{\sin(\beta_\infty + \lambda)} \tag{1-76}$$

式中

$$\frac{\sin\beta_\infty \cos\lambda}{\sin(\beta_\infty + \lambda)} = \frac{\sin\beta_\infty \cos\lambda}{\sin\beta_\infty \cos\lambda + \cos\beta_\infty \sin\lambda} = \frac{1}{1 + \tan\lambda/\tan\beta_\infty}$$

代入式（1-76）得

$$c_y \frac{b}{t} = \frac{2(v_{2\mathrm{u}} - v_{1\mathrm{u}})}{v_\mathrm{a}} \frac{\sin\beta_\infty}{1 + \tan\lambda/\tan\beta_\infty} \tag{1-77}$$

式（1-77）建立了叶栅几何参数与流动参数之间的关系，该式是用升力法设计叶轮的基本方程式。

### 六、轴流式泵与风机的基本类型

轴流式泵与风机有以下四种基本型式。

（1）单个叶轮，没有导叶。如图 1-36（a）所示，这是最简单的一种类型。由出口速度三角形可见，绝对速度 $v_2$ 可分解为轴向分速 $v_{2\mathrm{a}}$ 和圆周分速 $v_{2\mathrm{u}}$。其中 $v_{2\mathrm{a}}$ 是沿轴向流动的速度，圆周分速 $v_{2\mathrm{u}}$ 使流体产生旋转运动，从而伴随能量损失。因此这种型式只适用于低压轴流风机。

（2）单个叶轮后设置后导叶。如图 1-36（b）所示，出口导叶可以消除叶轮出口处流体的圆周分速 $v_{2\mathrm{u}}$ 而导向轴向运动，并使这部分旋转动能转换为压力能。同时可以减小由于叶轮出口处的旋转运动所造成的损失，提高了效率，因而常用于高压轴流式泵与风机。如国产 600MW 机组使用的 FAF26.6-15-1 型轴流式送风机和 SAF35.5-20-1 型引风机。

（3）单个叶轮前设置前导叶。如图 1-36（c）所示，流体轴向进入前置导叶，经导叶后产生与叶轮旋转方向相反的旋转速度，即产生负预旋。此时 $v_{1u}<0$，在设计工况下，流出叶轮的速度是轴向的，圆周分速 $v_{2u}=0$。在非设计工况下，当流量 $q_V$ 减小时，$v_{2u}\neq0$，如图 1-36（c）中虚线所示。又由于流体进入叶轮时的相对速度 $w_1$ 较大，因而能量损失较大，流动效率较低。但这种型式具有以下优点。

1）在转速和叶轮尺寸相同时，前导叶使流体在叶轮进口前产生负预旋，这时 $w_1$ 增加，所以流体可以获得较高的能量。当流体获得相同能量时，叶轮尺寸可以减小，因而可以减小体积。

2）工况变化时，冲角的变动较小，因而效率变化较小。

3）若前导叶做成可调的，则当工况变化时，随工况的改变调节前导叶角度，可使其在变工况下仍能保持较高效率。

水泵因存在汽蚀问题不宜采用这种型式。

（4）单个叶轮前后均设置导叶。如图 1-36（d）所示，如前导叶设计成可调的，则可进行工况的调节。当工况变化时，可改变导叶角度来适应流量的变化。因而可在较大的流量变化范围内，保持高效率。这种型式适用于流量变化较大的情况。火力发电厂使用的子午加速（静叶可调）轴流风机就是采用这种型式。

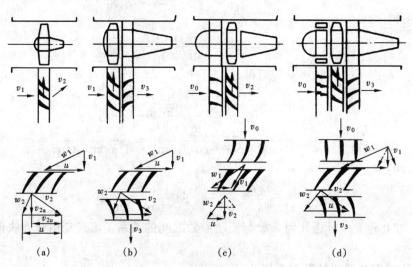

图 1-36　轴流式泵与风机类型

随着发电机组容量的不断增大，已经出现了多级轴流泵和多级轴流风机。

【例 1-3】　有一单级轴流式水泵，$n=300\text{r/min}$，在直径为 980mm 处的叶栅，水以 $v_1=4.01\text{m/s}$ 的速度从轴向流入叶轮，又以 $v_2=4.48\text{m/s}$ 的速度从叶轮流出，试求其理论扬程 $H_T$，并求叶轮进、出口相对速度的角度变化（$\beta_2-\beta_1$）。

解　（1）计算理论扬程 $H_T$ 如下：

$$u=\frac{\pi Dn}{60}=\frac{\pi\times0.98\text{m}\times300}{60\text{s}}=15.39\text{m/s}$$

$$v_{1u}=0$$

$$v_{2u}=\sqrt{v_2^2-v_a^2}=\sqrt{v_2^2-v_1^2}=\sqrt{(4.48\text{m/s})^2-(4.01\text{m/s})^2}=2\text{m/s}$$

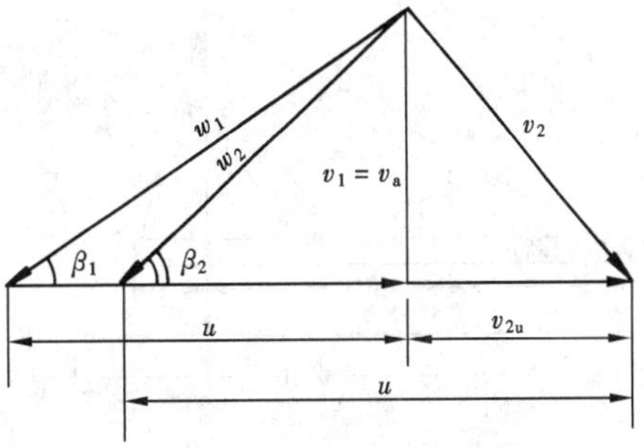

故　$H_T = \dfrac{u}{g}(v_{2u} - v_{1u})$

$\quad = \dfrac{15.39\text{m/s}}{9.81\text{m/s}^2} \times (2\text{m/s} - 0) = 3.14\text{m}$

（2）计算叶轮进、出口相对速度的角度变化（$\beta_2 - \beta_1$）。

由图 1-37 速度三角形知

$$\tan\beta_1 = \frac{v_a}{u} = \frac{v_1}{u} = \frac{4.01\text{m/s}}{15.39\text{m/s}} = 0.261$$

有　　　　　　　$\beta_1 = 14°38'$

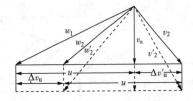

图 1-37　速度三角形

由　$\tan\beta_2 = \dfrac{v_a}{u - v_{2u}} = \dfrac{v_1}{u - \sqrt{v_2^2 - v_1^2}} = \dfrac{4.01\text{m/s}}{15.39\text{m/s} - \sqrt{(4.48\text{m/s})^2 - (4.01\text{m/s})^2}} = 0.30$

有　　　　　　　$\beta_2 = 16°42'$

因此　　　　　$\beta_2 - \beta_1 = 16°42' - 14°38' = 2°4'$

### 七、子午加速（静叶可调）轴流风机

#### （一）工作原理

子午加速轴流风机的工作原理是以叶轮子午面的流道沿着流动方向急剧收缩，气流速度迅速增加而获得动能，并通过后导叶、扩压器将部分动能转换为压力能的轴流式风机。子午加速轴流风机的叶轮有多种形式。图 1-38 是一种轮毂逐渐增加、外壳为圆筒形的子午加速轴流式叶轮。

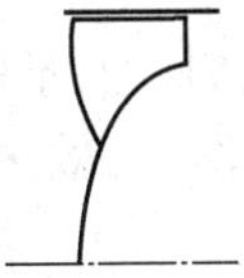

图 1-38　子午加速轴流式叶轮

#### （二）性能特点

将子午加速轴流风机和前面所介绍的轴流风机进行比较，可以看出二者在性能上有着显著的区别。为了比较方便，把前面所介绍的轴流风机称为标准轴流风机。下面用两种风机的速度三角形加以比较和分析。

图 1-39 中实线表示标准轴流风机的速度三角形，虚线表示子午加速轴流风机的速度三角形。相对速度 $w_1$ 与 $w_2$ 之比 $\dfrac{w_2}{w_1}$ 称为减速比，它表示在叶轮子午面流道中的相对速度减速转换为压力能的一种指标。设两种叶轮进口速度三角形相同，在 $u$ 不变的条件下达到相同的出口绝对速度圆周分速度差，即 $\Delta v_u = \Delta v'_u$ 时，由图 1-39 所示的速度三角形可见，此时，子午加速叶轮的相对速度 $w'_2$ 增大，即减速比 $\dfrac{w'_2}{w_1}$ 增大，它表示在

图 1-39　子午加速轴流风机叶轮与标准轴流风机叶轮的速度三角形

叶轮中的扩压度减少，即两种叶轮能量相同时，子午加速叶轮的压力能减小，动能增大。

图 1-40 是试验测量得到的子午加速轴流风机叶轮与标准轴流风机叶轮在相同入口条件下的速度三角形。若考虑叶轮的减速比相等 $\left(\dfrac{w_2}{w_1} = \dfrac{w'_2}{w_1} = \dfrac{102.5}{115}\right)$，进口速度三角形相同，$\beta_2$ 一定，由该三角形可以看出，子午加速叶轮的 $\Delta v'_u = 28.5$，比标准叶轮的 $\Delta v_u = 15$ 增加近两倍。相应的总能量也提高两倍。同时，从图 1-40 还可以看出，出口绝对速度 $v'_2$ 的方向变化很小，而转折角 $\Delta\beta = \beta'_2 - \beta_1$ 却比标准叶轮的 $\Delta\beta = \beta_2 - \beta_1$ 大得多，这说明子午加速轴流式叶轮所获得

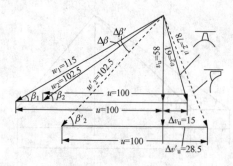

图 1-40　子午加速轴流风机叶轮与
标准轴流风机叶轮的实测速度三角形

的总能量比标准轴流风机叶轮所获得的能量多，其减速比相同说明两者所获得的压力能是相同的，所多出的部分均为动能，这部分动能将在其后的扩压器中转换成压力能。由上述分析可见，子午加速叶轮在相同条件下，产生的总能量将大于标准轴流式叶轮。

应特别指出，在子午加速叶轮中可以实现等相对速度即 $w_2 = w_1$ 的流动。此时流体在叶轮中只获得动能。这时不需要采用机翼型叶片。可用板式叶片，这是子午加速叶轮的一个突出优点。

（三）调节方式

综上所述，在相同参数条件下，子午加速风机可以具有较低的转速，转速低的风机具有更好的耐磨性能。因此这种类型的风机特别适用于输送含有灰尘或腐蚀性的气体，并可在高温下运行。

子午加速轴流风机一般是在转速不变的情况下，通过转动装在叶轮之前的导叶来进行流量调节。导叶由翼型叶片组成，可随其径向轴线转动。当工况改变时，可调节叶片角度，故也称为子午加速静叶可调轴流式风机。目前我国 600MW 以上超临界和超超临界参数机组一般采用子午加速静叶可调轴流式风机作为引风机。

（四）动叶可调轴流式风机与子午加速（静叶可调）轴流式风机性能的比较

由图 1-41 动叶可调轴流风机通用性能曲线可以看出，在 100％锅炉负荷时，其最高效率可达 88％以上，等效率线为椭圆形曲线，与管路阻力曲线接近平行，因此，高效区宽，调节范围宽。

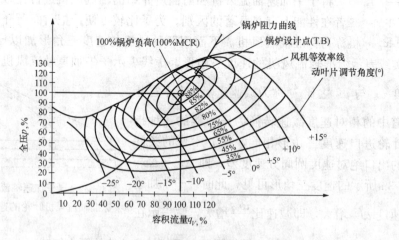

图 1-41　动叶可调轴流风机通用性能曲线

在锅炉变工况运行时，仍可运行在高效区，所以平均运行效率高。

图 1-42 是子午加速（静叶可调）轴流风机的通用特性曲线。当在 100％锅炉负荷时，其最高效率为 85％，比动叶可调轴流风机效率低。且等效率线为圆形曲线，高效区窄，调节范围比较小。在锅炉变工况运行时，效率下降很快，平均运行效率较低。同时这种风机在启动过程中，低负荷时，可能通过喘振区。故对其叶片抗震性能要求较高，一般情况下，短时间通过喘振区，不会对风机安全造成影响。

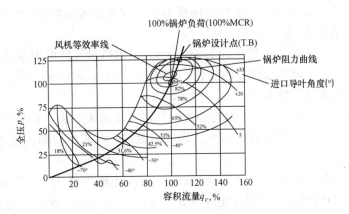

图 1 - 42 子午加速（静叶可调）轴流风机通用性能曲线

综上所述，动叶可调轴流风机效率高，高效区比子午加速轴流风机的宽。但因子午加速轴流风机可降低转速运行，耐磨性能好，故做锅炉引风机较为适合。

**思 考 题**

1. 试简述离心式与轴流式泵与风机的工作原理。

2. 流体在旋转的叶轮内是如何运动的？各用什么速度表示？其速度矢量可组成怎样的图形？

3. 当流量大于或小于设计流量时，叶轮进、出口速度三角形怎样变化？

4. 对离心式泵与风机当实际流体在有限叶片叶轮中流动时，其扬程（全压）与理想流体在无限多叶片叶轮中流动相比有何变化？如何修正？

5. 为了提高流体从叶轮获得的能量，一般有哪几种方法？最常采用哪种方法？为什么？

6. 泵与风机的能量方程式有哪几种型式？并分析影响理论扬程（全压）的因素有哪些？

7. 离心式泵与风机有哪几种叶片型式？各对性能有何影响？为什么离心泵的叶轮均采用后弯式叶片？

8. 轴流叶轮进、出口速度三角形如何绘制？$w_\infty$、$\beta_\infty$ 如何确定？其意义何在？

9. 轴流式泵与风机与离心式相比较，其性能有何特点？适用于何种场合？

10. 轴流式泵与风机的扬程（全压）为什么远低于离心式？

11. 轴流式泵与风机的翼型、叶栅的几何尺寸、形状对流体获得的理论扬程（全压）有何影响？并分析提高其扬程（全压）的方法。

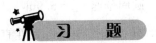

**习 题**

1-1 有一离心式水泵，其叶轮尺寸如下：$b_1 = 35\text{mm}$，$b_2 = 19\text{mm}$，$D_1 = 178\text{mm}$，$D_2 = 381\text{mm}$，$\beta_{1a} = 18°$，$\beta_{2a} = 20°$。设流体径向流入叶轮，如 $n = 1450\text{r/min}$，试按比例画出出口速度三角形，并计算理论流量 $q_{VT}$ 和在该流量时的无限多叶片叶轮的理论扬程 $H_{T\infty}$。

1-2 有一离心式水泵，其叶轮外径 $D_2 = 220\text{mm}$，转速 $n = 2980\text{r/min}$，叶片出口安装角 $\beta_{2a} = 45°$，出口处的轴面速度 $v_{2m} = 3.6\text{m/s}$。设流体径向流入叶轮，试按比例画出出口速

度三角形，并计算无限多叶片叶轮的理论扬程 $H_{T\infty}$；又若环流系数 $K=0.8$，流动效率 $\eta_h=0.9$ 时，泵的实际扬程 $H$ 是多少？

1-3 有一离心式水泵，叶轮外径 $D_2=360mm$，出口过流断面面积 $A_2=0.023m^2$，叶片出口安装角 $\beta_{2a}=30°$，流体径向流入叶轮，求转速 $n=1480r/min$，流量 $q_{VT}=83.8L/s$ 时的理论扬程 $H_T$（设环流系数 $K=0.82$）。

1-4 有一叶轮外径为 300mm 的离心式风机，当转速为 2980r/min 时，无限多叶片叶轮的理论全压 $p_{T\infty}$ 是多少？设叶轮入口气体沿径向流入，叶轮出口的相对速度为半径方向。空气的密度 $\rho=1.2kg/m^3$。

1-5 有一离心式风机，转速 $n=1500r/min$，叶轮外径 $D_2=600mm$，内径 $D_1=480mm$，叶片进、出口处空气的相对速度为 $w_1=25m/s$ 及 $w_2=22m/s$，它们与相应的圆周速度的夹角分别为 $\beta_1=60°$，$\beta_2=120°$，空气的密度 $\rho=1.2kg/m^3$。试绘出进口及出口处的速度三角形，并求无限多叶片叶轮所产生的理论全压 $p_{T\infty}$。

1-6 有一离心式水泵，在转速 $n=1480r/min$ 时，流量 $q_V=89L/s$，扬程 $H=23m$。水以径向流入叶轮，叶轮内的轴面速度 $v_{1m}=3.6m/s$。内、外径比 $D_1/D_2=0.5$，叶轮出口宽度 $b_2=0.12D_2$，若不计叶轮内的损失和叶片厚度的影响，并设叶轮进口叶片的宽度 $b_1=100mm$，求叶轮外径 $D_2$、出口宽度 $b_2$ 及叶片进、出口安装角 $\beta_{1a}$ 和 $\beta_{2a}$。

1-7 有一离心式风机，叶轮外径 $D_2=600mm$，叶轮出口宽度 $b_2=150mm$，叶片出口安装角 $\beta_{2a}=30°$，转速 $n=1450r/min$。设空气在叶轮进口处无预旋，空气密度 $\rho=1.2kg/m^3$，试求：

(1) 当理论流量 $q_{VT}=10000m^3/h$ 时，叶轮出口的相对速度 $w_2$ 和绝对速度 $v_2$；

(2) 叶片无限多时的理论全压 $p_{T\infty}$；

(3) 叶片无限多时的反作用度 $\tau$；

(4) 环流系数 $K$ 和有限叶片叶轮的理论全压 $p_T$（设叶片数 $z=12$）。

1-8 有一轴流式风机，在叶轮半径 380mm 处，空气以 $v_1=33.5m/s$ 的速度沿轴向流入叶轮，当转速 $n=1450r/min$ 时，其全压 $p=692.8Pa$，空气密度 $\rho=1.2kg/m^3$，求在该半径处的平均相对速度 $w_\infty$ 的大小和方向。

1-9 有一单级轴流式水泵，转速 $n=580r/min$，在叶轮直径 700mm 处，水以 $v_1=5.8m/s$ 的速度沿轴向流入叶轮，又以圆周分速 $v_{2u}=2.3m/s$ 从叶轮流出，试求 $c_y\dfrac{b}{t}$ 为多少（设 $\lambda=1°$）？

1-10 有一后置导叶型轴流式风机，在外径 $D_2=0.47m$ 处，空气从轴向流入，$v_a=30m/s$，在转速 $n=2000r/min$ 时，圆周分速 $v_{2u}=5.9m/s$。求 $c_y\dfrac{b}{t}$。设 $\lambda=1°$。

1-11 有一单级轴流式水泵，转速为 375r/min，在直径为 980mm 处，水以速度 $v_1=4.01m/s$ 轴向流入叶轮，在出口以 $v_2=4.48m/s$ 的速度流出。试求叶轮进出口相对速度的角度变化值 $(\beta_2-\beta_1)$。

1-12 有一单级轴流式风机，转速 $n=1450r/min$，在半径为 250mm 处，空气沿轴向以 24m/s 的速度流入叶轮，并在叶轮入口和出口相对速度之间偏转 $20°$，求此时的理论全压 $p_T$。空气密度 $\rho=1.2kg/m^3$。

# 第二章　泵与风机的性能

## 第一节　功率、损失与效率

泵与风机中由原动机输入的机械能因为存在各种损失，不可能全部传递给流体。这些损失的大小可用相应的效率来衡量。效率是体现泵与风机能量利用程度的一个重要经济指标。为了寻求提高效率的途径，需对泵与风机内部产生的各种能量损失进行分析。为此，本节将讨论各种功率、损失、效率及其相互关系。

### 一、功率

泵与风机中常用的功率有有效功率、轴功率与原动机功率等。

1. 有效功率 $P_e$

流体从泵或风机中实际有效得到的功率，称为有效功率。

对泵而言，设流过叶轮的流体体积流量为 $q_V$，扬程为 $H$，流体的密度为 $\rho$，则泵的有效功率为

$$P_e = \rho g q_V H / 1000 \quad \text{kW} \tag{2-1a}$$

对风机而言，其能头用全压 $p$ 表示，所以其有效功率为

$$P_e = q_V p / 1000 \quad \text{kW} \tag{2-1b}$$

式中　$q_V$——体积流量，$\text{m}^3/\text{s}$；

　　　$H$——扬程，m；

　　　$p$——全压，Pa；

　　　$\rho$——流体的密度，$\text{kg/m}^3$。

2. 轴功率 $P$

轴功率是指原动机传给泵或风机轴端上的功率。由于泵或风机内存在各种损失，所以有效功率小于轴功率，如果总效率 $\eta$ 为已知，则泵的轴功率为

$$P = \frac{P_e}{\eta} = \frac{\rho g q_V H}{1000\eta} \tag{2-2a}$$

对风机则为

$$P = \frac{q_V p}{1000\eta} \tag{2-2b}$$

式中　$P$——轴功率，kW；

　　　$\eta$——泵或风机的总效率。

3. 原动机功率 $P_g$

原动机功率是指原动机的输出功率。对泵而言，公式为

$$P_g = \frac{P}{\eta_{tm}} = \frac{\rho g q_V H}{1000\eta_{tm}} \tag{2-3a}$$

对风机而言，公式为

$$P_g = \frac{q_V p}{1000 \eta_{tm}} \tag{2-3b}$$

对泵而言，原动机输入功率计算公式为

$$P_{g,in} = \frac{P}{\eta_{tm}\eta_g} = \frac{\rho g q_V H}{1000 \eta_{tm}\eta_g} \tag{2-4a}$$

对风机而言，公式为

$$P_{g,in} = \frac{q_V p}{1000 \eta_{tm}\eta_g} \tag{2-4b}$$

式（2-3）~式（2-4a）中　　$P_g$，$P_{g,in}$——原动机的输出、输入功率，kW；

$\eta_g$——原动机效率；

$\eta_{tm}$——传动效率，见表 2-1。

在选择原动机时要考虑过载，故应加一定的富裕量。因此选择原动机的功率时，对泵而言，计算公式为

$$P_M = K\frac{P}{\eta_{tm}\eta_g} = K\frac{\rho g q_V H}{\eta \eta_{tm}\eta_g} \tag{2-5a}$$

**表 2-1　　传动方式与传动效率**

| 传动方式 | 传动效率 $\eta_{tm}$ |
|---|---|
| 电动机直联传动 | 1.00 |
| 联轴器直联传动 | 0.98 |
| 三角皮带传动（滚动轴承） | 0.95 |

对风机而言，计算公式为

$$P_M = K\frac{q_V p}{1000 \eta_{tm}\eta_g} \tag{2-5b}$$

式中　$K$——电动机的容量富裕系数（原动机为电动机时 $K$ 值见表 2-2）。

**表 2-2　　　　　　　电动机功率与容量富裕系数**

| 电动机功率（kW） | 电动机容量富裕系数 $K$ | 电动机功率（kW） | 电动机容量富裕系数 $K$ |
|---|---|---|---|
| 0.5 以下 | 1.5 | >2~5 | 1.2 |
| >0.5~1 | 1.4 | >5 | 1.15 |
| >1~2 | 1.3 | >50 | 1.08 |

**注**　电厂中泵与风机所选用的电动机功率均远大于 5kW，为保险计，其 $K$ 值可选用 1.15。

### 二、损失与效率

泵与风机在运行过程中，存在多种机械能损失。按照与叶轮及所输送的流体流量的关系可分为机械损失、容积损失和流动损失三种。与叶轮转动相关而与输送流体量无直接关系的为机械损失，经过叶轮而与流体泄漏量相关的为容积损失，经过叶轮与输送流体量直接相关的为流动损失，分别记为 $\Delta P_m$、$\Delta P_V$ 和 $\Delta P_h$。轴功率减去这三部分损失所对应的功率即为有效功率。从图 2-1 所示的能量平衡图可以看出轴功率、损失功率与有效功率之间的关系。

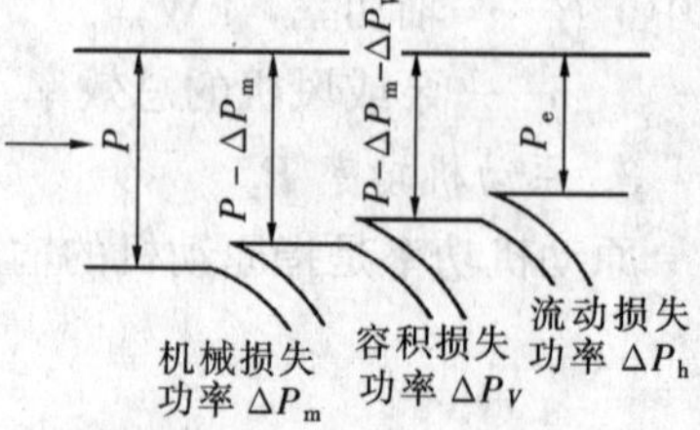

（一）机械损失和机械效率

机械损失是指在机械运动过程中克服摩擦所造成的能量损失。泵与风机的机械损失主要包括两部分，轴与轴承及轴与轴端密封的摩擦损失 $\Delta P$，以及叶轮前后盖板外表面与在泵或风机壳体内局部区域作循环流动的流

图 2-1　泵内能量平衡图

体之间的摩擦损失 $\Delta P_{df}$（常称为叶轮圆盘摩擦损失）。

轴与轴承及轴端密封的摩擦损失 $\Delta P$ 与轴承的结构型式、轴端密封的结构型式有关。其数量约为轴功率的 1%～3%（采用机械密封的，约为 1%；采用填料密封的，约为 1.3%～3%），即

$$\Delta P = (0.01 \sim 0.03)P$$

叶轮圆盘摩擦损失是因为在叶轮的两侧与泵壳间充有泄漏的流体，叶轮在壳体内旋转时，叶轮两侧的流体受离心力的作用，形成回流循环运动，使流体和旋转的叶轮发生摩擦而产生能量损失。这项损失的功率 $\Delta P_{df}$ 约为轴功率的 2%～10%，这是机械损失的主要部分，如图 2-2 所示。

圆盘摩擦损失可用式（2-6）计算，即

$$\Delta P_{df} = K\rho u_2^3 D_2^2 \qquad (2-6)$$

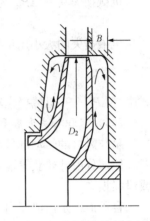

图 2-2　圆盘摩擦损失

式中　$K$——圆盘摩擦系数，由试验求得，$K$ 与雷诺数 $Re$、相对侧壁间隙 $B/D_2$ 圆盘外侧面及外壳内侧面的粗糙度等因素有关；

　　　$D_2$——叶轮出口直径，m；

　　　$u_2$——叶轮出口圆周速度，m/s；

　　　$\rho$——流体密度，kg/m³；

　　　$B$——侧壁间隙。

在机械损失中，叶轮圆盘摩擦损失占主要部分，减少机械损失的要点是尽可能降低叶轮圆盘摩擦损失。常采用的做法有两种。

1. 采用合理的结构

由式（2-6）可知，圆盘摩擦损失与圆周速度的三次方成正比，与叶轮外径的平方成正比。而圆周速度与叶轮外径和转速成正比，所以，实质上圆盘摩擦损失是与转速的三次方、叶轮外径的五次方成正比，即圆盘摩擦损失随转速和叶轮外径的增加而急剧增加。因此，对于高压的泵与风机，一般采用多级叶轮的形式而不采用增大叶轮直径的方法来提高能量头。

如果提高单级扬程，采用加大叶轮外径的方法，则圆盘摩擦损失与叶轮外径成五次方关系增加，而采用提高转速的方法，则成三次方关系增加，即前者损失大于后者；反之，产生相同的扬程（全压）时，提高转速，叶轮外径可以相应减小，对应的圆盘摩擦损失的增加量较小，甚至不增加，从而可能提高叶轮机械效率，即采用高转速小叶轮的结构圆盘损失较小。

圆盘摩擦损失与比转速有关，如图 2-3 所示，随比转速 $n_s$ 减小，圆盘摩擦损失急剧增加。因此，轴流式泵与风机比离心式泵与风机具有较少的圆盘摩擦损失。

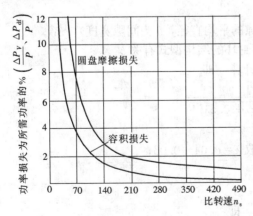

图 2-3　圆盘摩擦损失、容积
损失与比转速的关系

由图 2-2 可以看出，叶轮与泵壳之间的间隙 $B$ 对圆盘摩擦损失也具有重要影响。研究证实，对于一般结构的泵与风机，相对侧壁间隙 $B/D_2$ 在 2%～5%的范围时，圆盘摩擦损失较小。

2. 保持叶轮及泵体内侧表面的光洁以减少摩擦

机械损失功率 $\Delta P_m$ 为上述两种损失之和，即

$$\Delta P_m = \Delta P + \Delta P_{df}$$

机械损失的大小用机械效率 $\eta_m$ 来衡量。机械效率用式（2-7）表示，即

$$\eta_m = \frac{P - \Delta P_m}{P} \tag{2-7}$$

式中   $\Delta P_m$——机械损失功率。

（二）容积损失和容积效率

泵与风机的转动部件与静止部件之间存在间隙。当叶轮转动时，在间隙两侧产生压力差，使部分由叶轮获得能量的流体从高压侧通过间隙向低压侧泄漏，这种损失称为容积损失或泄漏损失。

容积损失是由泄漏引起的。泵与风机常见的泄漏主要有四种方式。

1. 叶轮入口与外壳密封环之间间隙中的泄漏

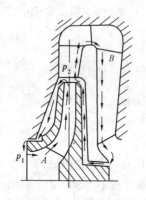

泵与风机运行时，流体从叶轮获得能量，出口处的压力高于入口处的压力，这个压差驱使部分流体沿着叶轮入口与外壳密封环之间的间隙由出口回流到入口，如图 2-4 中 $A$ 线所示，其从叶轮获得的能量消耗于克服流动阻力之上了，这部分容积损失又被称为进出口泄漏损失或密封环损失，它是泵与风机容积损失的主要部分。

离心泵通过叶轮进口与密封环间隙的流体泄漏量可按式（2-8）计算，即

图 2-4   泵内流体的泄漏

$$q_1 = \mu_1 A_1 \sqrt{2g\Delta H_1} \tag{2-8}$$

$$A_1 = \pi D_w b$$

式中   $\mu_1$——流量系数；

    $\Delta H_1$——密封环间隙两侧的能头差，m；

    $A_1$——间隙的环形面积（$D_w$ 为密封环间隙的平均直径，$b$ 为间隙宽度），m²。

流量系数 $\mu_1$ 与间隙宽度 $b$、间隙长度 $l$ 及密封环的结构型式有关。

对于圆环形密封环，$\mu$ 可以用以下经验公式计算，即

$$\mu_1 = \frac{1}{\sqrt{1 + 0.5\varphi + 0.5\lambda l/b}}$$

式中   $\varphi$——密封环间隙的圆角系数；

    $\lambda$——密封环间隙的沿程阻力系数，一般取 $\lambda = 0.04～0.06$；

    $l$——密封环间隙长度；

    $b$——间隙宽度。

密封间隙两侧的能头差可按式（2-9）计算，即

$$\Delta H_1 = \frac{p_2 - p_1}{\rho g} - \frac{u_2^2 - u^2}{8g} \tag{2-9}$$

式中　$p_2$——叶轮出口压力；

$\quad\quad p_1$——叶轮入口压力；

$\quad\quad u_2$——叶轮出口圆周速度；

$\quad\quad u$——密封间隙入口中心点的圆周速度。

对于非圆环形密封环，其流量系数由试验测定。

由泄漏流量 $q_1$ 及密封间隙两侧的能头差 $\Delta H_1$，可以得到密封环泄漏所对应的容积损失 $\Delta P_{V1}$，计算式为

$$\Delta P_{V1} = \rho g q_1 \Delta H_1 \qquad (2-10)$$

2. 平衡轴向力装置的间隙中泄漏

高压泵的进、出口存在很大的压力差，为减小轴向推力，常用到带有径向间隙的轴向力平衡装置（见图2-5），允许少量流体从出口高压端泄漏到低压端。这部分泄漏的流体由叶轮所获得的能量消耗在克服其流动阻力上，从而造成机械能的损失。

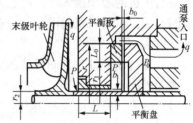

图 2-5　节段式多级泵的平衡盘装置

通过平衡轴向力装置间隙的泄漏量，计算式为

$$q_2 = \mu_2 A_2 \sqrt{2g\Delta H_2} \qquad (2-11)$$

$$A_2 = \pi D_n b$$

$$\Delta H_2 = \frac{\Delta p}{\rho g}$$

式中　$\mu_2$——流量系数，与平衡装置的类型及具体结构有关，由试验确定；

$\quad\quad A_2$——平衡间隙的环形面积（$D_n$ 取平衡间隙的平均直径，$b$ 为径向间隙宽度），$m^2$；

$\quad\quad \Delta H_2$——平衡装置间隙两侧的能头差（$\Delta p$ 为平衡装置径向间隙两端的压力差，Pa），m。

由平衡轴向力装置间隙的泄漏所引起的容积损失 $\Delta P_{V2}$ 为

$$\Delta P_{V2} = \rho g q_2 \Delta H_2 \qquad (2-12)$$

3. 轴端密封间隙中的泄漏

无论采用何种轴封，泄漏总是难免的。正常情况下，轴封处的泄漏 $q_3$ 比前两项泄漏小得多，这部分泄漏伴随的机械能损失又称为轴封损失，记为 $\Delta P_{V3}$。与前两项容积损失相比，轴封损失相对较小。

4. 多级泵级间间隙中的泄漏

多级离心泵都设有导叶隔板，液体经过导叶后，部分动能转换成压力能，使得压力升高，造成级间隔板前后出现压力差，驱使部分液体通过级间隔板与轴套间的间隙流回到前级叶轮的侧隙（见图2-4中 B 线所示途径），形成级间泄漏。这些级间泄漏的流体，流经叶轮与导叶间侧隙后，与叶轮流出的流体混合，经过导叶与反导叶，又经级间间隙流回前级叶轮的侧隙，形成循环。由于这部分流体不经过叶轮，也不影响泵的流量，所以这种级间泄漏所造成的机械能损失应属于圆盘摩擦损失。

泵与风机总的容积损失为前三项损失之和，即

$$\Delta P_V = \Delta P_{V1} + \Delta P_{V2} + \Delta P_{V3} \qquad (2-13)$$

容积损失也与比转速 $n_s$ 有关，它随比转速的变化关系，如图2-3所示。随比转速 $n_s$ 的减小，容积损失增加。因为低比转速叶轮间隙两侧的压差大，导致泄漏量较大，容积损失就较大。

容积损失的大小用容积效率 $\eta_V$ 来衡量，容积效率用式（2-14）计算，即

$$\eta_V = \frac{P - \Delta P_m - \Delta P_V}{P - \Delta P_m} = \frac{\rho g q_V H_T}{\rho g (q_V + q) H_T} = \frac{q_V}{q_V + q} \qquad (2-14)$$

$$q = q_1 + q_2 + q_3$$

式中 $\Delta P_V$——容积损失功率，kW；

$q$——泄漏流量，m³/s。

泵与风机的容积损失中，叶轮入口处的密封环损失占据主要份额。容积损失必然与流体的泄漏有关，泵与风机的泄漏量一般为其理论流量的 4%～10%。为减少泄漏量，一般可采用如下方法：

（1）维持动、静部件间最佳的间隙。泵在运行一段时间后，容积效率下降，其间隙增大是主要原因之一；

（2）增大间隙中的流动阻力。其措施有三：一是增加密封的轴向长度，可增大间隙内的沿程流动阻力；二是在间隙入口和出口采取节流措施，可增大流体间隙流动的局部阻力；三是采用不同型式的密封环，也相应引起间隙内流动阻力改变。图 2-6 给出了常用叶轮密封环的型式。其中，(a) 型的特点是制造简单，磨损小，几乎不诱发振动，但泄漏量大，间隙内的流速高，在叶轮入口附近产生漩涡，一般仅用于小型低扬程泵；出于运行平稳考虑，大容量泵也可采用平环式密封环，但应在入口或出口处采取一些节流、阻尼措施，以减少其泄漏量。(b) 型与 (c) 型的特点是能在轴向尺度不变的情况下增加间隙内的流动阻力，泄漏量较小，但其台阶型结构可能引发转子产生振动，故对装配精度具有较高的要求，迷宫式密封环适用于大容量泵。(d) 型的特点是阻尼效果好，泄漏量较小，运行也较为平稳；但其齿尖易磨损，使用寿命不长。(e) 型的特点是螺旋槽具有确定的螺进方向，转子转动时，可使间隙内的流体受到逆压力差方向的推挤作用，使泄漏量大幅度降低；但其螺旋槽尖部易磨损，存在发生振动的诱因，一般适用于对泄漏量有特殊要求的场合。

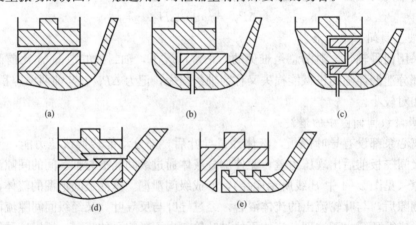

图 2-6 叶轮密封环类型

(a) 平环式密封；(b) 单齿迷宫式密封；(c) 多齿迷宫式密封；(d) 锯齿式密封；(e) 螺旋槽式密封

**（三）流动损失和流动效率**

流动损失是指流体在泵与风机主流道（包括入口、叶轮、导叶、出口等）中流动时，由于流动阻力而产生的机械能损失。流动损失主要分为三种：①流体和各部分流道壁面摩擦所产生的摩擦阻力损失；②流道断面变化、转弯等会使边界层分离、产生漩涡二次流和尾迹等

而引起的涡流损失；③由于工况改变，流量 $q_V$ 偏离设计流量 $q_{Vd}$ 时，叶轮入口流动角 $\beta_1$ 与叶片安装角 $\beta_{1a}$ 不一致所引起的冲击损失。这三种流动损失中，摩擦阻力损失与涡流损失直接与流体的输送量相关，而冲击损失不仅与输送流体量有关，还与该流量与设计流量的偏差有关。分别讨论如下。

1. 摩擦阻力损失和扩散损失

摩擦阻力损失计算式为

$$h_f = \lambda \frac{l}{4R} \frac{v^2}{2g}$$

式中　$\lambda$——摩擦损失系数；

　　　$l$——流道长度，m；

　　　$R$——流道断面的水力半径，m；

　　　$v$——流速，m/s。

对泵与风机来说，由于流道形状比较复杂，$l$、$R$、$\lambda$ 均难以确定，因此可以把全部摩擦阻力损失归并成一个简单的公式，即

$$h_f = K_1 q_V^2$$

涡流损失计算式为

$$h_j = K_2 q_V^2$$

两项损失相加，得

$$h_f + h_j = K_3 q_V^2 \qquad (2-15)$$

这是一条通过坐标原点的二次抛物线，如图 2-7 所示。

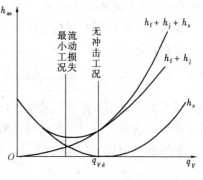

图 2-7　流动损失曲线

2. 冲击损失

相对速度方向与叶片进口切线方向之间的夹角称为冲角 $\alpha$。当泵与风机在设计工况工作时，流体相对速度沿叶片切线流入，流体的入口流动角 $\beta_1$ 等于叶片入口安装角 $\beta_a$，此时冲角为零，没有冲击损失。而在非设计工况下，当 $q_V < q_{Vd}$ 时，$\beta_1 < \beta_{1a}$，$\alpha = \beta_{1a} - \beta_1 > 0$ 为正冲角，漩涡发生在吸力面上，如图 2-8（a）所示；当 $q_V > q_{Vd}$ 时，$\beta_1 > \beta_{1a}$，$\alpha = \beta_{1a} - \beta_1 < 0$ 为负冲角，漩涡发生在压力面上，如图 2-8（b）所示。由此会引起冲击损失。

冲击损失用式（2-16）计算

$$h_s = K_4 (q_V - q_{Vd})^2 \qquad (2-16)$$

这是一条顶点在设计流量 $q_{Vd}$ 处的二次抛物线，如图 2-7 所示。

应该指出：在正冲角时，由于旋涡区发生在叶片吸力面上，因此能量损失比产生负冲角时小。同时，流动损失 $h_h = h_f + h_j + h_s$，流动损失最小的工况点在设计流量的左边。

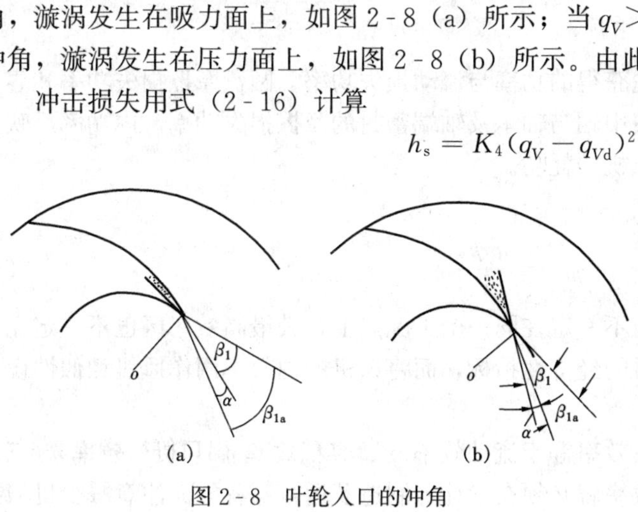

流动损失的大小用流动效率

图 2-8　叶轮入口的冲角

（a）正冲角；（b）负冲角

$\eta_h$ 来衡量。流动效率用式（2-17）表示，即

$$\eta_h = \frac{P - \Delta P_m - \Delta P_V - \Delta P_h}{P - \Delta P_m - \Delta P_V} = \frac{P_e}{P - \Delta P_m - \Delta P_V} = \frac{\rho g q_V H}{\rho g q_V H_T} = \frac{H}{H_T} \quad (2-17)$$

式中　　$\Delta P_h$——流动损失功率，kW。

影响泵与风机效率最主要的因素是流动损失，即在所有损失中，流动损失最大。要提高泵与风机的效率，就必须从提高其流动效率着手，一般可采取如下措施。

（1）选用高效的叶轮及设计合理的流道形状；现代大容量泵与风机都需要进行三维流场分析，从理论上为减少摩擦损失提供依据。

（2）严格制造工艺和检验精度，提高制造、安装、检修的质量，确保精心设计的叶轮和流道能正确地投入运行。

（3）保证叶轮及流道表面的粗糙度最低，尽可能减少摩擦阻力损失。

（4）严格控制在合理的流量范围内工作，以避免过大的冲击损失。

（四）泵与风机的总效率

总效率是衡量泵与风机经济性的重要技术指标。泵与风机的总效率 $\eta$ 等于有效功率与轴功率之比，即

$$\eta = \frac{P_e}{P} = \frac{P_e}{P - \Delta P_m - \Delta P_V} \times \frac{P - \Delta P_m - \Delta P_V}{P - \Delta P_m} \times \frac{P - \Delta P_m}{P} = \eta_h \eta_V \eta_m \quad (2-18)$$

风机的总效率又称全压效率。风机的动压在全压中占较大比例，有时需要对风机的静压进行评价，这需要用到风机的静压效率。

静压效率用式（2-19）计算，即

$$\eta_{st} = \frac{q_V p_{st}}{P} \quad (2-19)$$

除全压效率和静压效率之外，还有全压内效率和静压内效率。

全压内效率是风机的有效功率与内功率之比，即

$$\eta_i = \frac{P_e}{P_i} \quad (2-20)$$

式中　　$\eta_i$——全压内效率，%；

　　　　$P_i$——内功率，kW。

风机的内功率是指，气体从叶轮获得的功率与流动损失功率、圆盘摩擦损失功率和容积损失功率之和，而没有计入机械损失中轴与轴承及轴端密封的摩擦损失功率。内功率反映了叶轮的耗功，而轴功率则反映整台风机的耗功。

静压内效率为

$$\eta_{st,i} = \frac{q_V p_{st}}{P_i} \quad (2-21)$$

风机的总效率与内效率的最大值不一定在同一个工况点上，其最高效率区也不一定完全一致。通常将风机的总效率用作风机的经济性指标，而将风机的内效率用作风机相似性设计和相似换算的依据。

由上述分析可知，泵与风机的总效率等于流动效率 $\eta_h$、容积效率 $\eta_V$ 和机械效率 $\eta_m$ 三者的乘积。因此，要提高泵与风机的效率就必须在设计、制造及运行等各方面注意减少机械损失、容积损失和流动损失。

离心式泵与风机的总效率视其容量、型式和结构而异，目前离心式泵总效率为 0.60～0.90，离心风机的总效率为 0.70～0.90，高效风机可达 0.90 以上。轴流泵的总效率为 0.70～0.89，大型轴流风机可达 0.90 以上。

## 第二节　泵与风机的性能曲线

如前所述，泵与风机的主要性能参数有流量 $q_V$、扬程 $H$（或全压 $p$）、轴功率 $P$ 和效率 $\eta$。对泵而言，还有汽蚀余量 NPSH（在第四章中做专门介绍）。这些参数之间有着一定的相互联系，而反映这些性能参数间变化关系的曲线，称为性能曲线。性能曲线通常是指在一定的转速下，以流量 $q_V$ 作为基本变量，其他各参数随流量改变而变化的曲线。因此，以流量 $q_V$ 为横坐标，扬程 $H$（或全压 $p$）、轴功率 $P$、效率 $\eta$、汽蚀余量 NPSH 为纵坐标，可绘制出 $q_V$-$H$（或 $q_V$-$p$）、$q_V$-$P$、$q_V$-$\eta$ 及 $q_V$-NPSH 等不同的性能曲线。这些曲线直观地反映了泵与风机的总体性能。性能曲线对泵与风机的选型、经济合理的运行都起着十分重要的作用。

鉴于泵与风机内部流动的复杂性，至今还不能用理论计算的方法求得这些性能参数之间的关系，性能曲线一般都是通过试验来确定的。但对性能曲线进行理论分析，对了解性能曲线的变化规律以及影响性能曲线的各种因素，仍具有十分重要的意义。

### 一、离心式泵与风机的性能曲线

（一）流量与扬程（$q_V$-$H$）性能曲线

设叶片数无限多且无限薄，流体为理想流体时，叶轮出口速度三角形如图 2-9 所示。

由速度三角形得

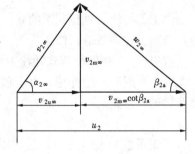

图 2-9　出口速度三角形

$$v_{2u\infty} = u_2 - v_{2m\infty}\cot\beta_{2a}$$

而

$$v_{2m\infty} = \frac{q_{VT}}{\pi D_2 b_2}$$

将以上两式代入能量方程式（1-10）中，得

$$H_{T\infty} = \frac{u_2}{g}(u_2 - v_{2m\infty}\cot\beta_{2a}) = \frac{u_2^2}{g} - \frac{u_2\cot\beta_{2a}}{g\pi D_2 b_2}q_{VT} \tag{2-22}$$

若泵与风机的几何尺寸及转速已确定，则式（2-22）中 $u_2$、$\beta_{2a}$、$D_2$ 及 $b_2$ 均为常数。

令

$$A = \frac{u_2^2}{g}, \quad B = \frac{u_2\cot\beta_{2a}}{g\pi D_2 b_2}$$

则式（2-22）成为

$$H_{T\infty} = A - Bq_{VT} \tag{2-22a}$$

式（2-22a）是直线方程，即 $H_{T\infty}$ 随 $q_{VT}$ 呈直线关系变化，且直线的斜率由角 $\beta_{2a}$ 来确定。

以下对 $\beta_{2a} < 90°$、$\beta_{2a} = 90°$、$\beta_{2a} > 90°$ 的三种不同叶片出口角度进行分析。

1. $\beta_{2a} < 90°$（后弯式叶片）

$\beta_{2a} < 90°$ 时，$\cot\beta_{2a} > 0$，$B$ 为正值，由

$$H_{T\infty} = A - Bq_{VT}$$

可以看出，当 $q_{VT}$ 增加时，$H_{T\infty}$ 逐渐减小，$H_{T\infty}$ 与 $q_{VT}$ 的关系为一条自左至右下降的直线，如图 2-10 中曲线 $a$ 所示。它与坐标轴相交于两点。

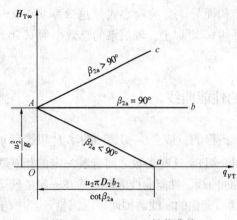

图 2-10　$q_{VT}$-$H_{T\infty}$ 性能曲线

当 $q_{VT}=0$ 时，$H_{T\infty}=A=\dfrac{u_2^2}{g}$

当 $H_{T\infty}=0$ 时，$q_{VT}=\dfrac{A}{B}=\dfrac{u_2\pi D_2 b_2}{\cot\beta_{2a\infty}}$

2. $\beta_{2a}=90°$（径向式叶片）

$\beta_{2a}=90°$时，$\cot\beta_{2a}=0$，$B=0$，则

$$H_{T\infty}=A=\dfrac{u_2^2}{g}$$

即 $H_{T\infty}$ 与 $q_{VT}$ 的变化无关，为一条平行于横坐标的直线，如图 2-10 中曲线 $b$ 所示。它与纵坐标交于 $A$，即 $H_{T\infty}=A=\dfrac{u_2^2}{g}$。

3. $\beta_{2a}>90°$（前弯式叶片）

$\beta_{2a}>90°$时，$\cot\beta_{2a}<0$，$B$ 为负值，则

$$H_{T\infty}=A+Bq_{VT}$$

因此，当 $q_{VT}$ 增加时，$H_{T\infty}$ 也随之增加，$H_{T\infty}$ 与 $q_{VT}$ 的关系为一条自左至右上升的直线，如图 2-9 中曲线 $c$ 所示。当 $q_{VT}=0$ 时，与纵坐标交于 $A$，即 $H_{T\infty}=A=\dfrac{u_2^2}{g}$。

以上的直线为理想状况的 $q_{VT}$-$H_{T\infty}$ 性能曲线，由于考虑到有限叶片数和流体黏性的影响，需对上述曲线进行修正。

现以 $\beta_{2a}<90°$的后弯式叶片为例，分析水泵的 $q_{VT}$-$H_{T\infty}$ 性能曲线的变化。

对于有限叶片的叶轮，由于轴向涡流的影响使其产生的扬程降低，该叶轮的扬程可用环流系数进行修正。

$$H_T = KH_{T\infty}$$

环流系数 $K$ 恒小于 1，且基本与流量无关。因此，有限叶片叶轮的 $q_{VT}$-$H_T$ 曲线，也是一条向下倾斜的直线，且位于无限多叶片所对应的 $q_{VT}$-$H_{T\infty}$ 曲线下方。如图 2-11 中 $b$ 线所示。考虑实际流体黏性的影响，还要在 $q_{VT}$-$H_T$ 曲线上减去因摩擦、涡流和冲击而损失的扬程。因为摩擦及涡流损失随流量的平方增加，在减去各流量下因摩擦及涡流而损失的扬程后即得图 2-11 中的 $c$ 线。冲击损失在设计工况下为零，在偏离设计工况时则按抛物线增加，在对应流量下

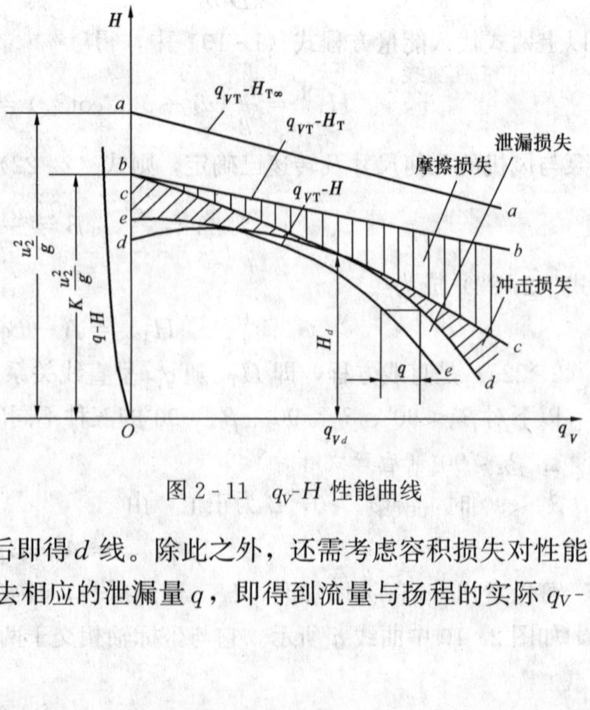

图 2-11　$q_V$-$H$ 性能曲线

再从 $c$ 曲线上减去因冲击而损失的扬程后即得 $d$ 线。除此之外，还需考虑容积损失对性能曲线的影响。因此，还需在 $d$ 线的各点减去相应的泄漏量 $q$，即得到流量与扬程的实际 $q_V$-$H$ 性能曲线，如图 2-10 中 $e$ 线所示。

对风机的 $q_V$-$P$ 曲线分析与泵的 $q_V$-$H$ 曲线分析相同。

（二）流量与轴功率（$q_V$-$P$）性能曲线

流量与轴功率性能曲线，是指在一定转速下泵与风机的流量与轴功率之间的关系曲线。如果将轴功率 $P$ 表示为流动功率 $P_h$ 与机械损失功率 $\Delta P_m$ 之和，即

$$P = P_h + \Delta P_m$$

因机械损失与流量无关，则可先求得流量与流动功率的关系曲线，然后，在相应点加上机械损失功率即得到流量与轴功率的关系曲线。

流动功率 $P_h$ 定义为

$$P_h = \rho g q_{VT} H_T \tag{2-23}$$

将式（2-22）等号两边均乘以环流系数 $K$ 得

$$H_T = K H_{T\infty} = K \frac{u_2^2}{g} - K \frac{u_2 \cot\beta_{2a}}{g \pi D_2 b_2} q_{VT}$$

令 $\qquad A' = K \dfrac{u_2^2}{g}, \quad B' = K \dfrac{u_2 \cot\beta_{2a}}{g \pi D_2 b_2}$，则

$$H_T = A' - B' q_{VT} \tag{2-24}$$

将式（2-24）代入式（2-23）得

$$P_h = \rho g q_{VT}(A' - B' q_{VT}) = \rho g(A' q_{VT} - B' q_{VT}^2) \tag{2-25}$$

由式（2-25）可见，流动功率随流量的变化为一抛物线关系，其曲线的形状与 $\beta_{2a}$ 角有关。现分别对 $\beta_{2a} < 90°$、$\beta_{2a} = 90°$、$\beta_{2a} > 90°$ 的三种情况进行分析。

1. $\beta_{2a} < 90°$（后弯式叶片）

$\beta_{2a} < 90°$ 时，$\cot\beta_{2a} > 0$，$B'$ 为正值，此时

$$P_h = \rho g(A' q_{VT} - B' q_{VT}^2) \tag{2-25a}$$

当 $q_{VT} = 0$ 时，$P_h = 0$；当 $q_{VT} = \dfrac{A'}{B'}$ 时，$P_h = 0$，因此式（2-25a）是一条通过坐标原点与横坐标轴相交于 $q_{VT} = \dfrac{A'}{B'}$ 点的抛物线，如图 2-12 中曲线 $a$ 所示。由此可见，对于后弯式叶片叶轮，其流动功率是先随流量的增加而增加，当达到某一数值时，则随流量的增加而减小。当流量改变时，其流动功率的变化较为平缓。

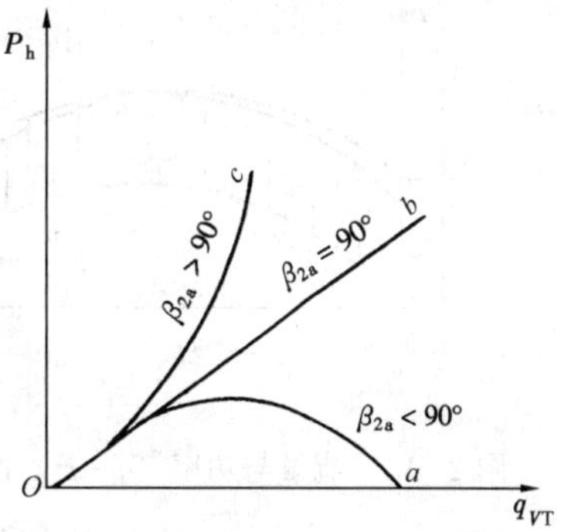

2. $\beta_{2a} = 90°$（径向式叶片）

$\beta_{2a} = 90°$ 时，$\cot\beta_{2a} = 0$，$B' = 0$，此时

$$P_h = \rho g A' q_{VT} \tag{2-25b}$$

当 $q_{VT} = 0$ 时，$P_h = 0$，因此式（2-25b）表达的关系是一条通过坐标原点上升的直线，如图 2-12 中曲线 $b$ 所示。对径向式叶片叶轮，其流动功率随流量的增加呈直线上升。

3. $\beta_{2a} > 90°$（前弯式叶片）

$\beta_{2a} > 90°$ 时，$\cot\beta_{2a} < 0$，$B'$ 为负值，此时

$$P_h = \rho g(A' q_{VT} + B' q_{VT}^2) \tag{2-25c}$$

当 $q_{VT} = 0$ 时，$P_h = 0$，当 $q_{VT}$ 增加时，$P_h$ 急剧增加，是一条通过坐标原点的上升曲线，如图 2-12 中曲线 $c$ 所示。可见前弯式叶片叶轮的流动功率随流量的增加而急剧上升。

图 2-12 各种不同 $\beta_{2a}$ 角的理论流量与流动功率（$q_{VT}$-$P_h$）性能曲线

下面讨论如何由理论流量与流动功率之间的 $q_{VT}$-$P_h$ 关系曲线得到实际流量与轴功率之间的 $q_V$-$P$ 关系曲线。

以 $\beta_{2a}<90°$ 的后弯式叶轮为例，在理论流量与流动功率（$q_{VT}$-$P_h$）曲线上加一等值的（实际上随 $q_{VT}$ 增加 $\Delta P_m$ 有微小的减少）机械损失功率 $\Delta P_m$，即得到 $q_{VT}$-$P$ 性能曲线（图 2-13）。在此基础上，考虑泄漏量的影响，在 $q_{VT}$-$P$ 性能曲线上减去相应的泄漏量 $q$，即得到实际流量与轴功率的 $q_V$-$P$ 性能曲线。从图 2-13 可见，当 $q_V=0$ 时，轴功率不为零，因此，将流量为零的这一工况称为空载工况，此时的功率就等于泵与风机在空转时的机械损失功率 $\Delta P_m$ 和容积损失功率 $\Delta P_V$ 之和。

（三）流量与效率（$q_V$-$\eta$）性能曲线

泵与风机的效率等于有效功率与轴功率之比，即

$$\eta=\frac{P_e}{P}=\frac{\rho g q_V H}{P}$$

由上式可见，效率 $\eta$ 有两次为零的点，即当 $q_V=0$ 时，$\eta=0$；当 $H=0$ 时，$\eta=0$。因此，$q_V$-$\eta$ 曲线是一条通过坐标原点与横坐标轴相交于 $q_V=q_{V\max}$ 点的曲线。实际应用中 $q_V$-$H$ 性能曲线不可能下降到与横坐标轴相交，因而 $q_V$-$\eta$ 曲线也不可能与横坐标轴相交。如图 2-14 所示，实际的 $q_V$-$\eta$ 性能曲线位于理论曲线的下方。曲线上最高效率 $\eta_{\max}$ 点，即为泵与风机的设计工况点。

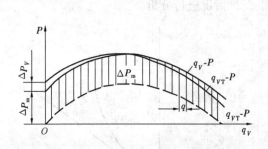

图 2-13  流量与功率（$q_V$-$P$）性能曲线

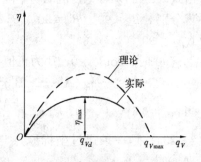

图 2-14  流量与效率（$q_V$-$\eta$）
性能曲线

对风机而言，因为有全压 $p$ 和静压 $p_{st}$ 之分，所以对应的效率也有全压效率（$q_V$-$\eta$）及静压效率（$q_V$-$\eta_{st}$）曲线。

性能曲线是制造厂通过实验得到的，将其载入泵和风机样本中，供用户使用。

图 2-15 和图 2-16 分别为国产 600MW 机组配套用的锅炉给水泵和凝结水泵的性能曲线。

（四）离心式泵与风机性能曲线的分析

1. 最佳工况点与经济工作区

在给定的流量下，均有一个与之对应的扬程 $H$（或全压 $p$）、轴功率 $P$ 及效率 $\eta$ 值，这一组参数，称为一个工况点。最高效率所对应的工况点，称最佳工况点，它是泵与风机运行最经济的一个工况点。在最佳工况点附近的区域（一般不低于最高效率的 0.85~0.9），称为经济工作区或高效工作区，泵与风机在此区域内工作最经济。为此，制造厂对某些泵与风机常提供高效区域的性能曲线，以指导用户能使所购置的泵与风机在高效工作区内运行，提

高泵与风机的运行经济性。

2. 空载工况及其注意事项

当阀门全关时，$q_V = 0$，$H = H_0$，$P = P_0$，该工况称为空载工况。这时，空载功率 $P_0$ 主要消耗在机械损失上（如旋转的叶轮与流体的摩擦等）。在空载状态下，泵内水温会迅速升高，导致发生水的汽化。对于锅炉给水泵及凝结水泵，由于输送的是饱和液体，为防止汽化，一般不允许在空载状态下运行（除特别注明允许的情况外）。如在运行中负荷降低到所规定的最小流量时，则应开启泵的旁路管。

3. 空载条件下启动

离心式泵与风机，在空载时，所需轴功率（空载功率）最小，一般为设计轴功率的 30% 左右。在这种状态下启动，可避免启动电流过大，而造成原动机过载。所以离心式泵与风机要在阀门全关的状态下启动，待运转正常后，再开大出口管路上的调节阀门，使泵与风机投入正常运行。

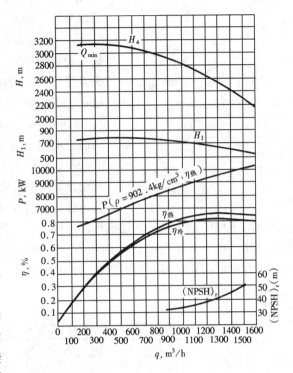

图 2 - 15　80CHTA/4 型锅炉给水泵性能曲线

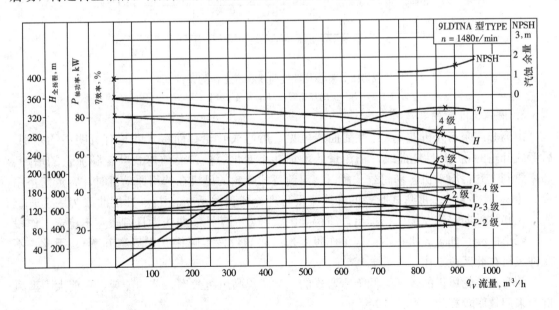

图 2 - 16　9LDTNA 型凝结水泵性能曲线

4. 后弯式叶轮 $q_V$ - $H$ 性能曲线的三种基本形状

后弯式叶轮的 $q_V$ - $H$ 性能曲线，总的趋势是随着流量的增加而下降，但由于其结构型式和出口安装角 $\beta_{2a}$ 的不同，就使后弯式叶轮的 $q_V$ - $H$ 性能曲线具有不同的形状。归结起来，

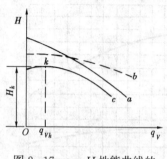

图 2-17  $q_V$-$H$ 性能曲线的
三种基本形状

可以分为三种基本类型：①陡降的曲线，如图 2-17 中曲线 $a$ 所示。这种曲线有 $25°\sim30°$ 的斜度，当流量变动较小时，扬程变化却很大。具有这种性能曲线的泵适用于扬程变化大而流量变化小的场合，如电厂的取水水位变化较大的循环水泵；②平坦的曲线，如图 2-17 中曲线 $b$ 所示。这种曲线具有 $8\%\sim12\%$ 的斜度，当流量变化很大时，扬程变化很小，因而它适用于流量变化大而要求扬程变化小的情况，如电厂的汽包锅炉给水泵；③有驼峰的曲线，如图 2-17 中曲线 $c$ 所示，其扬程随流量的变化是先增加后减小，曲线上 $k$ 点对应扬程的最大值 $H_k$ 和 $q_{Vk}$，在 $k$ 点左边为不稳定工况区，在该区域工作的泵与风机，其运行稳定性不好。因此，不希望使用驼峰形曲线的泵与风机。即便使用，也只允许在 $q_V>q_{Vk}$ 时工作。驼峰形曲线，一般与 $\beta_{2a}$ 角、叶片数 $z$、叶片形状等有关。经验证明：对离心泵用图 2-18 中曲线来选择叶片出口安装角 $\beta_{2a}$ 和叶片数 $z$，可以避免性能曲线出现驼峰形。

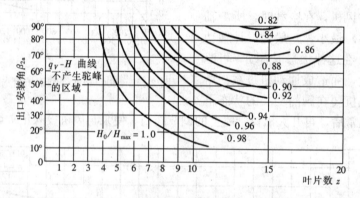

图 2-18  离心泵性能曲线稳定工作的条件
$H_0$—关闭点扬程；$H_{max}$—最大扬程

### 5. 前弯式叶轮的某些特点

由离心式泵与风机的 $q_V$-$P$ 性能曲线可见，后弯式叶轮和前弯式叶轮有着明显的差别。后弯式叶轮的 $q_V$-$P$ 性能曲线，随流量的增加功率变化缓慢；而前弯式叶轮随流量的增加，功率急剧上升，原动机容易超载。所以，对前弯式叶轮的风机在选用原动机时，容量富裕系数 $K$ 值应取得大些。前弯式叶轮的理论流量与理论扬程关系 $q_{VT}$-$H_{T\infty}$ 性能曲线为一上升直线，在扣除轴向涡流及损失扬程后，所得到的实际 $q_V$-$H$ 性能曲线为具有较宽不稳定工作段的驼峰形曲线。如果风机在不稳定工作段工作，将导致发生喘振（详见第五章）。因此，不允许风机在此区段工作。

前弯式叶轮风机的效率远低于后弯式的。为了提高风机效率，节约能耗，目前大中型风机均采用效率较高的后弯式叶轮。

### 二、轴流式泵与风机的性能曲线

在一定转速下，对叶片安装角固定不变的轴流式泵与风机，试验所得的典型性能曲线如图2-19所示。它和离心式泵与风机性能曲线相比有明显的区别。其 $q_V$-$H$（$q_V$-$P$）曲线，随流量 $q_V$ 的减小，扬程先是上升，当增加到 $q_{Vc}$ 时，扬程开始下降，流量再减小到 $q_{Vb}$，扬程又

开始上升,直到流量为零时达到最大值。此最大
扬程约为设计工况下扬程(全压)的2倍。轴流式
泵与风机的 $q_V$-$H$($q_V$-$P$)性能曲线具有如下特点:
当在设计工况时,对应曲线上的 $d$ 点,此时沿叶
片各截面的流线分布均匀,效率最高,如图2-20
(d)所示;当 $q_V < q_{Vd}$ 时,来流速度的流动角 $\beta_\infty$ 减
小,冲角 $\alpha$ 增大。由翼型的空气动力特性可知,冲
角增大时,翼型的升力系数也增加,因而扬程
(全压)上升;当流量达到 $q_{Vc}$ 时,冲角已增加到使
翼型上产生附面层分离,出现失速现象,因而升
力系数降低,扬程(全压)也随之下降;当流量

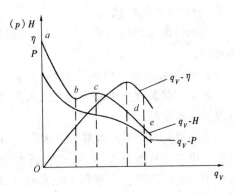

图2-19 轴流式泵与风机性能曲线

减小到 $q_{Vb}$ 时,扬程(全压)最低,如图2-20(c)所示;当 $q_V < q_{Vb}$ 时,沿叶片各截面扬程
(全压)不相等,出现二次回流,此时,由叶轮流出的流体一部分重新返回叶轮,再次获得
能量,从而扬程又开始升高;直到 $q_V = 0$ 时,扬程(全压)达到最大值,如图2-20(a)所
示。由于二次回流伴有较大的能量损失,因此,效率也随之下降。

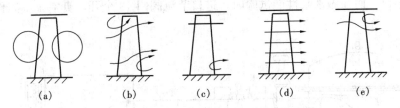

图2-20 轴流式泵与风机在变工况运行时流体的流动情况

(a) $0 \leqslant q_V < q_{Vb}$ ;(b) $q_{Vb} \leqslant q_V < q_{Vc}$ ;(c) $q_{Vc} \leqslant q_V < q_{Vd}$ ;(d) $q_V = q_{Vd}$ ;(e) $q_V > q_{Vd}$

轴流式泵与风机性能曲线归结起来有以下特点。

(1) $q_V$-$H$($q_V$-$P$)性能曲线,在小流量区域内出现驼峰形状,在 $c$ 点的左边为不稳定
工作区段,一般不允许泵与风机在此区域工作。

(2)轴功率 $P$ 在空转状态($q_V = 0$)时最大,随流量的增加而减小,为避免原动机过
载,轴流式泵与风机要在阀门全开状态下启动。如果叶片安装角是可调的,在叶片安装角小
时,轴功率也小,所以对可调叶片的轴流式泵与风机应在小安装角时启动。

(3)轴流式泵与风机高效区窄。但如果采用可调叶片,则可使之在很大的流量变化范围
内保持高效率。这就是可调叶片轴流式泵与风机运行时较为突出的优点。

## 第三节  性能曲线的测试方法

鉴于泵与风机内部流动的复杂性,用理论计算的方法所确定的性能曲线与其实际性能曲
线,存在一定的差异。因而,为了提供真实可靠的技术性能,迄今仍采用试验的方法来确
定。试验方法一般有常规测试、热力学法测效率及自动化测试。

**一、常规测试方法**

常规测试是各种测试方法的基础。现对泵性能测试、风机性能测试、泵汽蚀性能测试介
绍如下。

（一）泵性能测试

泵的性能试验应符合 GB 3216—1989《离心泵、混流泵、轴流泵和旋涡泵的试验方法》的规定。

1. 试验装置及试验测量步骤

水泵试验装置按管路布置方式可分为开式和闭式两种。现以闭式系统为例来说明其装置情况及试验步骤。

如图 2-21 所示，水泵 1 自水箱 2 中吸水，水经过吸水管路 3 进入水泵，由水泵得到能量后，进入压水管路 4，经压水管路 4 又回到水箱 2 中。当水泵 1 进行试验时，水就在这一系统中作循环流动。在水泵 1 吸入室进口处装一真空表 5，用来测量水泵 1 进口处的真空度（如水泵进口的压力大于当地大气压力，则装压力表），在水泵 1 出口装一压力表 6，用来测量水泵出口处的压力。在压水管路 4 上装有调节阀门 7，用来调节流量，调节阀门 7 前装有一个带有水银差压计 8 的节流孔板 9，用来测量流量。调节阀门 7 必须装在流量测定仪表的后面，避免调节时干扰水流，以提高测量的准确度。在所有压力计的水银管上都有一个排空阀 K，以便实验前排除空气，在水箱 2 也装有一个阀门 K 以接通大气。水泵用电动机 10 驱动。当进行气蚀实验时，在水泵进口装一节流阀门 13，并在水箱水面之上接一根通到真空泵 12 的管路 11。而在做水泵性能试验时，进口节流阀门 13 全开，真空泵不工作。

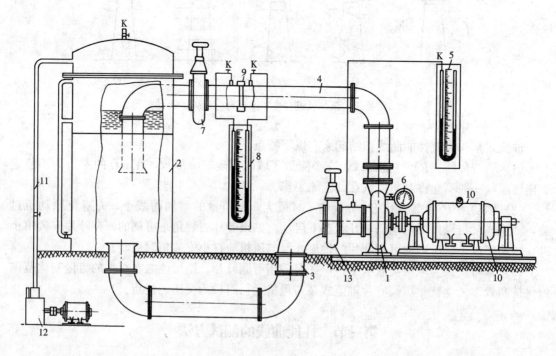

图 2-21　水泵封闭式试验装置

1—水泵；2—水箱；3—吸水管路；4—压水管路；5—水银真空计；6—压力表；7、13—阀门；
8—水银差压计；9—节流孔板；10—电动机；11—管路；12—真空泵；13—节流阀门

试验步骤：性能曲线是在转速保持不变时所测得的一组曲线。对离心泵来说，为避免启动电流过大，应从出口阀门全关状态开始，并记录流量 $q_V = 0$ 时的压力表、功率表、真空表及转速表的读数，由此可以算得试验曲线上的第一点。在转速保持不变的情况下，逐渐开启

出水管上的阀门 7，增加流量，待稳定后开始记录该工况下的
各种数据。试验最少应均匀取得 10 点以上的读数。由每点测得
的数据，计算出该流量下所对应的扬程 $H$、轴功率 $P$、效率 $\eta$，
并绘出 $q_V$-$H$、$q_V$-$P$、$q_V$-$\eta$ 等性能曲线。

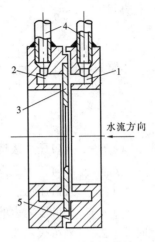

2. 性能参数的测量及计算

(1) 流量的测量及计算。水泵通常采用节流式流量计来测
量流体的流量。节流式流量计可分为三种：①孔板流量计如图
2-22 所示；②文丘里管流量计如图 2-23 所示；③喷嘴流量计
如图 2-24 所示。现以孔板流量计为例来说明其工作原理及流
量的计算。

将孔板装在需要测量流量的管路上。当流量通过孔板时，
由于节流作用，在孔板前后造成压差，该压差可以用液柱式差
压计来测量，并可通过压差来计算流量。流量的计算公式为

图 2-22 孔板流量计
1—切压室（甲）；2—切压室（乙）；
3—孔板；4—接头；5—垫

$$q_V = \mu A_0 \sqrt{2 \frac{\Delta p}{\rho}} \qquad \mathrm{m^3/s} \qquad (2-26)$$

式中　$\mu$——流量系数；

$\quad A_0$——孔板的内孔截面积，$\mathrm{m^2}$；

$\quad \rho$——被输送流体的密度，$\mathrm{kg/m^3}$；

$\quad \Delta p$——喉部前后的压力差，$\mathrm{Pa}$。

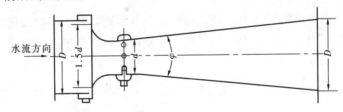

图 2-23 文丘里管流量计

(2) 扬程 $H$ 的测量及计算。泵的扬程 $H$ 是指单位重力作用下的液体通过泵后所增加的
能量。因此，在水泵进出口法兰处取截面 1-1 及 2-2，如图 2-25 所示，写出该两截面的伯

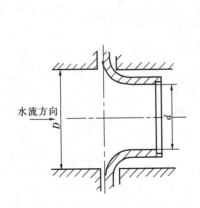

图 2-24 喷嘴流量计

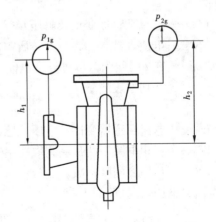

图 2-25 用压力表和真空表测量泵进出口压力

努利方程

$$\frac{p_1}{\rho g} + \frac{v_1^2}{2g} + h_1 + H = \frac{p_2}{\rho g} + \frac{v_2^2}{2g} + h_2 \tag{2-27}$$

当泵入口压力 $p_1$ 大于大气压力 $p_a$ 时，有

$$p_1 = p_a + p_{1g}, \quad p_2 = p_a + p_{2g}$$

记

$$H_1 = \frac{p_{1g}}{\rho g} \pm h_1, \quad H_2 = \frac{p_{2g}}{\rho g} \pm h_2$$

式中　$p_{1g}$——入口压力表读数，Pa；

　　　$p_{2g}$——出口压力表读数，Pa；

　　　$h_1$——入口压力表的表面中心到基准面的垂直距离，高于基准面选用正号，m；

　　　$h_2$——出口压力表的表面中心到基准面的垂直距离，高于基准面选用正号，m。

此时式（2-27）可表示为

$$H = H_2 - H_1 + \frac{v_2^2 - v_1^2}{2g} \tag{2-28}$$

当泵入口压力 $p_1$ 小于大气压力 $p_a$ 时，有

$$p_1 = p_a - p_m, \quad p_2 = p_a + p_{2g}$$

记

$$H_1 = \frac{p_m}{\rho g} \pm h_1, \quad H_2 = \frac{p_{2g}}{\rho g} \pm h_2$$

式中　$p_m$——入口真空表读数，Pa；

　　　$p_{2g}$——出口压力表读数，Pa；

　　　$h_1$——入口真空表的表面中心到基准面的垂直距离，低于基准面选用正号，m；

　　　$h_2$——出口压力表的表面中心到基准面的垂直距离，高于基准面选用正号，m。

此时式（2-27）可表示为

$$H = H_2 + H_1 + \frac{v_2^2 - v_1^2}{2g} \tag{2-29}$$

（3）功率的测量及计算。测量电动机输入功率的方法一般有以下几种。

1）用电能表测量

$$P_{g,in} = \frac{nKA_T U_T}{t} \tag{2-30}$$

式中　$A_T$、$U_T$——电流互感器变比及电压互感器变比；

　　　$K$——电能表常数，为每一转所需的 kW·h 数；

　　　$n$——在 $t$ 时间内（以秒计）电能表转盘转数。

2）用三相两瓦法功率表测量

$$P_{g,in} = A_T U_T C(W_1 + W_2) \tag{2-31}$$

式中　$A_T$、$U_T$——电流互感器变比及电压互感器变比；

　　　$W_1$、$W_2$——三相电源用两瓦法测取功率表读数，W；

　　　$C$——功率表刻度常数。

3）用电流、电压表测量

$$P_{g,in} = \sqrt{3} UI\cos\varphi \tag{2-32}$$

式中　$\cos\varphi$——功率因数；

$I$——每相或每线的电流，A；

$U$——相间或线间电压，V。

泵或风机的轴功率为

$$P = P_{g,in}\eta_g\eta_{tm} \qquad (2-33)$$

式中 $P_{g,in}$——电动机输入功率，kW。

4）转速的测量。转速一般可采用机械式转速表、数字式转速表或频闪测速仪进行测量。

（二）风机性能试验

风机的性能试验必须遵循 GB 1236—2000《工业通风机用标准化风道进行性能试验》的规定。

1. 试验装置

试验装置按风管布置方式可分为三种。

（1）进气试验。这种布置形式只在风机进口装设管道，如图 2-26 所示。气体从集流器 1 进入吸风管道 2 经整流栅再流入叶轮 3，在管道进口处装有调节风量用的锥形节流阀 4，并在吸风管中放置测量流量用的皮托管 5 及静压测管 6。

（2）排气试验。这种布置形式只在风机出口装设管道，如图 2-27 所示。气体从集流器 1 进入叶轮 2，由叶轮流出的气体经排风管道 3 中整流栅流出，用出口锥形节流阀 4 调节风量，并在管道上装设静压测管 5 和皮托管 6。

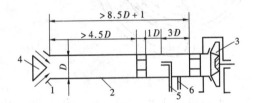

图 2-26 进气试验装置

1—集流器；2—进风管道；3—叶轮；4—锥形节流门；5—皮托管；6—静压测管

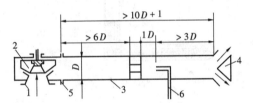

图 2-27 排气试验装置

1—集流器；2—叶轮；3—排气管道；4—锥形节流门；5—静压测管；6—皮托管

（3）进排气联合试验。这种布置形式是在风机进出口都装设管道，如图 2-28 所示。气体由集流器 1 进入吸风管 2，经叶轮 3 流入排风管道 4，然后排出，在出口装一锥形节流阀 5 调节风量，并在进出口管道上装设静压测管 6 和皮托管 7。

在试验时采用哪一种布置形式。可根据各自的习惯及现场试验条件来决定。如送风机是从大气吸入空气，经管道送入炉膛，则应采用排气试验装置。引风机是抽出炉膛的烟气使之经烟囱排入大气，则应采用进排气联合试验装置。

2. 性能参数的测量及计算

（1）流量的测量及计算。测量气体流量也可采用节流式流量计，其计算公式为

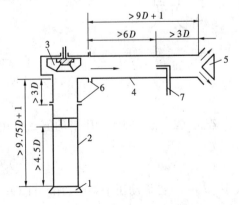

图 2-28 进排气试验装置

1—集流器；2—吸风管；3—叶轮；4—排风管道；5—锥形节流门；6—静压测管；7—皮托管

$$q_V = 0.0392\mu d^2 \sqrt{\frac{h}{\rho g}} \qquad \text{m}^3/\text{h} \qquad\qquad (2\text{-}34)$$

式中　　$d$——孔板的内径，mm；

　　　　$h$——液体差压计读数，$\text{mmH}_2\text{O}$；

　　　　$\rho$——被测气体密度，$\text{kg/m}^3$。

　　节流式流量计产生的节流损失较大，测量很小风压时不宜采用。因而，测量气体的流量，通常采用动压测定管。先测出截面上的气流平均速度，再按截面尺寸计算出流量。下面介绍几种常用的动压测定管。

　　皮托管：这是一种标准的动压测定管，用于含尘浓度不大的气体，如图 2-29 所示。

　　笛形管：这是一种测量气体平均动压的非标准型动压测定管，如图 2-30 所示。

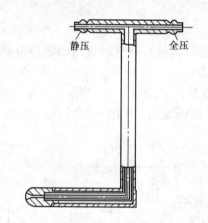

图 2-29　带半球头的皮托管

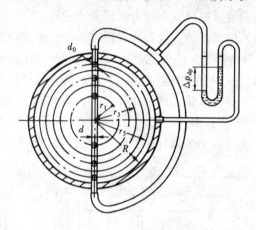

图 2-30　单笛形管安装图

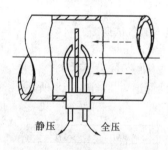

图 2-31　遮板式动压测定管

　　遮板式测定管：适用于含尘浓度较大的气体，是一种非标准型的动压测定管，如图 2-31 所示。这种测定管的传压孔均面向遮板而背向气流，能够防止灰尘的堵塞，常用于测定烟气流量。现以皮托管为例来说明流量的测量及计算。

　　截面上的平均流速计算式为

$$v_\text{d} = 1.4K \sqrt{\frac{\Delta p_\text{d}}{\rho}} \qquad \text{m/s} \qquad\qquad (2\text{-}35)$$

式中　　$\Delta p_\text{d}$——截面动压平均值，Pa；

　　　　$K$——动压修正系数，标准皮托管 $K=1$；

　　　　$\rho$——被测气体密度，$\text{kg/m}^3$。

　　若式（2-35）中的动压平均值 $\Delta p_\text{d}$ 用水柱高度表示时，则用式（2-36）计算，即

$$v_\text{d} = 13.87K \sqrt{\frac{h_\text{d}}{\rho g}} \qquad \text{m/s} \qquad\qquad (2\text{-}36)$$

式中　　$h_\text{d}$——截面动压平均值，$\text{mmH}_2\text{O}$；

　　　　$\rho$——被测气体密度，$\text{kg/m}^3$。

　　皮托管只能测量截面上某一点的流速，而所需要的是截面上的平均流速。为此，应在截面上测得若干点的流速，然后取其平均值，这就要求正确选择测点。

对圆形管道，通常是将圆形截面的管道分成若干个面积相等的同心圆环，每个圆环再分成两个面积相等的部分，测点就放在这两部分的分界面上，如图 2-32 所示。设管道内半径为 $R$，测点与管道中心的距离（测点半径）各为 $r_1$、$r_3$、$r_5$、…

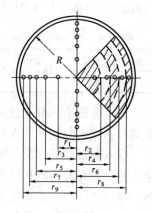

图 2-32 圆形截面测点分布

根据上述等面积划分的原则可以求得

$$r_1 = R\sqrt{\frac{1}{2n}}$$

$$r_3 = R\sqrt{\frac{3}{2n}}$$

$$r_5 = R\sqrt{\frac{5}{2n}}$$

$$r_{2n-1} = R\sqrt{\frac{2n-1}{2n}}$$

分成等面积圆环的数目及测量的方向均与管道直径有关，不同直径的管道所需圆环数目可参考表 2-3。

表 2-3 管道直径与圆环数目

| 管道直径 $D$（mm） | 300 | 400 | 600 | 800 | 1000 | 1200 | 1400 |
|---|---|---|---|---|---|---|---|
| 圆环数 $n$ | 3 | 4 | 5 | 6 | 7 | 8 | 9 |
| 测量方向 | 1 | 1 | 2 | 2 | 2 | 2 | 2 |
| 测点总数 $m$ | 6 | 8 | 20 | 24 | 28 | 32 | 36 |

如果管道直径大于 500mm，则需在管道两个相互垂直的方向上进行测量。将各测点所测得的动压平均值开方，然后对整个测量截面取平均值，即

$$\sqrt{\Delta p_d} = \frac{\sqrt{\Delta p_{d1}} + \sqrt{\Delta p_{d2}} + \cdots + \sqrt{\Delta p_{dm}}}{n} \tag{2-37}$$

式中　$\Delta p_{d1}$、$\Delta p_{d2}$、…、$\Delta p_{dm}$——各测点的动压值，Pa；

$m$——测点数。

将式（2-37）代入式（2-35）即可求出通过整个测量截面的气流平均速度。

由连续流动方程式 $q_V = A v_d$，可求得流量为

$$q_V = 1.4 KA \sqrt{\frac{\Delta p_d}{\rho}} \qquad \text{m}^3/\text{s} \tag{2-38}$$

式中　$A$——测量截面积，$\text{m}^2$；

$\Delta p_d$——截面动压平均值，Pa；

$K$——动压修正系数，标准皮托管 $K=1$；

$\rho$——被测气体密度，$\text{kg/m}^3$。

对矩形截面管道：在矩形管道上测量流量时，为了求取截面平均速度，将测量截面分成若干面积相等的小矩形。各小矩形的对角线的交点就是动压的测量点，如图 2-33 所示。小矩形面积的数量决定于管道的边长，沿管道任一边长均匀分布的小矩形数量（测

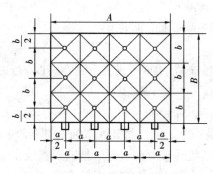

图 2-33 矩形截面测点分布

点排数），一般不应少于表 2-4 所列数值。

**表 2-4** 　　　　　　　　　　　　**管道边长与测点排数**

| 矩形管道截面的边长（mm） | ≤500 | >500~1000 | >1000~1500 | >1500~2000 |
|---|---|---|---|---|
| 测点排数 | 3 | 4 | 5 | 6 |

为了按所给测点进行测量，可在皮托管上标出测点距离，或另设一标尺。当圆形或矩形管道面积较大时，使用皮托管测点太多，一般现场多采用笛形管，如图 2-30 所示。笛形管是一根或数根横穿测量截面的铜管或钢管，迎气流方向按上述皮托管测点等面积布置原则开全压测孔。而静压测孔则开在同一测量截面的通道侧壁上。在保证刚度的条件下，笛形管径越小越好，但要防止灰尘堵塞。

（2）风压的测量及计算。风机产生的全压 $p$ 等于风机出口的全压 $p_2$ 减去入口的全压 $p_1$，即

$$p = p_2 - p_1$$

而风机出口的全压 $p_2$ 等于出口静压 $p_{st2}$ 及出口的动压 $p_{d2}$ 之和，即

$$p_2 = p_{st2} + p_{d2}$$

风机入口的全压 $p_1$ 等于入口的静压 $p_{st1}$ 及入口动压 $p_{d1}$ 之和，即

$$p_1 = p_{st1} + p_{d1}$$

故　　　　　　　　　$$p = (p_{st2} + p_{d2}) - (p_{st1} + p_{d1})$$

因为测点截面到风机进出口截面之间有流动损失，故上式为

$$p = (p_{st2} + p_{d2} + h_{h2}) - (p_{st1} + p_{d1} + h_{h1}) \tag{2-39}$$

式中　$h_{h1}$、$h_{h2}$——风机进出口截面至测点之间的流动损失。

风机的静压 $p_{st}$ 等于全压 $p$ 减去动压 $p_d$，通常将出口的动压 $p_{d2}$ 作为风机的动压，故

$$p_{st} = p - p_{d2} \tag{2-40}$$

1）当采用进气试验时，$p_{st2} = 0$，$h_{h2} = 0$，则由式（2-39）得

$$p = p_{d2} - (p_{st1} + p_{d1} + h_{h1}) \tag{2-41}$$

$$p_{st} = p - p_{d2} = -(p_{st1} + p_{d1} + h_{h1}) \tag{2-42}$$

2）当采用排气试验时，$p_1 = 0$，$h_{h1} = 0$，则由式（2-39）得

$$p = p_{st2} + p_{d2} + h_{h2} \tag{2-43}$$

$$p_{st} = p - p_{d2} = p_{st2} + h_{h2} \tag{2-44}$$

3）当采用进排气联合试验时，全压 $p$ 用式（2-39）计算

$$p_{st} = p - p_{d2} = (p_{st2} + h_{h2}) - (p_{st1} + p_{d1} + h_{h1}) \tag{2-45}$$

对于上述各式中的 $h_{h1}$ 与 $h_{h2}$ 的计算要根据装置中测点的具体位置来决定。

（三）泵汽蚀试验

汽蚀试验的目的是确定水泵在工作范围内流量与汽蚀余量 NPSH 或吸上真空高度 $H_s$ 之间的关系。

1. 试验装置

在一定的转速和流量下，泵必需汽蚀余量 $NPSH_r$ 是一个定值，而有效汽蚀余量 $NPSH_a$ 却随着吸入装置情况而变。所以，汽蚀试验就是通过改变吸入装置的情况，使有效汽蚀余量 $NPSH_a$ 等于泵的必需汽蚀余量 $NPSH_r$ 而造成汽蚀，从而求得泵的临界汽蚀余量 $NPSH_c$。

改变有效汽蚀余量的方法有三种：①改变吸水池的水位，即改变泵的几何安装高度；②调节进水管道上的阀门，以增加吸水管道的阻力；③在封闭水箱内用真空泵抽真空，以改变吸入压力。我国一般采用后两种方法。

现以封闭装置为例说明其试验方法。如图 2-21 所示，试验时保持转速不变，并在工作范围内取 3 个以上的流量（包括小流量、设计流量、大流量）进行试验。在每一流量下，均应记录压力表、真空表、功率表及转速的读数，并根据这些参数算得试验曲线上的一个点（参数的测量和计算方法与性能试验时相同）。在每一流量时至少应测得 15 个点的 NPSH 值或 $H_s$ 值，在接近断裂工况时，所取试验点尽可能加密，以便正确地确定 $NPSH_c$ 或 $H_{smax}$。

试验开始时，调节阀门 7 开到最小开度，并打开密闭水箱盖上的阀门 K，使之通大气，这点即是测量的第一点。此时，记录上述各数值。然后将水箱盖上的阀门 K 关闭，并启动真空泵 12，使水箱内液面上的压力降低，从而增加了泵入口的吸上真空高度，待稳定后记录以上数值。重复上述试验，直到断裂工况，此时扬程、流量、功率下降。当扬程（多级泵为第一级扬程）下降 $(2+K/2)$% 时（$K$ 为型式数），该点即为断裂工况点所对应的临界汽蚀余量 $NPSH_c$ 或最大吸上真空高度 $H_{smax}$。

然后开大调节阀门 7，在另一流量下进行上述试验。

2. 绘制汽蚀性能曲线

试验结束后，根据不同试验点的读数算出扬程 $H$、流量 $q_V$、轴功率 $P$，然后计算出汽蚀余量 NPSH 或吸上真空高度 $H_s$，即可绘制出以汽蚀余量 NPSH 或吸上真空高度 $H_s$ 为横坐标，以扬程 $H$、流量 $q_V$、轴功率 $P$ 及效率 $\eta$ 为纵坐标的汽蚀性能曲线，并用垂直于横坐标的虚线标出 $NPSH_c$ 或 $H_{smax}$ 值，如图 2-34、图 2-35 所示。然后再把每一流量下所对应的临界汽蚀余量 $NPSH_c$ 绘制成以流

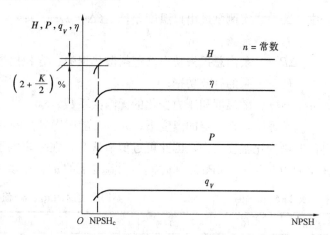

图 2-34　由 NPSH 表示的汽蚀性能曲线

量 $q_V$ 为横坐标，以临界汽蚀余量为纵坐标的 $q_V$- $NPSH_c$ 性能曲线，如图 2-36 所示。如果在 $NPSH_c$ 上加一安全量即得 $q_V$-[NPSH] 汽蚀性能曲线，如图 4-9 所示。

## 二、泵效率测试的热力学方法

热力学法测试泵效率是 20 世纪 60 年代末期发展起来的一种新的测试方法。由于考虑了流体的压缩性，因而其测试精度较常规方法高，并可在现场运行条件下进行测试。同时，不必测出水泵的流量，即可求得泵效率。因此，这种测试方法具有广阔的发展前景。

1. 原理

对于高温高压泵，不能忽略流体受到压缩而导致密度和比热容的变化。泵的叶轮旋转对流体做功，除了使流体获得有用功率之外，尚有部分机械能由于摩擦、冲击等因素转化为热能，使水温升高；同时，流体从泵进口到出口的等熵压缩过程，也会使水温升高。测出泵进、出口的温度和压力，也可求得泵效率 $\eta$。

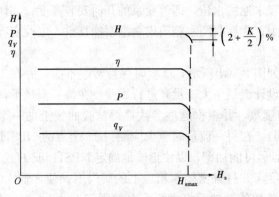
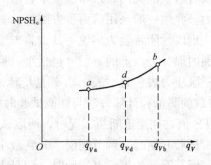

图 2-35  由 $H_s$ 表示的汽蚀性能曲线                  图 2-36  $q_V$-NPSH$_c$ 汽蚀性能曲线

2. 计算公式

根据能量守恒定律、热力学定律，可导出泵效率的计算公式

$$\eta = \frac{\sigma_1}{\alpha_1 + \dfrac{\Delta t}{H} \times \dfrac{\Delta P}{P_e}} \qquad (2-46)$$

式中    $\Delta t$——实测泵进出口温度差，℃（$\Delta t = t_2 - t_1$）；

$\quad\quad H$——泵扬程，m；

$\quad\quad \Delta P$——泵内总损失功率（包括散热损失、容积损失及机械损失功率），kW；

$\quad\quad P_e$——泵的有效功率；

$\alpha_1$、$\sigma_1$——随温度和压力变化的无因次系数。

试验证明，在一定的温度下，$\alpha_1$、$\sigma_1$ 随压力升高的变化幅度很小；而当压力不变，温度升高时则变化幅度较大，因此可近似地认为，在一定的压力范围内 $\alpha_1$、$\sigma_1$ 仅随温度 $t$ 变化。在压力为 0.5～20MPa 之间时，不同温度下的 $\alpha_1$、$\sigma_1$ 值列于表 2-5。

表 2-5                                              不同温度时的 $\alpha_1$、$\sigma_1$ 值

| $t$（℃） | 10 | 20 | 30 | 40 | 50 | 60 | 70 |
|---|---|---|---|---|---|---|---|
| $\alpha_1$ | 0.9723 | 0.9376 | 0.9087 | 0.8833 | 0.8598 | 0.8374 | 0.8265 |
| $\sigma_1$ | 0.9983 | 0.9998 | 1.0024 | 1.0059 | 1.0102 | 1.0152 | 1.0180 |
| $t$（℃） | 80 | 90 | 95 | 100 | 105 | 110 | 120 |
| $\alpha_1$ | 0.7944 | 0.7730 | 0.7622 | 0.7512 | 0.7401 | 0.7287 | 0.7050 |
| $\sigma_1$ | 1.0272 | 1.0341 | 1.0378 | 1.0416 | 1.0455 | 1.0496 | 1.0583 |

一般根据经验，水泵总损失功率与有效功率之比 $\Delta P/P_e$ 为 0.01～0.02，因此在工程计算中可以忽略。式（2-46）可简化为

$$\eta = \frac{\sigma_1}{\alpha_1 + \dfrac{\Delta t}{H}} \qquad (2-47)$$

式（2-47）中泵扬程 $H$ 的测量与泵性能试验相同。进出口温差的测量，可采用微温差测试仪、温差测温电桥、贝克曼型差示温度计等。

热力学法测效率，扬程越高，温差越大，其相对测量误差越小，测量精度越高，因而适

用于 100m 以上的高扬程泵的测试。

### 三、自动化测试

自动化测试是在常规测试的基础上，将所测流体运行参数的常规信号转换为电信号，利用计算机实现远距离、自动化的参数采集、数据分析的测试方式。采用自动化测试手段，不仅大大减轻了人的劳动，缩短了试验时间，提高了试验台的利用率，而且更重要的是避免了人工看表、抄表容易发生的各种误差，可提高数据的可靠性。

随着泵向高速化、大型化方向发展，对泵的测试技术也提出了更高的要求。因此，就需要不断地改进泵的试验装置和试验方法，采用新型高精度的仪表，并提高试验工作自动化的水平。

随着水泵的大型化，在制造厂进行性能试验出现了越来越大的困难，特别是测量原动机的功率和流量方面。因此，近年来发展了现场试验的研究，并取得了一定的成效。

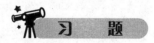

1. 在泵与风机内有哪几种机械能损失？试分析损失的原因以及如何减小这些损失。

2. 为什么级间泄漏对应的机械能损失属于机械损失？

3. 功率分为哪几种？它们之间有什么关系？

4. 离心式叶轮的理论 $q_{VT}$-$H_{T\infty}$ 曲线及 $q_{VT}$-$p_{T\infty}$ 曲线为直线形式，而试验所得的 $q_V$-$H$ 及 $q_V$-$P$ 关系为曲线形式，原因何在？

5. 为什么前弯式叶片的风机容易超载？在对前弯式叶片风机选择原动机时应注意什么问题？

6. 离心式和轴流式泵与风机在启动方式上有何不同？

7. 泵与风机空载运行时，功率为什么不为零？

8. 轴流式泵与风机的性能曲线有何特点？其 $q_V$-$H$ 及 $q_V$-$P$ 曲线为什么出现拐点？

9. 热力学法测泵效率是基于什么原理？有些什么特点？

### 习 题

2-1 有一叶轮外径为 460mm 的离心式风机，在转速为 1450r/min 时，其流量为 5.1m³/s，试求风机的全压与有效功率。设空气径向流入叶轮，在叶轮出口处的相对速度方向为半径方向，设其 $p/p_{T\infty}=0.85$，$\rho=1.2kg/m^3$。

2-2 有一单级轴流式水泵，转速为 375r/min，入口直径为 980mm，水以 $v_1=4.01m/s$ 的速度沿轴向流入叶轮，以 $v_2=4.48m/s$ 的速度由叶轮流出，总扬程 $H=3.7m$，求该水泵的流动效率 $\eta_h$。

2-3 有一离心式水泵，转速为 480r/min，总扬程为 136m 时，流量为 $q_V=5.7m^3/s$，轴功率为 $P=9860kW$，其容积效率与机械效率均为 92%，求流动效率。设输入的水温度及密度为：$t=20℃$，$\rho=1000kg/m^3$。

2-4 用一台水泵从吸水池液面向 50m 高的水池水面输送 $q_V=0.3m^3/s$ 的常温清水（$t=20℃$，$\rho=1000kg/m^3$），设水管的内径为 $d=300mm$，管道长度为 $L=300m$，管道阻力系数

为 $\lambda=0.028$，求泵所需的有效功率。

2-5　设一台水泵流量 $q_V=25\text{L/s}$，出口压力表读数为 323730Pa，入口真空表读数为 39240Pa，两表位差为 0.8m（压力表高，真空表低），吸水管和排水管直径为 1000mm 和 750mm，电动机功率表读数为 12.5kW，电动机效率 $\eta_g=0.95$，求轴功率、有效功率、泵的总效率（泵与电动机用联轴器直接连接）。

2-6　有一送风机，其全压为 1962Pa 时，产生 $q_V=40\text{m}^3/\text{min}$ 的风量，其全压效率为 50%，试求其轴功率。

2-7　要选择一台多级锅炉给水泵，初选该泵转速 $n=1441\text{r/min}$，叶轮外径 $D_2=300\text{mm}$，流动效率 $\eta_h=0.92$，流体出口绝对速度的圆周分速为出口圆周速度的 55%，泵的总效率为 90%，输送流体密度 $\rho=961\text{kg/m}^3$，要求满足扬程 $H=176\text{m}$，流量 $q_V=81.6\text{m}^3/\text{h}$，试确定该泵所需的级数和轴功率各为多少（设流体径向流入，并不考虑轴向涡流的影响）？

2-8　一台 G4-73 型离心式风机，在工况 1（流量 $q_V=70300\text{m}^3/\text{h}$，全压 $p=1441.6\text{Pa}$，轴功率 $P=33.6\text{kW}$）及工况 2（流量 $q_V=37800\text{m}^3/\text{h}$，全压 $p=2038.4\text{Pa}$，轴功率 $P=25.4\text{kW}$）下运行，问该风机在哪种工况下运行较为经济？

# 第三章　相似理论在泵与风机中的应用

相似理论广泛地应用在许多学科领域中，在泵与风机的设计、研究、使用等方面也起着十分重要的作用。相似理论在泵与风机中主要有以下应用。

（1）在产品检验中，对新设计的产品，为了减少制造费用和试验费用，需将原型泵与风机缩小为模型，进行模化试验以验证其性能是否达到要求。

（2）在产品系列设计中，可在已有效率高、结构简单、性能可靠的泵与风机中，选一台合适的（比转速接近的）作为模型，按相似关系对该型号泵与风机进行设计，这种方法称为相似设计法或模化设计法，其优点是计算简单、性能可靠。

（3）在运行中，当转速、叶轮几何尺寸及流体密度发生改变时，依据相似关系，进行性能参数及性能曲线的相似变换。

## 第一节　相　似　条　件

为保证流体流动相似，必须具备几何相似、运动相似和动力相似三个条件，即必须满足模型和原型中任一对应点上的同一物理量之间保持比例关系。在下面的讨论中，以下标"m"表示模型的各参数和以"p"表示原型的各参数。

### 一、几何相似

几何相似是指模型和原型各对应点的几何尺寸成比例，且比值相等，各对应角、叶片数相等，即

$$\frac{b_{1p}}{b_{1m}} = \frac{b_{2p}}{b_{2m}} = \frac{D_{1p}}{D_{1m}} = \frac{D_{2p}}{D_{2m}} = \cdots = \frac{D_p}{D_m} = 常数 \qquad (3-1)$$

$$\angle\beta_{2p} = \angle\beta_{2m}, \quad \angle\beta_{1p} = \angle\beta_{1m}, \quad Z_p = Z_m$$

式中　$D_p$、$D_m$——原型与模型的任一线性尺寸。

满足式（3-1）就保证了模型和原型的几何相似。

### 二、运动相似

运动相似是指模型和原型各对应点的速度方向相同，大小成同一比值，对应角相等。即流体在各对应点的速度三角形相似，如图 3-1 所示，即

$$\frac{v_{1p}}{v_{1m}} = \frac{v_{2p}}{v_{2m}} = \frac{w_{1p}}{w_{1m}} = \frac{w_{2p}}{w_{2m}} = \cdots = \frac{u_{2p}}{u_{2m}} = \frac{D_p n_p}{D_m n_m} = 常数$$

$$(3-2)$$

$$\angle\beta_{2p} = \angle\beta_{2m}, \quad \angle\beta_{1p} = \angle\beta_{1m}$$

式中　$n_p$、$n_m$——原型和模型的转速。

满足式（3-2）就保证了模型和原型的运动相似。

### 三、动力相似

动力相似是指模型和原型中相对应点上同名力的方向

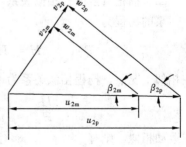

图 3-1　运动相似速度三角形

相同，大小成同一比值。流体在泵与风机中流动时受到四种力的作用：①惯性力；②黏性力；③重力；④压力。这四种力的数量级大小以及在流动中所起的作用是不相同的，要使这四种力都满足相似条件，在实际应用中是十分困难的，也是不必要的。在泵与风机中起主导作用的力是惯性力和黏性力，一般以这两种力相似作为动力相似的条件。

表征惯性力和黏性力动力相似的准则数是雷诺数 $Re$，只需模型和原型的雷诺数相等，就满足了动力相似。研究证明，当雷诺数 $Re > 10^5$，流动就处于自模化状态，即便模型和原型的雷诺数不相等，也会自动满足动力相似的要求。在泵与风机中，流体的流动已满足 $Re > 10^5$ 的自模化条件，因此，动力相似在泵与风机中可认为是自动满足的。

# 第二节　相　似　定　律

泵与风机的相似定律反映了性能参数之间的相似关系。这种相似关系是建立在上述相似条件基础上的。在相似工况下模型与原型性能参数间有以下关系。

## 一、流量相似关系

泵与风机的流量为

$$q_V = A_2 v_{2m} \eta_V = \pi D_2 b_2 \psi_2 v_{2m} \eta_V$$

在相似工况下，流量的相似关系为

$$\frac{q_{Vp}}{q_{Vm}} = \frac{\pi D_{2p} b_{2p} \psi_{2p} v_{2mp} \eta_{Vp}}{\pi D_{2m} b_{2m} \psi_{2m} v_{2mm} \eta_{Vm}} \tag{3-3}$$

如几何相似，则排挤系数相等，即

$$\psi_{2p} = \psi_{2m}$$

如运动相似，则有

$$\frac{v_{2mp}}{v_{2mm}} = \frac{D_{2p} n_p}{D_{2m} n_m}$$

上式代入式（3-3）得

$$\frac{q_{Vp}}{q_{Vm}} = \left(\frac{D_{2p}}{D_{2m}}\right)^3 \frac{n_p \eta_{Vp}}{n_m \eta_{Vm}} \tag{3-4}$$

式（3-4）又称流量相似定律，它指出：几何相似的泵与风机，在相似工况下运行时，其流量之比与几何尺寸之比（一般用叶轮出口直径 $D_2$ 作为几何尺寸的特征参数）的三次方成正比、与转速比的一次方成正比，与容积效率比的一次方成正比。

## 二、扬程（全压）相似关系

泵的扬程为

$$H = H_T \eta_h = \frac{u_2 v_{2u} - u_1 v_{1u}}{g} \eta_h = \frac{u_2 v_{2u}}{g} \eta_h$$

在相似工况下，扬程相似关系为

$$\frac{H_p}{H_m} = \left(\frac{u_{2p} v_{2up} - u_{1p} v_{1up}}{u_{2m} v_{2um} - u_{1m} v_{1um}}\right) \frac{\eta_{hp}}{\eta_{hm}} = \frac{u_{2p} v_{2up}}{u_{2m} v_{2um}} \frac{\eta_{hp}}{\eta_{hm}} \tag{3-5}$$

如运动相似，则有

$$\frac{u_{2p} v_{2up}}{u_{2m} v_{2um}} = \frac{u_{1p} v_{1up}}{u_{1m} v_{1um}} = \left(\frac{D_{2p} n_p}{D_{2m} n_m}\right)^2$$

上式代入式（3-5）得

$$\frac{H_p}{H_m} = \left(\frac{D_{2p}}{D_{2m}}\right)^2 \left(\frac{n_p}{n_m}\right)^2 \frac{\eta_{hp}}{\eta_{hm}} \qquad (3-6a)$$

式（3-6a）又称扬程相似定律，它指出：几何相似的泵与风机，在相似工况下运行时，其扬程之比与几何尺寸比的平方成正比，与转速比的平方成正比，与流动效率比的一次方成正比。

对风机用全压 $p$ 表示，即

$$p = \rho g H$$

全压相似关系为

$$\frac{p_p}{p_m} = \frac{\rho_p}{\rho_m}\left(\frac{D_{2p}}{D_{2m}}\right)^2 \left(\frac{n_p}{n_m}\right)^2 \frac{\eta_{hp}}{\eta_{hm}} \qquad (3-6b)$$

### 三、功率相似关系

泵与风机的轴功率为

$$P = \frac{\rho g q_V H}{1000\eta} = \frac{\rho g q_V H}{1000\eta_m \eta_V \eta_h}$$

在相似工况下，轴功率的相似关系为

$$\frac{P_p}{P_m} = \frac{\rho_p q_{Vp} H_p \eta_{mm} \eta_{Vm} \eta_{hm}}{\rho_m q_{Vm} H_m \eta_{mp} \eta_{Vp} \eta_{hp}} \qquad (3-7)$$

将式（3-4）、式（3-6a）代入式（3-7）得

$$\frac{P_p}{P_m} = \frac{\rho_p}{\rho_m}\left(\frac{D_{2p}}{D_{2m}}\right)^5 \left(\frac{n_p}{n_m}\right)^3 \frac{\eta_{mm}}{\eta_{mp}} \qquad (3-8)$$

式（3-8）又称为功率相似定律，它指出：几何相似的泵与风机，在相似工况下运行时，其功率之比与几何尺寸比的五次方成正比，与转速比的三次方成正比，与密度比的一次方成正比，与机械效率比的一次方成反比。

对于设计精良的泵与风机，流动效率与容积效率均趋于稳定，如果模型与原型的转速相差不大（转速比值在 $1\sim2$ 以内），可以认为其机械效率相等。在这样的条件下，式（3-4）、式（3-6a）、式（3-8）可简化为

$$\frac{q_{Vp}}{q_{Vm}} = \left(\frac{D_{2p}}{D_{2m}}\right)^3 \frac{n_p}{n_m} \qquad (3-9)$$

$$\frac{H_p}{H_m} = \left(\frac{D_{2p}}{D_{2m}}\right)^2 \left(\frac{n_p}{n_m}\right)^2 \qquad (3-10a)$$

$$\frac{P_p}{P_m} = \frac{\rho_p}{\rho_m}\left(\frac{D_{2p}}{D_{2m}}\right)^2 \left(\frac{n_p}{n_m}\right)^2 \qquad (3-10b)$$

$$\frac{P_p}{P_m} = \frac{\rho_p}{\rho_m}\left(\frac{D_{2p}}{D_{2m}}\right)^5 \left(\frac{n_p}{n_m}\right)^3 \qquad (3-11)$$

或写为

$$\left(\frac{q_V}{D_2^3 n}\right)_m = \left(\frac{q_V}{D_2^3 n}\right)_p = 常数 \qquad (3-12)$$

$$\left(\frac{H}{D_2^2 n^2}\right)_m = \left(\frac{H}{D_2^2 n^2}\right)_p = 常数 \qquad (3-13a)$$

$$\left(\frac{p}{\rho D_2^2 n^2}\right)_m = \left(\frac{p}{\rho D_2^2 n^2}\right)_p = 常数 \qquad (3-13b)$$

$$\left(\frac{P}{\rho n^3 D_2^5}\right)_{\mathrm{m}} = \left(\frac{P}{\rho n^3 D_2^5}\right)_{\mathrm{p}} = 常数 \tag{3-14}$$

## 第三节　相似定律的特例

在实际工作中所见到的情况，往往并不是几何尺寸、转速和密度三个参数同时改变，而只是其中一个参数改变。

**一、改变转速时各参数的变化——比例定律**

如两台泵与风机几何尺寸相等或是同一台泵或风机，且输送相同的流体，则

$$\frac{D_{\mathrm{p}}}{D_{\mathrm{m}}} = 1, \quad \frac{\rho_{\mathrm{p}}}{\rho_{\mathrm{m}}} = 1$$

由式（3-9）、式（3-10a）、式（3-10b）、式（3-11）得到只改变转速时的相似关系

$$\frac{q_{V\mathrm{p}}}{q_{V\mathrm{m}}} = \frac{n_{\mathrm{p}}}{n_{\mathrm{m}}} \tag{3-15}$$

$$\frac{H_{\mathrm{p}}}{H_{\mathrm{m}}} = \left(\frac{n_{\mathrm{p}}}{n_{\mathrm{m}}}\right)^2 \tag{3-16a}$$

$$\frac{p_{\mathrm{p}}}{p_{\mathrm{m}}} = \left(\frac{n_{\mathrm{p}}}{n_{\mathrm{m}}}\right)^2 \tag{3-16b}$$

$$\frac{P_{\mathrm{p}}}{P_{\mathrm{m}}} = \left(\frac{n_{\mathrm{p}}}{n_{\mathrm{m}}}\right)^3 \tag{3-17}$$

式（3-15）～式（3-17）表示同一台泵或风机，只改变转速时，流量与转速比呈线性关系，扬程（全压）与转速比成平方关系，功率与转速比成三次方的比例关系，故称为比例定律。

**二、改变几何尺寸时各参数的变化**

如两台泵与风机的转速相同，且输送相同的流体，则

$$\frac{n_{\mathrm{p}}}{n_{\mathrm{m}}} = 1, \quad \frac{\rho_{\mathrm{p}}}{\rho_{\mathrm{m}}} = 1$$

代入式（3-9）～式（3-11）可得

$$\frac{q_{V\mathrm{p}}}{q_{V\mathrm{m}}} = \left(\frac{D_{2\mathrm{p}}}{D_{2\mathrm{m}}}\right)^3 \tag{3-18}$$

$$\frac{H_{\mathrm{p}}}{H_{\mathrm{m}}} = \left(\frac{D_{2\mathrm{p}}}{D_{2\mathrm{m}}}\right)^2 \tag{3-19a}$$

$$\frac{p_{\mathrm{p}}}{p_{\mathrm{m}}} = \left(\frac{D_{2\mathrm{p}}}{D_{2\mathrm{m}}}\right)^2 \tag{3-19b}$$

$$\frac{p_{\mathrm{p}}}{p_{\mathrm{m}}} = \left(\frac{D_{2\mathrm{p}}}{D_{2\mathrm{m}}}\right)^5 \tag{3-20}$$

以上四式表明，叶轮外径改变时，流量与外径比成三次方关系，扬程（全压）与外径比成平方关系，功率与外径比成五次方关系。

**三、改变密度时各参数的变化**

如两台泵与风机的转速相同，几何尺寸也相同，输送不同密度流体，则

$$\frac{D_{\mathrm{p}}}{D_{\mathrm{m}}} = 1, \quad \frac{n_{\mathrm{p}}}{n_{\mathrm{m}}} = 1$$

注意到输送不同的流体时，从式（3-9）、式（3-10a）可知，流量、扬程都与密度无关，只有风压 $p$ 和轴功率 $P$ 与密度有关。于是由式（3-10b）、式（3-11）得

$$\frac{p_{\mathrm{p}}}{p_{\mathrm{m}}} = \frac{\rho_{\mathrm{p}}}{\rho_{\mathrm{m}}} \tag{3-21}$$

$$\frac{P_{\mathrm{p}}}{P_{\mathrm{m}}} = \frac{\rho_{\mathrm{p}}}{\rho_{\mathrm{m}}} \tag{3-22}$$

两台几何相似的泵或风机，在相似工况下运行时的各参数变化比例列于表 3-1 中。

**表 3-1　　　　　　相似工况下各参数的变化关系**

| 参数 | 转速 $n$ 改变 | 几何尺寸 $D$ 改变 | 密度 $\rho$ 改变 | $n$、$D$、$\rho$ 均改变 |
|---|---|---|---|---|
| 流量 $q_V$ | $q_{V\mathrm{p}} = q_{V\mathrm{m}} \dfrac{n_{\mathrm{p}}}{n_{\mathrm{m}}}$ | $q_{V\mathrm{p}} = q_{V\mathrm{m}} \left(\dfrac{D_{2\mathrm{p}}}{d_{2\mathrm{m}}}\right)^3$ | $q_{V\mathrm{p}} = q_{V\mathrm{m}}$ | $q_{V\mathrm{p}} = q_{V\mathrm{m}} \left(\dfrac{D_{2\mathrm{p}}}{d_{2\mathrm{m}}}\right)^3 \dfrac{n_{\mathrm{p}}}{n_{\mathrm{m}}}$ |
| 扬程 $H$ | $H_{\mathrm{p}} = H_{\mathrm{m}} \left(\dfrac{n_{\mathrm{p}}}{n_{\mathrm{m}}}\right)^2$ | $H_{\mathrm{p}} = H_{\mathrm{m}} \left(\dfrac{D_{2\mathrm{p}}}{D_{2\mathrm{m}}}\right)^2$ | $H_{\mathrm{p}} = H_{\mathrm{m}}$ | $H_{\mathrm{p}} = H_{\mathrm{m}} \left(\dfrac{D_{2\mathrm{p}}}{D_{?\mathrm{m}}}\right)^2 \left(\dfrac{n_{\mathrm{p}}}{n_{\mathrm{m}}}\right)^2$ |
| 全压 $p$ | $p_{\mathrm{p}} = p_{\mathrm{m}} \left(\dfrac{n_{\mathrm{p}}}{n_{\mathrm{m}}}\right)^2$ | $p_{\mathrm{p}} = p_{\mathrm{m}} \left(\dfrac{D_{2\mathrm{p}}}{D_{2\mathrm{m}}}\right)^2$ | $p_{\mathrm{p}} = p_{\mathrm{m}} \dfrac{\rho_{\mathrm{p}}}{\rho_{\mathrm{m}}}$ | $p_{\mathrm{p}} = p_{\mathrm{m}} \dfrac{\rho_{\mathrm{p}}}{\rho_{\mathrm{m}}} \left(\dfrac{D_{2\mathrm{p}}}{D_{2\mathrm{m}}}\right)^2 \left(\dfrac{n_{\mathrm{p}}}{n_{\mathrm{m}}}\right)^2$ |
| 功率 $P$ | $P_{\mathrm{p}} = P_{\mathrm{m}} \left(\dfrac{n_{\mathrm{p}}}{n_{\mathrm{m}}}\right)^3$ | $P_{\mathrm{p}} = P_{\mathrm{m}} \left(\dfrac{D_{2\mathrm{p}}}{D_{2\mathrm{m}}}\right)^5$ | $P_{\mathrm{p}} = P_{\mathrm{m}} \dfrac{\rho_{\mathrm{p}}}{\rho_{\mathrm{m}}}$ | $P_{\mathrm{p}} = P_{\mathrm{m}} \dfrac{\rho_{\mathrm{p}}}{\rho_{\mathrm{m}}} \left(\dfrac{D_{2\mathrm{p}}}{D_{2\mathrm{m}}}\right)^5 \left(\dfrac{n_{\mathrm{p}}}{n_{\mathrm{m}}}\right)^3$ |

## 第四节　比　转　速

式（3-12）、式（3-13a）、式（3-14）分别表示了在相似工况下流量、扬程（全压）、功率之间的相似关系，但在具体设计、选型以及判别泵与风机是否相似时，使用这些公式并不十分方便。因此，要在相似定律的基础上寻找一个包括 $q_V$、$H$ 及 $n$ 在内的综合相似特征量。这个相似特征量称为比转速，用符号 $n_{\mathrm{s}}$ 表示。比转速在泵与风机的理论研究和设计中具有十分重要的意义。现对泵和风机的比转速分别讨论如下。

**一、泵的比转速 $n_{\mathrm{s}}$**

将式（3-12）两端平方得

$$\left(\frac{q_{V\mathrm{m}}}{D_{2\mathrm{m}}^3 n_{\mathrm{m}}}\right)^2 = \left(\frac{q_{V\mathrm{p}}}{D_{2\mathrm{p}}^3 n_{\mathrm{p}}}\right)^2 \tag{3-23}$$

将式（3-13a）两端立方得

$$\left(\frac{H_{\mathrm{m}}}{D_{2\mathrm{m}}^2 n_{\mathrm{m}}^2}\right)^3 = \left(\frac{H_{\mathrm{p}}}{D_{2\mathrm{p}}^2 n_{\mathrm{p}}^2}\right)^3 \tag{3-24}$$

将式（3-23）除以式（3-24）得

$$\frac{n_{\mathrm{p}}^4 q_{V\mathrm{p}}^2}{H_{\mathrm{p}}^3} = \frac{n_{\mathrm{m}}^4 q_{V\mathrm{m}}^2}{H_{\mathrm{m}}^3} \tag{3-25}$$

将式（3-25）两端开四次方得

$$\frac{n_\mathrm{p}\sqrt{q_{V\mathrm{p}}}}{H_\mathrm{p}^{3/4}} = \frac{n_\mathrm{m}\sqrt{q_{V\mathrm{m}}}}{H_\mathrm{m}^{3/4}} = 常量$$

即

$$\frac{n\sqrt{q_V}}{H^{3/4}} = 常量$$

式中常数习惯上用符号 $n_\mathrm{s}$，即比转速表示。

$$n_\mathrm{s} = \frac{n\sqrt{q_V}}{H^{3/4}} \qquad (3-26)$$

式中　　$n$——转速，r/min；

　　　$q_V$——体积流量，$\mathrm{m^3/s}$；

　　　$H$——扬程，m。

式（3-26）就是在相似定律的基础上，消去了几何参数后得到的与性能参数有关的比转速的计算公式。

式（3-26）在国外较为通用。而我国泵的比转速公式习惯上将式（3-26）乘以系数 3.65，得

$$n_\mathrm{s} = \frac{3.65n\sqrt{q_V}}{H^{3/4}} \qquad (3-27)$$

式（3-27）中，系数 3.65 是由水轮机的比转速定义导出。水轮机的比转速定义为

$$n_\mathrm{s} = \frac{n\sqrt{P}}{H^{5/4}}$$

式中　　$n$——转速，r/min；

　　　$P$——功率，$P = \rho q_V H/75$，PS。

对水而言，$\rho = 1000\mathrm{kg/m^3}$，代入水轮机比转速的定义式，得

$$n_\mathrm{s} = \frac{n\sqrt{\dfrac{1000}{75}q_V H}}{H^{5/4}} = \frac{3.65n\sqrt{q_V}}{H^{3/4}}$$

**二、风机的比转速 $n_\mathrm{y}$**

风机的比转速习惯上用符号 $n_\mathrm{y}$ 表示，它与泵的比转速性质完全相同，只是将扬程改为全压，并采用以下公式计算，即

$$n_\mathrm{y} = \frac{n\sqrt{q_V}}{p_{20}^{3/4}} \qquad (3-28)$$

式中　　$p_{20}$——常态进气状态下（$t = 20℃$，$p_\mathrm{amb} = 101.3 \times 10^3\,\mathrm{Pa}$）风机的全压，Pa。

**三、比转速公式的说明**

（1）同一台泵或风机，在不同工况下有不同的比转速，一般是用最高效率点的比转速，作为相似准则的比转速。

（2）比转速是以单级单吸入叶轮为标准来定义的，如结构型式不是单级单吸，应按以下各式计算，即

1）对双吸单级泵，流量应以 $q_V/2$ 代入得

$$n_\mathrm{s} = \frac{3.65n\sqrt{q_V/2}}{H^{3/4}}$$

2）对单吸多级泵，扬程应以 $H/i$ 代入得

$$n_{\mathrm{s}} = \frac{3.65n \sqrt{q_{\mathrm{V}}}}{(H/i)^{3/4}}$$

式中　$i$——叶轮级数。

3）若多级泵第一级为双吸叶轮，则

$$n_{\mathrm{s}} = \frac{3.65n \sqrt{q_{\mathrm{V}}/2}}{(H/i)^{3/4}}$$

计算风机比转速的原则与水泵相同。

（3）比转速是由相似定律推导而得，因而几何相似的泵与风机，在相似工况下其比转速相等。反过来，比转速相等的泵与风机不一定相似，因此，同一比转速的泵与风机，可设计成不同的型式。

（4）式（3-26）中比转速是有因次的，其单位是 $\mathrm{m}^{3/4}\mathrm{s}^{-3/2}$。国外近年多使用无因次比转速 $n_{\mathrm{so}}$。

$$n_{\mathrm{so}} = \frac{n \sqrt{q_{\mathrm{V}}}}{(gH)^{3/4}} \tag{3-29}$$

国际标准中，在无因次比转速公式中乘以 $2\pi/60$，称为型式数，用符号 $K$ 表示，则

$$K = \frac{2\pi}{60} \times \frac{n \sqrt{q_{\mathrm{V}}}}{(gH)^{3/4}} \tag{3-30}$$

型式数 $K$ 与我国目前使用的比转速式（3-27）之间存在以下换算关系

$$K = 0.0051759 n_{\mathrm{s}}$$

或

$$n_{\mathrm{s}} = 193.2K \tag{3-31}$$

国际标准化组织 ISO/TC 在国际标准中，定义了型式数，并取代了过去的比转速，我国参照国际标准制定的现行国家标准 GB3216—1982，也明确规定采用型式数 $K$，在没有完全过渡到国际标准时，允许同时使用比转速 $n_{\mathrm{s}}$。由于各国对流量、扬程的使用单位不同，计算时需进行换算，换算关系见附录。

（5）式（3-28）是采用常态（$t=20℃$，$p_{\mathrm{amb}}=101.3\times10^3\mathrm{Pa}$）进气状态下的全压 $p_{20}$ 计算的。如果实际工作情况不是常态进气状态，则应考虑气体密度的变化。

常态状况下的全压 $p_{20}$ 与使用条件下的全压 $p$ 按等温变化，二者关系为

$$p_{20} = p\frac{\rho_{20}}{\rho} \tag{3-32}$$

式中　$p_{20}$——常态下气体的全压，Pa；

$\rho_{20}$——常态下气体的密度，$\mathrm{kg/m^3}$；

　$p$——使用条件下气体的全压，Pa；

　$\rho$——使用条件下气体的密度，$\mathrm{kg/m^3}$。

空气在常态下的 $\rho_{20}=1.2\mathrm{kg/m^3}$，由式（3-32）得

$$p_{20} = 1.2\frac{p}{\rho}$$

将上式代入式（3-28）得

$$n_{\mathrm{y}} = \frac{n \sqrt{q_{\mathrm{V}}}}{(1.2p/\rho)^{3/4}} \tag{3-33}$$

#### 四、比转速的应用

**1. 用比转速对泵与风机进行分类**

比转速反映了泵与风机性能及结构上的特点。由比转速的定义不难看出，在给定转速下，扬程（全压）高、流量小的泵与风机，比转速小；而扬程（全压）低、流量大的泵与风机，比转速大。在比转速由小到大的变化过程中，流量逐渐增加，扬程（全压）逐渐减小，这就要求叶轮的外缘直径 $D_2$ 及叶轮进出口直径的比值 $D_2/D_0$ 随之减小，而叶轮出口宽度 $b_2$ 则随之增加。如图 3-2 所示，当叶轮外径 $D_2$ 和 $D_2/D_0$ 减小到某一数值时，为不使前后盖板处的 $ab$ 和 $cd$ 两条流线长度相差悬殊（如图 3-3 所示），引起二次回流，致使能量损失增加，叶轮出口边需作成倾斜的，如图 3-3 中虚线所示。此时，流动形态从离心式过渡到混流式。当 $D_2$ 减小到极限 $D_2/D_0=1$ 时，则从混流式过渡到轴流式。由此可见，叶轮形式引起性能参数改变，从而导致比转速的改变。所以，可用比转速对泵与风机进行分类。实际应用中，一般都用设计工况的比转速作为分类的依据。

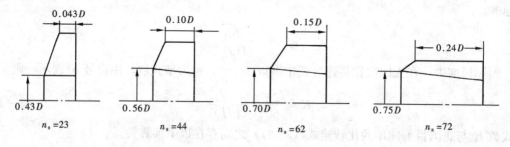

图 3-2  比转速与叶轮形状的关系

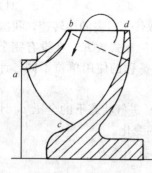

图 3-3  二次回流

就叶型而言，低比转速叶轮的叶片一般是圆柱形的，因为低比转速叶轮的流道窄而长，叶片进口边可平行布置，使每条流线的进口流入角都相同。随着比转速的提高，叶片进口边位置外延，各条流线的进口流入角无法取得一致，形成扭曲型叶片。

对泵而言，用比转速 $n_s$ 来分类。$n_s=30\sim300$ 为离心式，$n_s=300\sim500$ 为混流式，$n_s=500\sim1000$ 为轴流式。其中，$n_s=30\sim80$ 为低比转速离心式，$n_s=80\sim150$ 为中比转速离心式，$n_s=150\sim300$ 为高比转速离心式。见表 3-2。

对风机，用比转速 $n_y$ 作为分类依据。$n_y=2.7\sim12$ 为前弯式离心风机，$n_y=3.6\sim16.6$ 为后弯式离心风机，$n_y=18\sim36$ 为轴流式风机。

表 3-2                                           比转速与叶轮形状和性能曲线的关系

| 水泵类型 | 离 心 泵 | | | 混 流 泵 | 轴 流 泵 |
|---|---|---|---|---|---|
| | 低比转速 | 中比转速 | 高比转速 | | |
| 比转速 | $30<n_s<80$ | $80<n_s<150$ | $150<n_s<300$ | $300<n_s<500$ | $500<n_s<1000$ |
| 叶轮简图 | | | | | |

续表

| 水泵类型 | 离 心 泵 | | | 混 流 泵 | 轴 流 泵 |
|---|---|---|---|---|---|
| | 低比转速 | 中比转速 | 高比转速 | | |
| 尺寸比 | $\frac{D_2}{D_0} \approx 3$ | $\frac{D_2}{D_0} \approx 2$ | $\frac{D_2}{D_0} \approx 1.8 \sim 1.4$ | $\frac{D_2}{D_0} \approx 1.2 \sim 1.1$ | $\frac{D_2}{D_0} \approx 1.0$ |
| 叶片形状 | 圆柱形叶片 | 入口处扭曲<br>出口处圆柱形 | 扭曲形叶片 | 扭曲形叶片 | 轴流式翼型式 |
| 工作性<br>能曲线 | | | | | |

2. 用比转速进行泵和风机的相似设计

用设计参数 $q_V$、$H$（或 $p$）、$n$ 计算出比转速，再根据比转速，选择性能良好的模型进行相似设计。

**五、比转速对性能曲线的影响**

图 3-4 表达出不同比转速时，性能曲线的变化情况。为了便于比较，用各参数相对于最高效率点参数值的百分比绘制而成。图中绘出了 $n_s = 100$ 和 $n_s = 200$ 的离心泵，$n_s = 400$ 的混流泵和 $n_s = 700$ 的轴流泵的性能曲线。

由图 3-4 中曲线簇 $a$ 所表示的 $q_V - H$ 曲线的变化情况可见，在低比转速时，扬程随流量的增加，下降较为缓和。当比转速增大时，扬程曲线逐渐变陡，因此轴流泵的扬程随流量减小而变得最陡。

从图 3-4 中曲线簇 $b$ 所表示的 $q_V - P$ 曲线的变化情况可见，在低比转速时（$n_s < 200$），功率随流量的增加而增加，功率曲线呈上升状。但随比转速的增加（$n_s = 400$），曲线就变得比较平坦。当比转速再增加（$n_s = 700$），则功率随流量的增加而减小，功率曲线呈下降状。所以，离心式泵的功率是随流量的增加而增加，而轴流式泵的功率却是随流量的增加而减少。

图 3-4 中曲线簇 $c$ 表示的 $q_V - \eta$ 曲线的变化情况可见，比转速低时，曲线平坦，高效率区域较宽，比转速越大，效率曲线越陡，高效率区域变得越窄，这就是轴流式泵和风机的主要缺点。为了克服功率变化急剧和高效率区窄的缺点，轴流式泵和风机应采用可调叶片，使其在工况改变时，仍保持较高的效率。

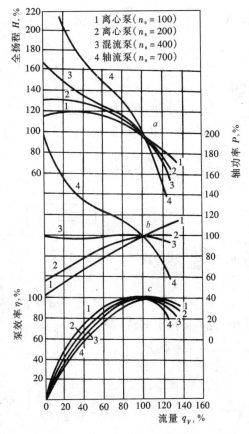

图 3-4　比转速与性能曲线的关系

## 第五节 无因次性能曲线

相似定律表明，相似的泵或风机，必然具备性能参数间的相似关系，即其性能参数间的变化规律是相同的，性能曲线的几何形状也是相同的。通过相似关系导出的无因次参数所表示的无因次性能曲线能很清楚地反映这一特点。实际应用中，无因次性能曲线对选型设计和系列之间进行比较都十分方便。

### 一、无因次性能参数

由相似理论推导出来的式（3-12）、式（3-13b）、式（3-14）经过形式上的变换可以得到无因次系数。

1. 流量系数 $\bar{q}_V$

式（3-12）可改写为

$$\left( \frac{q_V}{\frac{\pi D_2^2}{4} \times \frac{\pi D_2 n}{60}} \right)_m = \left( \frac{q_V}{\frac{\pi D_2^2}{4} \times \frac{\pi D_2 n}{60}} \right)_p = 常数 \tag{3-34}$$

将 $A_2 = \frac{\pi D_2^2}{4}$，$u_2 = \frac{\pi D_2 n}{60}$ 代入式（3-34）得

$$\bar{q}_V = \frac{q_{Vm}}{A_{2m} u_{2m}} = \frac{q_{Vp}}{A_{2p} u_{2p}} = \frac{q_V}{A_2 u_2} = 常数 \tag{3-35}$$

式中　$\bar{q}_V$——流量系数；

$u_2$——叶轮出口圆周速度，m/s；

$A_2$——叶轮侧面面积，$m^2$。

2. 压力系数 $\bar{p}$

式（3-13b）可改写为

$$\left( \frac{p}{\rho \left( \frac{\pi D_2 n}{60} \right)^2} \right)_m = \left( \frac{p}{\rho \left( \frac{\pi D_2 n}{60} \right)^2} \right)_p = 常数 \tag{3-36}$$

将 $u_2 = \frac{\pi D_2 n}{60}$ 代入式（3-36）得

$$\bar{p} = \left( \frac{p}{\rho u_2^2} \right)_m = \left( \frac{p}{\rho u_2^2} \right)_p = \frac{p}{\rho u_2^2} = 常数 \tag{3-37}$$

式中　$\bar{p}$——压力系数。

3. 功率系数 $\bar{P}$

式（3-14）可改写为

$$\left( \frac{P}{\rho \frac{\pi D_2^2}{4} \left( \frac{\pi D_2 n}{60} \right)^3} \right)_m = \left( \frac{P}{\rho \frac{\pi D_2^2}{4} \left( \frac{\pi D_2 n}{60} \right)^3} \right)_p = 常数 \tag{3-38}$$

将 $\rho$，$A$，$u$ 的关系代入式（3-38），得

$$\bar{P} = \left( \frac{P}{\rho A_2 u_2^3} \right)_m = \left( \frac{P}{\rho A_2 u_2^3} \right)_p = \frac{P}{\rho A_2 u_2^3} = 常数 \tag{3-39}$$

式中　$\bar{P}$——功率系数。

**4. 效率 $\eta$**

泵与风机的效率 $\eta$ 也可以用无因次性能参数进行计算，即

$$\eta = \frac{\overline{q_V}\,\overline{p}}{\overline{P}} \qquad\qquad (3-40)$$

凡几何相似的泵或风机，在相似工况下运行时，其无因次系数相同。用无因次系数，可以绘出无因次性能曲线。

**二、无因次性能曲线**

用无因次性能参数 $\overline{q_V}$、$\overline{p}$、$\overline{P}$、$\eta$ 绘制无因次性能曲线时，首先要通过试验求得某一几何形状叶轮在固定转速下不同工况时的 $q_V$、$p$、$P$ 及 $\eta$ 值，然后由式(3-35)、式(3-37)、式(3-39)计算出相应工况时的 $\overline{q_V}$、$\overline{p}$、$\overline{P}$、$\eta$，并绘制出以流量系数 $\overline{q_V}$ 为横坐标，以压力系数 $\overline{p}$、功率系数 $\overline{P}$ 及效率 $\eta$ 为纵坐标的一组 $\overline{q_V}$-$\overline{p}$、$\overline{q_V}$-$\overline{P}$ 及 $\overline{q_V}$-$\eta$ 曲线。图3-5是国产 G3-68 型锅炉离心式送风机的无因次性能曲线。它的特点是，由于同类泵与风机都是相似的，同时没有计量单位，而只有比值关系，所以可代表一系列相似泵或风机的性能。因此，如把各类泵或风机的无因次性能曲线绘在同一张图上，在选型时可进行性能比较。

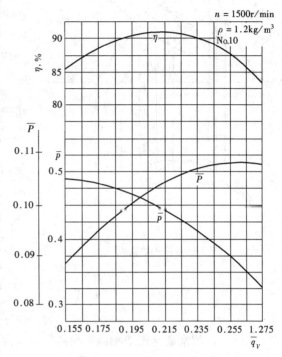

图 3-5　G3-68 型锅炉离心式送风机无因次性能曲线

因为无因次性能系数除去了性能参数中转速、几何尺寸、密度等的计量单位，因此无因次性能曲线，不能代表它们的实际工作参数的大小。如需要泵或风机的实际工作参数，还要用无因次性能曲线按实际转速和几何尺寸进行换算，换算公式为

$$
\left.
\begin{aligned}
q_V &= A_2 u_2\,\overline{q_V} = \frac{nD_2^3}{24.32}\,\overline{q_V} \\[2mm]
p &= \rho u_2^2\,\overline{p} = \frac{n^2 D_2^2}{304}\,\overline{p} \quad (\rho = 1.2\,\mathrm{kg/m^3}) \\[2mm]
P &= \frac{\rho A_2 u_2^3}{1000}\,\overline{P} = \frac{n^3 D_2^5}{7391590}\,\overline{P} \quad (\rho = 1.2\,\mathrm{kg/m^3})
\end{aligned}
\right\} \qquad (3-41)
$$

# 第六节　通用性能曲线

以上所讨论的都是转速为定值时的性能曲线。如果泵或风机的转速是可以改变的，则需绘制出在不同转速时的性能曲线，并将等效率曲线也绘制在同一张图上，这种曲线称为通用性能曲线，如图3-6所示。通用性能曲线可以用试验方法得到，也可以用比例定律求得。

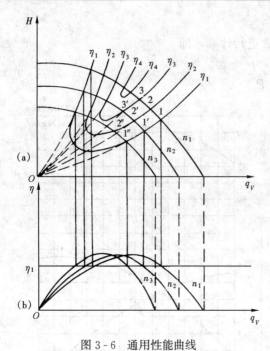

图 3-6　通用性能曲线

制造厂所提供的是通过性能试验所得到的通用性能曲线。

用比例定律可以进行性能参数间的换算，如已知转速为 $n_1$ 时的性能曲线，欲求转速为 $n_2$ 时的性能曲线，则可在转速为 $n_1$ 时的 $q_V$-$H$ 性能曲线上取任意点 1、2、3…的流量与扬程代入比例定律，由

$$q_{V2} = \frac{n_2}{n_1} q_V, \quad H_2 = \left(\frac{n_2}{n_1}\right)^2 H_1$$

可求得转速为 $n_2$ 时与转速为 $n_1$ 时相对应的工况点 $1'$、$2'$、$3'$…。将这些点连成光滑的曲线，则得转速为 $n_2$ 时的 $q_V$-$H$ 性能曲线。所求出的相对应的工况点 1 与 $1'$，2 与 $2'$ 等为相似工况点，相似工况点的连线为一抛物线。由式（3-15）、式（3-16a）得

$$\frac{H_2}{H_1} = \left(\frac{q_{V2}}{q_{V1}}\right)^2$$

即

$$\frac{H_1}{q_{V1}^2} = \frac{H_2}{q_{V2}^2} = \cdots = \frac{H}{q_V^2} = K$$

或

$$H = K q_V^2 \tag{3-42}$$

式中　$K$——比例常数（也即相似工况的等效率常数）。

式（3-42）为一抛物线方程，凡满足该抛物线方程的工况点，均为相似工况点。因此，该抛物线称为相似抛物线。而相似工况点的效率在相似定律推导中已述及可视为相等。所以，相似抛物线又称等效率曲线。等效率曲线通过坐标原点，如图 3-6 中虚线所示。

通用性能曲线亦可用试验的方法求得。但需指出，由试验所得的通用性能曲线中的等效率曲线和用比例定律计算出的通过坐标原点的等效率曲线，在转速改变不大时是一致的，但在转速改变较大时，二者则发生差异，由试验所得的等效率曲线向效率较高的方向偏移，因而实际的等效率曲线不通过坐标原点而连成椭圆形状。其原因是比例定律是在假设各种损失不变情况下换算得到的。当转速相差较大时，相应的损失变化增大，因而等效率曲线的差别相应增大。

## 思 考 题

1. 两台几何相似的泵与风机，在相似条件下，其性能参数如何按比例关系变化？
2. 当一台泵的转速发生改变时，其扬程、流量、功率将如何变化？
3. 当某台风机所输送空气的温度变化时，其全压、流量、功率将如何变化？
4. 为什么说比转速是一个相似特征量？无因次比转速较有因次比转速有何优点？
5. 为什么可以用比转速对泵与风机进行分类？
6. 随比转速增加，泵与风机性能曲线的变化规律怎样？

7. 无因次性能曲线是如何绘制的？与有因次性能曲线相比有何优点？

8. 通用性能曲线是如何绘制的？

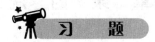

3-1 有一离心式送风机，转速 $n=1450$ r/min 时，流量 $q_V=1.5$ m³/min，全压 $p=1200$ Pa，输送空气的密度 $\rho=1.2$ kg/m³。今用该风机输送密度 $\rho=0.9$ kg/m³ 的烟气，要求全压与输送空气时相同，问此时转速应变为多少？流量又为多少？

3-2 有一泵转速 $n=2900$ r/min 时，扬程 $H=100$ m，流量 $q_V=0.17$ m³/s，若用和该泵相似但叶轮外径 $D_2$ 为其 2 倍的泵，当转速 $n=1450$ r/min 时，流量为多少？

3-3 有一泵转速为 $n=2900$ r/min 时，其扬程 $H=100$ m，流量 $q_V=0.17$ m³/s，轴功率 $P=183.8$ kW。现用一出口直径为该泵 2 倍的泵，当 $n=1450$ r/min 时，保持运动状态相似，问其轴功率应是多少？

3-4 G4-13.2 型离心风机在 $n=1450$ r/min 和 $D_2=1200$ mm 时，全压 $p=4609$ Pa，流量 $q_V=71100$ m³/h，轴功率 $P=99.8$ kW，若转速变到 $n=730$ r/min 时，叶轮直径和气体密度不变，试计算转速变化后的全压、流量和轴功率。

3-5 G4-13.2 型离心风机在转速 $n=1450$ r/min 和 $D_2=1200$ mm 时，全压 $p=4609$ Pa，流量 $q_V=71100$ m³/h，轴功率 $P=99.8$ kW，空气密度 $\rho=1.2$ kg/m³，若转速和直径不变，但改为输送锅炉烟气，烟气温度 $t=200$℃，当地大气压 $p_{amb}=0.1$ MPa，试计算密度变化后的全压、流量和轴功率。

3-6 叶轮外径 $D_2=600$ mm 的风机，当叶轮出口处的圆周速度为 60 m/s，风量 $q_V=300$ m³/min。有一与它相似的风机 $D_2=1200$ mm，以相同圆周速度运转，求其风量为多少？

3-7 有一风机，其流量 $q_V=20$ m³/s，全压 $p=460$ Pa，用电动机由皮带拖动，因皮带滑动，测得转速 $n=1420$ r/min，此时所需轴功率为 13 kW。如改善传动情况后，转速提高到 $n=1450$ r/min，问风机的流量、全压、轴功率将为多少？

3-8 已知某锅炉给水泵，最佳工况点参数为：$q_V=270$ m³/h，$H=1490$ m，$n=2980$ r/min，$i=10$ 级。试求其比转速 $n_s$。

3-9 某单级双吸泵的最佳工况点参数为：$q_V=18000$ m³/h，$H=20$ m，$n=375$ r/min。求其比转速 $n_s$。

3-10 G4-13.2-11N018 型锅炉送风机，当转速 $n=960$ r/min 时的运行参数为：送风量 $q_V=19000$ m³/h，全压 $p=4276$ Pa；同一系列的 N08 型风机，当转速 $n=1450$ r/min 时的送风量为 $q_V=25200$ m³/h，全压 $p=1992$ Pa，它们的比转速是否相等？为什么？

# 第四章 泵 的 汽 蚀

汽蚀涉及的范围十分广泛，在动力、能源、航空、航海、造船、水利以及水力机械等方面都涉及汽蚀的问题。对水泵而言，汽蚀问题是影响其向高速化发展的一个突出障碍。

## 第一节 汽蚀现象及其对泵工作的影响

### 一、汽蚀现象

水和汽可以互相转化，这是水所固有的物理特性，而温度和压力则是造成它们转化的条件。在 0.1MPa 大气压力下的水，当温度上升到 100℃ 时，就开始汽化。但在高山上，由于气压较低，水不到 100℃ 时就开始汽化。如果水温度保持不变，逐渐降低液面上的绝对压力，当该压力降低到某一数值时，水同样也会发生汽化。这个压力值称为水在该温度条件下的汽化压力，用符号 $p_v$ 表示。如当水温为 20℃ 时，其相应的汽化压力为 2.4kPa。如果在流动过程中，某一局部区域的压力等于或低于水温相对应的汽化压力，水就会在该区域发生汽化。

汽化发生后，大量的蒸汽及溶解在水中的逸出气体，形成许多蒸汽与气体混合的小汽泡。当汽泡随同水流从低压区流向高压区时，汽泡在周围高压的作用下，发生破裂迅速凝结。在气泡破裂的瞬间，产生局部空穴，高压水以极高的速度流向这些原来被气泡所占据的空间，形成强力碰撞和高频振荡。如果气泡的破裂发生在流道壁面附近，就会在流道壁表面形成一定强度的高频冲击。冲击形成的水击压力可高达几百兆至上千兆帕，冲击频率可达每秒几万次。如果这种现象得以持续，流道材料表面就将在水击压力的反复作用下，形成疲劳而遭到破坏，从开始的点蚀到严重的蜂窝状空洞，最后甚至把材料壁面蚀穿。

另外，由液体中逸出的氧气等活性气体，借助汽泡凝结时放出的热量，也会对金属起化学腐蚀作用，加速材料的破坏。

这种由于汽化产生气泡，气泡进入高压区破裂，引发周围液体高频碰撞而导致材料受到破坏的全部过程称为汽蚀。

关于气泡形成机理的研究发现，如果液体与固体的接触面上的缝隙中存在微小的气核，在汽化发生时，缝隙中的这些微小气核首先迅速生长成为肉眼可见的气泡（或称空泡），而气核的存在对汽化发生的压力具有明显的影响，在无气核条件下，汽化发生于热力学平衡态所对应的饱和蒸汽压力；有气核时，汽化发生时的压力高于热力学饱和蒸汽压力，气核越大，对应的汽化压力也比热力学饱和蒸汽压力高出越多。液体中存在固体颗粒状杂质时，杂质的边角致使液体的表面张力出现应力集中现象，液体压力降低时，极易在该处诱发产生气核，进而形成气泡，其所需的汽化压力与缝隙气核存在时的情况相似。

### 二、汽蚀对泵工作的影响

由以上分析可知，在流动过程中，如果出现了局部的压力降低到等于或低于水温对应下的汽化压力时，水就会在该局部区域发生汽化。从对离心泵汽蚀现象的观察中发现，压力最

低点（汽化点）发生在如图 4-1 所示的
$K_1$、$K_2$、$K_3$、$K_4$、$K_5$ 等部位。随着工况
的变化，汽化先后发生的部位也不同。一
般在小于设计工况下运行时，压力最低点
发生在靠近前盖板叶片进口处的工作面上。

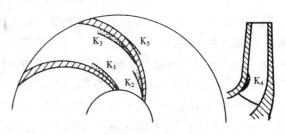

图 4-1 叶轮内汽蚀发生的部位

泵内汽蚀的发生与发展有一个过程。
当泵内最低压力达到汽化压力时，汽化开
始发生，此时仅有少数由气核（或汽核）形成的气泡生成，叶轮流道堵塞不严重，对泵的正
常工作没有明显影响，泵的性能也没有明显变化，这种尚未影响到泵性能时的汽蚀称为潜伏
汽蚀（或初生汽蚀）。泵长期在潜伏汽蚀工况下工作时，泵的材料仍会产生疲劳，影响它的
使用寿命。若泵内最低压力进一步降低，就会有大量气泡生成，伴随着这些气泡不断地胀
大、合并、聚集，叶轮流道被气泡严重堵塞，影响到泵的正常工作，这种状况称为泵的断裂
工况。如果泵长期在断裂工况下运行，不仅泵的性能达不到生产工艺的要求，而且会很快出
现叶轮材料的疲劳及剥蚀。

图 4-2 受汽蚀破坏的离心泵叶轮

一般来说，汽蚀对泵具有诸多有害的影响。

（1）造成材料破坏。汽蚀发生时，由于机械
剥蚀与化学腐蚀的共同作用，致使材料受到破
坏，图 4-2 所示为一个受汽蚀破坏的离心泵叶
轮示例。

（2）产生噪声和振动。汽蚀发生时，不仅使
材料受到破坏，而且还会出现噪声和振动，汽泡
破裂和高速冲击会引起严重的噪声。但是，在工
厂由于其他来源的噪声已相当高，一般情况下，
往往感觉不到汽蚀所产生的噪声。

汽蚀过程本身是一种反复凝结、冲击的过程，伴随很大的脉动力。如果这些脉动力的频
率与设备的自然频率接近，就会引起强烈的振动。

如果汽蚀造成泵转动部件材料破坏，必然
影响转子的静平衡及动平衡，导致严重的机械
振动。

（3）性能下降。汽化发生严重时，大量气
泡的存在会堵塞流道的截面，减少流体从叶轮
获得的能量，导致扬程下降，效率也相应降低，
泵的性能曲线有明显的变化。这种变化，对于
不同比转速的泵情况不同。图 4-3 所示为一台
$n_s = 70$ 的单级离心泵在不同的几何安装高度下
发生汽蚀后的性能曲线。该图表示了三种不同
转速时的 $q_V - H$ 性能曲线。现以 $n = 3000 \text{r/min}$
的曲线为例来说明。由图可知，当几何安装高
度为 6m 时，出水管阀门的开度只能开到曲线

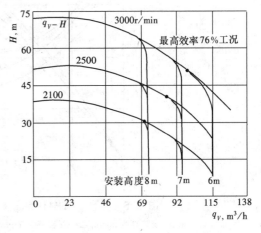

图 4-3 $n_s = 70$ 的单级离心泵发生
汽蚀的性能曲线

上黑点所对应的流量。如果继续开大阀门，流量进一步有所增加时，扬程曲线则急剧下降，这表明汽蚀已达到致使水泵不能正常工作（即进入了断裂工况）的程度。当把几何安装高度从6m增加到7m时，断裂工况就向流量小的方向偏移，$q_V$-$H$曲线上可以使用的运行范围就变窄；几何安装高度提高到8m时，断裂工况偏向更小的流量，泵的使用范围就更窄。

　　图4-4所示为一台$n_s$=150的双吸离心泵在不同的几何安装高度下发生汽蚀后的性能曲线，与$n_s$=70的离心泵性能曲线（见图4-3）相比，没有明显的断裂点，其扬程和效率曲线是逐渐下降的。

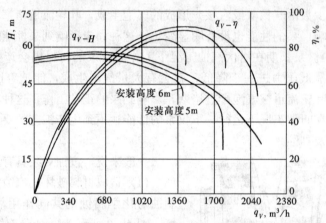

图4-4　$n_s$=150的双吸离心泵发生汽蚀的性能曲线（$n$=1200r/min）

　　当比转速更高时，如图4-5所示的一台$n_s$=690的轴流泵发生汽蚀后的性能曲线，从图上几乎看不出汽蚀发生的断裂工况点。

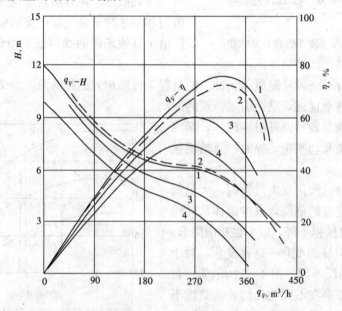

图4-5　$n_s$=690的轴流泵发生汽蚀的性能曲线（$n$=2250r/min）
1—安装高度0.8m；2—安装高度6.9m；3—安装高度5.9m；4—安装高度3.4m

　　由试验发现，低比转速的泵会因汽蚀所引发断裂工况，其扬程曲线在断裂工况点后具有急剧陡降的形式；随着比转速的提高，断裂工况点逐渐模糊，扬程曲线在断裂点后的形状渐趋平缓，直至断裂工况点消失。出现这种变化的原因是，在低比转速的离心泵中，由于叶片宽度小，流道窄而长，在发生汽蚀后，大量汽泡就很快布满流道，影响流体的正常流动，造成断流，致使扬程、效率急剧下降；在比转速大的离心泵中，叶片宽度大，流道宽而短，因此，汽蚀发生后，并不立即布满流道，因而对性能曲线上断裂工况点的影响就比较缓和；在高比转速的轴流泵中，由于叶片数少，具有相当宽的流道，汽泡发生后，不可能布满流道，从而不会造成断流，所以在性能曲线上，当流量增加时，就不会出现断裂工况点。尽管如此，若有潜伏汽蚀的存在，仍需防止。

## 第二节　吸上真空高度 $H_s$

由前面的分析可知，产生汽蚀的必要条件是泵内局部压力达到或低于液体的汽化压力。由测试得知，泵体内的最低压力往往发生在叶轮入口附近，而泵体的结构及泵入口压力均对该最低压力造成影响。下面将分析泵的安装位置对泵的入口压力的影响。

泵的几何安装高度是影响泵入口压力的一个重要参数。

第一节关于图4-3的讨论中，我们已经知道，增加泵的几何安装高度，会在较小的流量下发生汽蚀。对某一台水泵来说，尽管其性能可以满足使用要求，但是如果几何安装高度不合适，由于汽蚀的原因，会使泵的流量减小，导致性能达不到设计要求。因此，正确地确定泵的几何安装高度，是保证泵在运行时不发生汽蚀的必要条件。

中小型卧式离心泵的几何安装高度如图4-6所示。立式离心泵的几何安装高度是指第一级工作叶轮进口边的中心线至吸水池液面的高度差，如图4-7所示。对于大型泵则应按叶轮入口边最高点来决定几何安装高度，如图4-8所示。

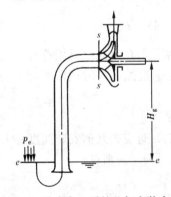

图4-6　卧式离心泵的几何安装高度

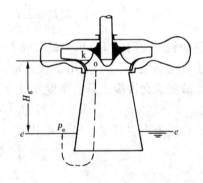

图4-7　立式离心泵的几何安装高度

在泵样本中，有一项性能指标，叫作允许吸上真空高度，用符号 $[H_s]$ 表示，这项性能指标和泵的几何安装高度有关。几何安装高度应根据这项指标来确定。

允许吸上真空高度 $[H_s]$ 和几何安装高度之间的关系可通过图4-6进行讨论。流体在旋转叶轮中受离心力的作用被甩出叶轮，这时在叶轮入口处就形成了真空，于是水池中液体就在液面压力作用下经吸水管路进入泵内。

取吸水池液面为基准面，列出水面 $e$-$e$ 和泵入口 $s$-$s$ 断

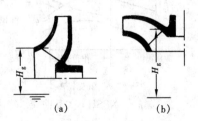

图4-8　大型泵的几何安装高度
(a) 卧式泵；(b) 立式泵

面的伯努利方程式

$$\frac{p_e}{\rho g}+\frac{v_e^2}{2g}=\frac{p_s}{\rho g}+\frac{v_s^2}{2g}+H_g+h_w \qquad (4-1)$$

若水池液面较管道横截面大很多，可以认为水池表面流速 $v_e \approx 0$，式（4-1）移项后可得

$$H_g=\frac{p_e}{\rho g}-\left(\frac{p_s}{\rho g}+\frac{v_s^2}{2g}+h_w\right) \qquad (4-2)$$

式中 $H_g$——几何安装高度，m；

$\quad\quad p_e$——吸水池液面压力，Pa；

$\quad\quad p_s$——泵吸入口压力，Pa；

$\quad\quad v_s$——泵吸入口平均速度，m/s；

$\quad\quad h_w$——吸入管路中的流动损失，m；

$\quad\quad \rho$——输送流体密度，kg/m³。

从式（4-2）可知，泵的几何安装高度 $H_g$ 与液面压力 $p_e$、入口压力 $p_s$、入口平均速度 $v_s$ 以及吸入管中的流动损失 $h_w$ 有关。

如果液面压力就是大气压力，则 $p_e=p_{abm}$，即有

$$H_g=\frac{p_{abm}}{\rho g}-\left(\frac{p_s}{\rho g}+\frac{v_s^2}{2g}+h_w\right) \qquad (4-3a)$$

可见，几何安装高度 $H_g$ 总是小于 10m 的。

引入吸上真空高度

$$H_s=\frac{p_{abm}}{\rho g}-\frac{p_s}{\rho g}$$

则式（4-3）可表示为

$$H_g=\frac{p_{abm}}{\rho g}-\frac{p_s}{\rho g}-\frac{v_s^2}{2g}-h_w=H_s-\frac{v_s^2}{2g}-h_w \qquad (4-3b)$$

发生断裂工况时的 $H_s$ 称为最大吸上真空高度或临界吸上真空高度，用符号 $H_{smax}$ 表示。最大吸上真空高度 $H_{smax}$ 一般由试验确定。为保证泵不发生汽蚀，一般规定留有 0.3m 的安全裕量。故定义允许吸上真空高度 $[H_s]$ 为

$$[H_s]=H_{smax}-0.3m$$

用允许吸上真空高度 $[H_s]$ 取代式（4-3b）中的 $H_s$，对应的几何安装高度称为允许几何安装高度，记为 $[H_g]$，则有

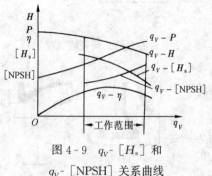

图 4-9 $q_V$-$[H_s]$ 和 $q_V$-[NPSH] 关系曲线

$$[H_g]=[H_s]-\frac{v_s^2}{2g}-h_w \qquad (4-4)$$

由 $[H_g]$ 与允许吸上真空高度 $[H_s]$ 之间的关系，可得出如下结论。

（1）泵的允许几何安装高度 $[H_g]$ 应低于泵样本中所给出的允许吸上真空高度 $[H_s]$。一般情况下，$[H_s]$ 随流量 $q_V$ 的增加而降低，如图 4-9 所示。为了保证泵的安全运行，泵的允许几何安装高度 $[H_g]$ 的确定应按样本中最大流量所对应的 $[H_s]$ 来计算。

（2）为了提高泵的允许几何安装高度，应该尽量减小 $v_s^2/2g$ 和 $h_w$。为了减小 $v_s^2/2g$，在

同一流量下，可以选用直径较大的吸入管路或采用双吸式入口；为了减小 $h_w$，除了选用直径较大的吸入管以外，吸入管段应尽可能的短，并尽量减少弯头等可能增加局部阻力损失的管路附件。

通常，在泵样本中所给出的 $[H_s]$ 值是已换算成大气压力为 $101.3 \times 10^3 \text{Pa}$，水温 $20℃$ 的常态下的数值。如泵的使用条件与常态不同时，则应把样本上给出的 $[H_s]$ 值，换算为使用条件下的 $[H_s]'$ 值，其换算公式为

$$[H_s]' = [H_s] - 10.33 + H_{amb} + 0.24 - H_v \qquad (4-5)$$

式中　　$[H_s]'$——泵使用地点的允许吸上真空高度，m；

　　　　$[H_s]$——泵样本中给出的允许吸上真空高度，m；

　　　　$H_{amb}$——泵使用地点的大气压所对应的水头高度，m；

　　　　$H_v$——泵所输送液体温度下的饱和蒸汽压所对应的水头高度，m；

$10.33$ 与 $0.24$——标准大气压头及 $20℃$ 时水的饱和蒸汽压所对应的水头高度，m。

泵制造厂只能给出 $[H_s]$ 值，而不能直接给出 $[H_g]$ 值，因为每台泵由于使用地区不同，水温不同，吸入管路的布置情况也不尽相同。因此，只能由用户根据具体条件进行计算确定 $[H_g]$。

泵安装地点的海拔越高，大气压力就越低，允许吸上真空高度就越小。输送水的温度越高时，所对应的汽化压力就越高，水就越容易汽化。这时，泵的允许吸上真空高度也就越小。不同海拔时的大气压力和不同水温时的饱和蒸汽压所对应的水头高度值见表4-1和表4-2。

**表 4-1　　不同海拔时的大气压力 $p_{amb}$ 及对应的大气压所对应的水头高度 $H_{amb}$**

| 海拔高度（m） | −600 | 0 | 100 | 200 | 300 | 400 | 500 | 600 | 700 |
|---|---|---|---|---|---|---|---|---|---|
| 大气压头（m） | 11.3 | 10.3 | 10.2 | 10.1 | 10 | 9.8 | 9.7 | 9.6 | 9.5 |
| 大气压力（kPa） | 110.85 | 101.32 | 100.6 | 99.08 | 98.10 | 96.13 | 95.16 | 94.17 | 93.19 |

| 海拔高度（m） | 800 | 900 | 1000 | 1500 | 2000 | 3000 | 4000 | 5000 |
|---|---|---|---|---|---|---|---|---|
| 大气压头（m） | 9.4 | 9.3 | 9.2 | 8.6 | 8.1 | 7.2 | 6.3 | 5.5 |
| 大气压力（kPa） | 92.21 | 91.23 | 90.25 | 84.36 | 79.46 | 70.63 | 61.80 | 53.95 |

**表 4-2　　不同温度时水的饱和蒸汽压力 $p_v$ 及对应的饱和蒸汽压所对应的水头高度 $H_v$**

| 水温（℃） | 10 | 15 | 20 | 25 | 30 | 35 | 40 | 45 | 50 | 55 | 60 |
|---|---|---|---|---|---|---|---|---|---|---|---|
| 饱和蒸汽压头（m） | 0.125 | 0.175 | 0.238 | 0.324 | 0.433 | 0.580 | 0.752 | 0.986 | 1.272 | 1.628 | 2.066 |
| 饱和蒸汽压力（kPa） | 1.23 | 1.71 | 2.34 | 3.17 | 4.24 | 5.62 | 7.37 | 9.58 | 12.33 | 15.74 | 19.92 |

| 水温（℃） | 65 | 70 | 80 | 90 | 100 | 110 | 120 | 130 | 140 | 150 |
|---|---|---|---|---|---|---|---|---|---|---|
| 饱和蒸汽压头（m） | 2.60 | 3.249 | 4.97 | 7.406 | 10.786 | 15.369 | 21.47 | 29.183 | 39.797 | 52.937 |
| 饱和蒸汽压力（kPa） | 25.0 | 31.16 | 47.36 | 70.10 | 101.32 | 143.26 | 198.55 | 270.09 | 361.37 | 475.96 |

**【例 4-1】**　某台离心水泵的允许吸上真空高度为 $[H_s] = 7\text{m}$，欲在海拔 $500\text{m}$ 高度的地方工作，该地区夏天最高水温为 $40℃$，问该水泵在安装地的允许吸上真空高度应为多少？若吸水管路的流动损失水头为 $1\text{m}$，吸水管的速度水头为 $0.2\text{m}$，问该泵在当地的允许几何安装高度为多少？

**解** 由表 4-1 查得海拔 500m 处大气压头 $H_{amb}=9.7$m，由表 4-2 查得水温 40℃时水的饱和蒸汽压头为 $H_v=0.752$m，由式（4-5）

$$[H_s]' = [H_s] - 10.33 + H_{amb} + 0.24 - H_v$$

得                $[H_s]' = 7 - 10.33 + 9.7 + 0.24 - 0.752 = 5.85$（m）

由式（4-4），得    $[H_g] = [H_s]' - \dfrac{v_s^2}{2g} - h_w = 5.85 - 0.2 - 1 = 4.65$（m）

## 第三节 汽 蚀 余 量

引入另一个表示泵汽蚀性能的参数，称为汽蚀余量，用符号 NPSH 表示（net positive suction head）。汽蚀余量又分为有效汽蚀余量 NPSH$_a$ 和必需汽蚀余量或 NPSH$_r$。

在实际工作中，会遇到这种情况，即对同一台泵，在某种吸入装置条件下运行时会发生汽蚀，当改变吸入装置条件后，就可能不发生汽蚀，这说明泵在运行中是否发生汽蚀和泵的吸入装置条件有关。按照吸入装置条件所确定的汽蚀余量称为有效汽蚀余量或称装置汽蚀余量，用 NPSH$_a$ 表示。

另外，在完全相同的使用条件下某台泵在运行中发生了汽蚀，而换了另一种型号的泵，就可能不发生汽蚀，这说明泵在运行中是否发生汽蚀和泵本身的汽蚀性能也有关。由泵本身的汽蚀性能所确定的汽蚀余量称为必需汽蚀余量或泵的汽蚀余量，用 NPSH$_r$ 表示。

下面分别讨论有效汽蚀余量和必需汽蚀余量。

### 一、有效汽蚀余量 NPSH$_a$

有效汽蚀余量 NPSH$_a$ 指泵在吸入口（如图 4-10 所示 $s$-$s$ 断面）处，单位重力作用下的液体所具有的超过输送液体的温度对应饱和蒸汽压力 $p_v$ 的富裕能量水头，其定义为

$$\text{NPSH}_a = \left(\frac{p_s}{\rho g} + \frac{v_s^2}{2g}\right) - \frac{p_v}{\rho g} \qquad (4-6)$$

有效汽蚀余量由吸入系统的装置特性确定，与泵本身性能无关。

若在取水液面上，有 $v_e \approx 0$，由式（4-1），即有

$$\frac{p_s}{\rho g} + \frac{v_s^2}{2g} = \frac{p_e}{\rho g} - H_g - h_w$$

代入式（4-6）得

$$\text{NPSH}_a = \left(\frac{p_e}{\rho g} - H_g - h_w\right) - \frac{p_v}{\rho g} \qquad (4-7)$$

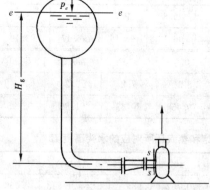

图 4-10  泵的倒灌高度

由此可见，有效汽蚀余量就是吸入容器中液面上的压力水头 $p_e/\rho g$ 在克服吸水管路装置中的流动损失 $h_w$，并把水提高到 $H_g$ 高度后，所剩余的超过汽化压力水头的能量水头。

由式（4-7）可得出如下结论。

（1）在 $p_e/\rho g$、$H_g$ 和液体温度保持不变的情况下，当流量增加时，由于吸入管路中的流动损失 $h_w$ 与流量的平方成正比增加，使 NPSH$_a$ 随流量增加而减小（见图 4-13）。即当流量增加时，发生汽蚀的可能性增加。

（2）在非饱和容器中，泵所输送的液体温度越高，对应的汽化压力越大，NPSH$_a$ 越小，

发生汽蚀的可能性就越大。

在吸入容器液面高出水泵轴线时,记其倒灌高度为 $H'_g$,如图 4-10 所示。这时,式 (4-7) 中,$H_g = H'_g$,则式 (4-7) 为

$$\text{NPSH}_a = \left( \frac{p_e}{\rho g} + H_g - h_w \right) - \frac{p_v}{\rho g} \tag{4-8}$$

当吸入容器中液面压力为汽化压力时(火力发电厂的凝结水泵和给水泵均属于这种情况),有 $p_e = p_v$,则

$$\text{NPSH}_a = H_g - h_w \tag{4-9}$$

有效汽蚀余量越大,泵内出现汽蚀的可能越小,但仅凭有效汽蚀余量还不能保证泵内一定不会产生汽蚀。

**二、必需汽蚀余量 NPSH$_r$**

泵吸入口处的压力并非泵内液体的最低压力。因为液体从泵吸入口(一般指泵进口法兰 $s$-$s$ 截面处)至叶轮进口有能量损失,从图 4-11 中所示泵吸入口全泵出口的压力变化曲线可以看出,泵内最低压力点的位置在叶片进口边稍后的 $k$ 点。为表述液体从泵吸入口至压力最低点 $k$ 处的能量及其与汽蚀的关系,特定义必需汽蚀余量 NPSH$_r$。

$$\text{NPSH}_r = \frac{p_s}{\rho g} + \frac{v_s^2}{2g} - \frac{p_k}{\rho g}$$

必需汽蚀余量 NPSH$_r$ 是指泵在吸入口 ($s$-$s$ 断面)处单位重量液体的能量水头对压力最低点 $k$ 处静压能水头的富余能量水头。必需汽蚀余量 NPSH$_r$ 与吸入系统的装置情况无关,是由泵本身的汽蚀性能所确定的。

影响液体由泵入口到 $k$ 点的压降有以下原因。

(1)吸入口 $s$-$s$ 截面至 $k$-$k$ 截面间(见图 4-11)有流动损失,致使液体压力下降。

(2)从 $s$-$s$ 截面至 $k$-$k$ 截面时,由于液体转弯等引起绝对速度分布不均匀,局部流速加大,导致 $k$ 点流体压力下降。

(3)吸入管一般为收缩形,因速度改变而导致压力下降。

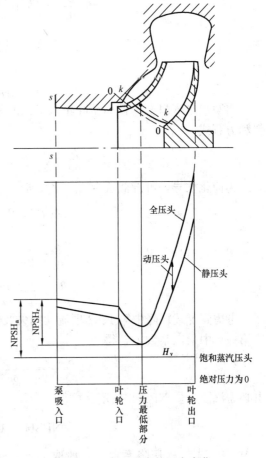

图 4-11 离心泵内的压力变化

(4)流体进入叶轮流道时,以相对速度绕流叶片进口边,从而引起相对速度的分布不均匀,致使 $k$ 点压力下降。

取吸水池液面为基准面,写出叶轮进口边稍前 0-0 截面和压力最低点 $k$-$k$ 截面的相对运动伯努利方程式(见图 4-11)。

$$Z_0 + \frac{p_0}{\rho g} + \frac{w_0^2 - u_0^2}{2g} = Z_k + \frac{p_k}{\rho g} + \frac{w_k^2 - u_k^2}{2g} + h_{w(0 \sim k)} \qquad (4\text{-}10)$$

式中　$h_{w(0 \sim k)}$——$0\text{-}0$ 至 $k\text{-}k$ 截面的流动损失；

$Z_0$，$Z_k$——$0\text{-}0$ 及 $k\text{-}k$ 截面至基准面的高差。

因为 $0\text{-}0$ 和 $k\text{-}k$ 截面距离很近，可以近似认为

$$Z_0 = Z_k, \quad u_0 = u_k, \quad h_{w(0 \sim k)} = 0$$

于是式（4-10）简化为

$$\frac{p_0}{\rho g} + \frac{w_0^2}{2g} = \frac{p_k}{\rho g} + \frac{w_k^2}{2g}$$

由上式得

$$\frac{p_0}{\rho g} = \frac{p_k}{\rho g} + \left[ \left( \frac{w_k}{w_0} \right)^2 - 1 \right] \frac{w_0^2}{2g}$$

令

$$\lambda_2 = \left( \frac{w_k}{w_0} \right)^2 - 1$$

则

$$\frac{p_0}{\rho g} = \frac{p_k}{\rho g} + \lambda_2 \frac{w_0^2}{2g} \qquad (4\text{-}11)$$

再写出泵入口 $s\text{-}s$ 截面至叶轮入口稍前处 $0\text{-}0$ 截面（同样以吸水水面为基准面）的伯努利方程式

$$Z_s + \frac{p_s}{\rho g} + \frac{v_s^2}{2g} = Z_0 + \frac{p_0}{\rho g} + \frac{v_0^2}{2g} + h_{w(s\text{-}0)}$$

为简化推导，可近似认为 $Z_s = Z_0$，$h_{w(s\text{-}0)} = 0$，则

$$\frac{p_0}{\rho g} = \frac{p_s}{\rho g} + \frac{v_s^2}{2g} - \frac{v_0^2}{2g}$$

代入式（4-11），得

$$\frac{p_s}{\rho g} + \frac{v_s^2}{2g} - \frac{v_0^2}{2g} = \frac{p_k}{\rho g} + \lambda_2 \frac{w_0^2}{2g}$$

即

$$\frac{p_s}{\rho g} + \frac{v_s^2}{2g} - \frac{p_k}{\rho g} = \frac{v_0^2}{2g} + \lambda_2 \frac{w_0^2}{2g} \qquad (4\text{-}12)$$

考虑到上述压降中第 1、2 项流动损失及绝对速度分布不均匀的修正，在式（4-12）右边第一项中乘以系数 $\lambda_1$，得

$$\frac{p_s}{\rho g} + \frac{v_s^2}{2g} - \frac{p_k}{\rho g} = \lambda_1 \frac{v_0^2}{2g} + \lambda_2 \frac{w_0^2}{2g} \qquad (4\text{-}13)$$

由必需汽蚀余量 $\text{NPSH}_r$ 的定义可得

$$\text{NPSH}_r = \lambda_1 \frac{v_0^2}{2g} + \lambda_2 \frac{w_0^2}{2g} \qquad (4\text{-}14)$$

式中　$\lambda_1$、$\lambda_2$——压降系数。一般取 $\lambda_2 = 1 \sim 1.2$（低比转速的泵取大值），$\lambda_2 = 0.2 \sim 0.3$（低比转速的泵取小值）。

式（4-14）又称汽蚀基本方程式。

对 $n_s < 120$ 的低比转速泵，$\lambda_2$ 值还可用以下经验公式计算，即

$$\lambda_2 = 1.2 \frac{v_0}{u_0} + \left( 0.07 + 0.42 \frac{v_0}{u_0} \right) \left( \frac{\delta_0}{\delta_{max}} - 0.615 \right) \qquad (4\text{-}15)$$

式中　$v_0$——叶片进口边前液体的绝对速度；

$u_0$——叶片进口边前液体的圆周速度；

$\delta_0$，$\delta_{max}$——叶片进口端部厚度（圆弧直径）和叶片最大厚度，如图

4 - 12 所示。

图 4 - 12  叶片厚度

### 三、有效汽蚀余量 NPSH$_a$ 与必需汽蚀余量 NPSH$_r$ 的关系

NPSH$_a$ 代表吸入系统所提供的在泵吸入口大于饱和蒸汽压力的富余能量。NPSH$_a$ 越大，表示泵抗汽蚀性能越好。而必需汽蚀余量表征液体从泵吸入口至 $k$ 点的压力降，NPSH$_r$ 越小，则表示泵抗汽蚀性能越好，可以降低对吸入系统提供的有效汽蚀余量的要求。

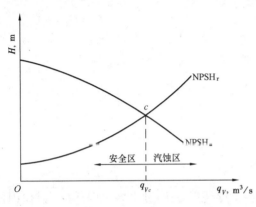

图 4 - 13  NPSH$_a$ 和 NPSH$_r$ 与流量的变化关系

由前述可知，有效汽蚀余量 NPSH$_a$ 随流量的增加是一条下降的曲线。流量增加会导致 $v_0$、$w_0$ 增大，从而导致必需汽蚀余量相应增加，由式（4 - 14）可知，必需汽蚀余量 NPSH$_r$ 随流量的增加是一条上升的曲线。这两条曲线交于 $c$ 点，如图 4 - 13 所示。$c$ 点为汽蚀界限点，亦即临界汽蚀状态点，该点的流量为临界流量 $q_{Vc}$。当 $q_V > q_{Vc}$，NPSH$_r$ > NPSH$_a$ 时，有效汽蚀余量所提供的超过汽化压力的富余能量，不足以克服泵入口部分的压力降，此时，最低压力 $p_k < p_v$，泵内发生汽蚀，因此，$q_{Vc}$ 右边为汽蚀区。只有当 $q_V < q_{Vc}$ 时，NPSH$_r$ < NPSH$_a$，有效汽蚀余量所提供的能量，才能克服泵入口的压力降且尚剩余能量，致使最低点压力 $p_k > p_v$，使泵不发生汽蚀，所以左边为安全区。由上述分析可知，泵不发生汽蚀的条件为

$$\text{NPSH}_r < \text{NPSH}_a$$

在临界状态点 $p_k = p_v$。则

$$\text{NPSH}_a = \text{NPSH}_r = \text{NPSH}_c$$

式中    NPSH$_c$——临界汽蚀余量，m。

NPSH$_c$ 由汽蚀试验求得，为保证泵不发生汽蚀，NPSH$_c$ 加一安全量，得允许汽蚀余量 [NPSH]，通常取

$$[\text{NPSH}] = （1.1 \sim 1.3）\text{NPSH}_c$$

或

$$[\text{NPSH}] = \text{NPSH}_c + K$$

式中    $K$——安全量，一般取 $K = 0.3$m。

### 四、汽蚀余量 NPSH 与吸上真空高度 $H_s$ 的关系

汽蚀余量 NPSH 和吸上真空高度 $H_s$ 这两个表示汽蚀性能的参数之间存在一定的关系。

由式（4 - 6）已知

$$\text{NPSH}_a = \left( \frac{p_s}{\rho g} + \frac{v_s^2}{2g} \right) - \frac{p_v}{\rho g}$$

而吸上真空高度为

$$H_s = \frac{p_{amb}}{\rho g} - \frac{p_s}{\rho g}$$

即

$$\frac{p_s}{\rho g}=\frac{p_{\mathrm{amb}}}{\rho g}-H_s$$

代入式（4-6）得

$$H_s=\frac{p_{\mathrm{amb}}}{\rho g}-\frac{p_{\mathrm{v}}}{\rho g}+\frac{v_s^2}{2g}-\mathrm{NPSH_a}$$

由前分析已知，汽蚀发生的条件为

$$\mathrm{NPSH_a}=\mathrm{NPSH_r}=\mathrm{NPSH_c}$$

这时所对应的吸上真空高度为 $H_{\mathrm{smax}}$，因此上式可写为

$$H_{\mathrm{smax}}=\frac{p_{\mathrm{amb}}}{\rho g}-\frac{p_{\mathrm{v}}}{\rho g}+\frac{v_s^2}{2g}-\mathrm{NPSH_c} \tag{4-16}$$

如用允许汽蚀余量 [NPSH] 代入式（4-16），则

$$[H_s]=\frac{p_{\mathrm{amb}}}{\rho g}-\frac{p_{\mathrm{v}}}{\rho g}+\frac{v_s^2}{2g}-[\mathrm{NPSH}] \tag{4-17}$$

由式（4-7）可求得允许几何安装高度 [$H_g$]

$$[H_g]=\frac{p_e}{\rho g}-\frac{p_{\mathrm{v}}}{\rho g}-[\mathrm{NPSH}]-h_{\mathrm{w}} \tag{4-18}$$

式中 $p_e$——吸水水面的压力。

对于 [NPSH] 和 [$H_s$] 这两个表示汽蚀性能的参数，我国过去多采用 [$H_s$]。但因使用 [NPSH] 时，不需要进行换算，特别对电厂的锅炉给水泵和凝结水泵，吸入液面都不是大气压力的情况下，尤为方便。同时 [NPSH] 更能说明汽蚀的物理概念。因此，目前已较多使用 [NPSH]。

【例4-2】 由泵样本中得知某台离心水泵的汽蚀余量为 [NPSH] =3.29m，欲在海拔 500m 高度的地方工作，该地区夏天最高水温为 40℃，若吸水管路的流动损失水头为 1m，吸水管的速度水头为 0.2m，问该泵在当地的允许几何安装高度 [$H_g$] 为多少？

**解** 设吸水水面压力为当地大气压，由表4-1查得海拔 500m 处大气压头 $H_{\mathrm{amb}}$ =9.7m，由表4-2查得水温40℃时水的饱和蒸汽压头为 $H_{\mathrm{v}}$=0.752m，由式（4-18）

$$[H_g]=\frac{p_e}{\rho g}-\frac{p_{\mathrm{v}}}{\rho g}-[\mathrm{NPSH}]-h_{\mathrm{w}}$$

得

$$[H_g]=\frac{p_{\mathrm{amb}}}{\rho g}-\frac{p_{\mathrm{v}}}{\rho g}-[\mathrm{NPSH}]-h_{\mathrm{w}}=9.7-0.752-3.29-1=4.66\mathrm{m}$$

## 第四节 汽蚀相似定律及汽蚀比转速

汽蚀余量只能反映泵汽蚀性能的好坏，而不能对不同泵进行汽蚀性能的比较，因此需要一个包括泵的性能参数及汽蚀性能参数在内的综合相似特征数，这个相似特征数称为汽蚀比转速，用符号 $c$ 表示。

### 一、汽蚀相似定律

由式（4-14）已知，汽蚀基本方程为

$$\mathrm{NPSH_r}=\lambda_1\frac{v_0^2}{2g}+\lambda_2\frac{w_0^2}{2g}$$

上式反映了泵的汽蚀性能，如果原型和模型泵进口部分几何相似，工况又相似时，则压

降系数相等，即

$$\lambda_{1p}=\lambda_{1m},\ \lambda_{2p}=\lambda_{2m},\ \text{且}\ \lambda_{1p}=\lambda_{2p},\ \lambda_{1m}=\lambda_{2m}$$

由运动相似条件得汽蚀相似定律

$$\frac{NPSH_{rp}}{NPSH_{rm}}=\frac{(v_0^2-w_0^2)_p}{(v_0^2-w_0^2)_m}=\frac{u_{1p}^2}{u_{1m}^2}=\left(\frac{D_{1p}n_p}{D_{1m}n_m}\right)^2 \tag{4-19}$$

汽蚀相似定律指出：进口几何尺寸相似的泵，在相似工况下运行时，原型和模型泵必需汽蚀余量之比等于叶轮进口几何尺寸的平方比和转速的平方比的乘积。

对同一台泵而言，因 $D_{1p}=D_{1m}$，则由式（4-19）得

$$\frac{NPSH_{rp}}{NPSH'_{rp}}=\left(\frac{n}{n'}\right)^2 \tag{4-20}$$

式（4-20）指出，对同一台泵来说，当转速变化时，汽蚀余量随转速的平方成正比关系变化，即当泵的转速提高后，必需汽蚀余量成平方增加，泵的抗汽蚀性能大为恶化。

当两台泵虽入口几何尺寸和转速不等，但如相差不大时，也可用式（4-19）和式（4-20)计算，其结果与实际情况也可近似一致。经验表明，当转速的变化范围不超过 20%时，换算结果误差较小。

**二、汽蚀比转速**

由流量相似定律和汽蚀相似定律得

$$\frac{q_{Vp}}{q_{Vm}}=\frac{n_p}{n_m}\left(\frac{D_{1p}}{D_{1m}}\right)^3$$

$$\frac{NPSH_{rp}}{NPSH_{rm}}=\left(\frac{D_{1p}n_p}{D_{1m}n_m}\right)^2$$

将以上两式等号两端分别立方和平方得

$$\left(\frac{NPSH_{rp}}{NPSH_{rm}}\right)^3=\left(\frac{n_p}{n_m}\right)^6\left(\frac{D_{1p}}{D_{1m}}\right)^6 \tag{4-21}$$

$$\left(\frac{q_{Vp}}{q_{Vm}}\right)^2=\left(\frac{n_p}{n_m}\right)^2\left(\frac{D_{1p}}{D_{1m}}\right)^6 \tag{4-22}$$

将式（4-22）去除式（4-21）得

$$\left(\frac{NPSH_{rp}}{NPSH_{rm}}\right)^3=\left(\frac{n_p}{n_m}\right)^4\left(\frac{q_{Vp}}{q_{Vm}}\right)^2$$

上式移项后得

$$\frac{n_p^4 q_{Vp}^2}{NPSH_{rp}^3}=\frac{n_m^4 q_{Vm}^2}{NPSH_{rm}^3} \tag{4-23}$$

将式（4-23）两端开四次方，得

$$\frac{n_p\sqrt{q_{Vp}}}{NPSH_{rp}^{3/4}}=\frac{n_m\sqrt{q_{Vm}}}{NPSH_{rm}^{3/4}}=\frac{n\sqrt{q_V}}{NPSH_r^{3/4}}=\text{常数}$$

式中常数用符号 $s$ 表示，称为吸入比转速，国外使用较为普遍，即

$$s=\frac{n\sqrt{q_V}}{NPSH_r^{3/4}} \tag{4-24}$$

我国习惯上采用汽蚀比转速 $c$，其定义为

$$c=\frac{5.62n\sqrt{q_V}}{NPSH_r^{3/4}} \tag{4-25}$$

式（4-25）中常数 5.62 是为了放大 $c$ 值，在式（4-23）的等号两边各乘以 $10^{3/4}$ 所得的值。NPSH$_r$ 为必需汽蚀余量，m；$q_V$ 为流量，$m^3/s$；$n$ 为转速，r/min。

式（4-25）指出，必需汽蚀余量 NPSH$_r$ 小，汽蚀比转速 $c$ 值大，表示泵的汽蚀性能好。反之，则差。因此，汽蚀比转速的大小，可以反映泵抗汽蚀性能的好坏。但必须指出，为了提高 $c$ 值往往使泵的效率有所下降，目前汽蚀比转速的大致范围如下。

主要考虑效率的泵：$c=600\sim800$；

兼顾汽蚀和效率的泵：$c=800\sim1200$；

对汽蚀性能要求高的泵：$c=1200\sim1600$。

对一些特殊要求的泵，如电厂的凝结水泵、给水泵、火箭用的燃料泵等，$c$ 值可达 $1600\sim3000$。

式（4-24）和式（4-25）是有因次的汽蚀比转速。国际上一般使用无因次汽蚀比转速 $K_s$，即

$$K_s=\frac{2\pi}{60}\times\frac{n\sqrt{q_V}}{(g\mathrm{NPSH_r})^{3/4}} \tag{4-26}$$

$c$ 与 $K_s$ 的关系为

$$c=298K_s$$

### 三、汽蚀比转速公式的说明

（1）汽蚀比转速和比转速一样，是用最高效率点的 $n$、$q_V$、NPSH$_r$ 值计算的。因此，一般都是指最高效率点的汽蚀比转速。

（2）凡入口几何相似的泵，在相似工况下运行时，汽蚀比转速必然相等。因此，可作为汽蚀相似准则数。与比转速 $n_s$ 不同的是，只要求进口部分几何形状和流动相似。即使出口部分不相似，在相似工况下运行时，其汽蚀比转速仍相等。

（3）汽蚀比转速公式中流量是以单吸为标准，对双吸叶轮流量应以 $q_V/2$ 代入。

（4）汽蚀比转速 $c$、吸入比转速 $s$ 和无因次汽蚀比转速 $K_s$ 三者的性质无差别，物理意义相同。对于有因次汽蚀比转速 $c$，由于各国使用单位不同需进行换算，换算关系见附录。

### 四、托马（Thoma）汽蚀系数 $\sigma$

除上述的汽蚀比转速外，在国外也常采用托马汽蚀系数 $\sigma$ 作为汽蚀相似特征数。

由汽蚀相似定律

$$\frac{\mathrm{NPSH_{rp}}}{\mathrm{NPSH_{rm}}}=\left(\frac{D_{1p}n_p}{D_{1m}n_m}\right)^2$$

可知，在相似工况下

$$\frac{\mathrm{NPSH_{rp}}}{\mathrm{NPSH_{rm}}}=\left(\frac{D_{1p}n_p}{D_{1m}n_m}\right)^2=\left(\frac{u_p}{u_m}\right)^2=\frac{H_p}{H_m}=常数$$

则

$$\frac{\mathrm{NPSH_{rp}}}{H_p}=\frac{\mathrm{NPSH_{rm}}}{H_m}=常数$$

令上式中的常数为 $\sigma$，并称为托马汽蚀系数。即

$$\sigma=\frac{\mathrm{NPSH_r}}{H} \tag{4-27}$$

式中 $\sigma$——托马汽蚀系数；

NPSH$_r$——最高效率点的必需汽蚀余量，m；

$H$——最高效率点泵的单级扬程，m。

托马汽蚀系数 $\sigma$ 与汽蚀比转速 $c$ 具有相同的性质，也是一个作为比较的相似准则数，但与 $c$ 不同的是，$\sigma$ 的计算式中引入了扬程。另外 $\sigma$ 越小表明泵抗汽蚀性能越好，反之越差。由于 $\sigma$ 和比转速 $n_s$ 都由相似理论推导而得，因此，它们之间存在一定关系，即 $\sigma$ 是 $n_s$ 的函数。托马汽蚀系数 $\sigma$ 和比转速 $n_s$ 的关系曲线如图 4-14 所示。根据 $n_s$ 及单吸或双吸叶轮，查找 $\sigma$。图中曲线亦可用下式计算，即

$$\sigma = 78.8 \times 10^{-6} n_s^{4/3} \quad （单吸）$$

$$\sigma = 50 \times 10^{-6} n_s^{4/3} \quad （双吸）$$

我国一般用下式计算，即

$$\sigma = 215 \times 10^{-6} n_s^{4/3} \quad （单吸）$$

$$\sigma = 136 \times 10^{-6} n_s^{4/3} \quad （双吸）$$

$\sigma$ 与 $n_s$、$c$ 的关系为

$$c = 1.54 \frac{n_s}{\sigma^{3/4}} \quad (4-28)$$

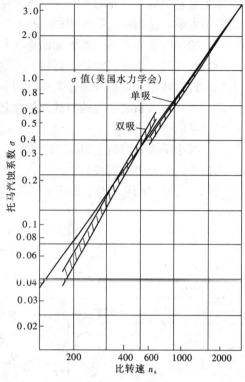

图 4-14 托马汽蚀系数 $\sigma$ 与比转速 $n_s$ 的关系

由式（4-27）可知，托马汽蚀系数 $\sigma$ 与扬程 $H$ 相联系，而扬程主要取决于叶轮出口的几何参数，而汽蚀性能主要取决于进口几何参数，与出口无关。但托马汽蚀系数 $\sigma$ 与出口几何参数联系起来，这是托马汽蚀系数的主要缺点。但因为托马汽蚀系数计算式比较简单，而且在长期使用中积累了许多资料和经验，所以国外仍有沿用。

## 第五节　提高泵抗汽蚀性能的措施

综上所述，泵是否发生汽蚀，是由泵本身的汽蚀性能和吸入系统的装置条件来确定的。因此，提高泵本身的抗汽蚀性能，尽可能减小必需汽蚀余量 $NPSH_r$，以及合理的确定吸入系统装置，以提高有效汽蚀余量 $NPSH_a$，一般采用以下的措施。

**一、提高泵本身的抗汽蚀性能**

（1）降低叶轮入口部分流速。由汽蚀基本方程式

$$NPSH_r = \lambda_1 \frac{v_0^2}{2g} + \lambda_2 \frac{w_0^2}{2g}$$

可知，在压降系数不变时，减小 $v_0$ 和 $w_0$ 可使 $NPSH_r$ 减小，而 $v_0$、$w_0$ 均与入口几何尺寸有关。因此，改进入口几何尺寸，可以提高泵的抗汽蚀性能，一般采用两种方法：①适当增大叶轮入口直径 $D_0$；②增大叶片入口边宽度 $b_1$。也有同时采用既增大 $D_0$ 又增大 $b_1$ 的方法。这些结构参数的改变，均应有一定的限度，否则将影响泵效率。

（2）采用双吸式叶轮。此时单侧流量减小一半，从而使 $v_0$ 减小。如果汽蚀比转速 $c$、转数和流量相同时，采用双吸式叶轮，$NPSH_r$ 相当于单级叶轮的 0.63 倍，即双吸式叶轮的必

需汽蚀余量是单吸式叶轮的 63%，因而提高了泵的抗汽蚀性能。如国产 125MW 和 300MW 机组的给水泵，首级叶轮都采用的双吸式叶轮。

（3）增加叶片前盖板转弯处的曲率半径。这样做可以减小局部阻力损失。

（4）叶片进口边适当加长。即将叶片进口边向吸入方向延伸，并做成扭曲形。

（5）首级叶轮采用抗汽蚀性能好的材料。如采用含镍铬的不锈钢、铝青铜、磷青铜等。

**二、提高吸入系统装置的有效汽蚀余量 NPSH$_a$**

可以采取如下措施。

（1）减小吸入管路的流动损失。即可适当加大吸入管直径，尽量减少管路附件，如弯头、阀门等，并使吸入管长最短。

（2）合理确定两个高度。即几何安装高度及倒灌高度。

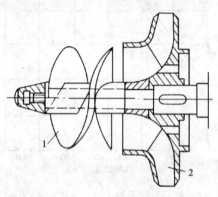

图 4 - 15　带有诱导轮的离心泵
1—诱导轮；2—离心叶轮

（3）采用诱导轮。诱导轮是与主叶轮同轴安装的一个类似轴流式的叶轮，其叶片是螺旋形的，叶片安装角小，一般取 $10°\sim12°$，叶片数较少，仅 $2\sim3$ 片，而且轮毂直径较小，因此流道宽而长，如图 4 - 15 所示。主叶轮前装诱导轮，使液体通过诱导轮升压后流入主叶轮（多级泵为首级叶轮），因而提高了主叶轮的有效汽蚀余量，改善了泵的汽蚀性能。装设诱导轮之后，$c$ 值可达 3000 以上。目前国内的凝结水泵一般都装有诱导轮。

（4）采用双重翼叶轮。双重翼叶轮由前置叶轮和后置离心叶轮组成，如图 4 - 16 所示，前置叶轮有 $2\sim3$ 个叶片，呈斜流形，与诱导轮相比，其主要优点是轴向尺寸小，结构简单，且不存在诱导轮与主叶轮配合不好，而导致效率下降的问题。所以，双重翼离心泵不会降低泵的性能，却使泵的抗汽蚀性能大为改善。

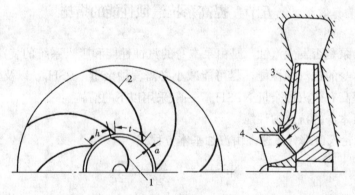

图 4 - 16　双重翼叶轮
1—前置叶片；2—主叶片；3—主叶轮；4—前置叶轮

（5）采用超汽蚀泵。近几年来，发展了一种超汽蚀泵。在主叶轮之前装一个类似轴流式的超汽蚀叶轮，如图 4 - 17 所示。其叶片采用了薄而尖的超汽蚀翼型，如图 4 - 18 所示，使其诱发一种固定型的汽泡，覆盖整个翼型叶片背面，并扩展到后部，与原来叶片的翼型和空穴组成了新的翼型。其优点是汽泡保护了叶片，避免汽蚀并在叶片后部溃灭，因而不损坏叶片。

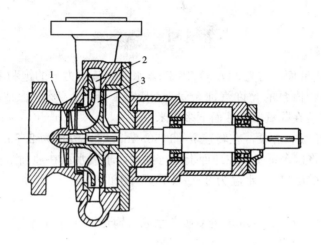

图 4 - 17　超汽蚀叶轮

1—超汽蚀叶轮；2—导叶；3—离心叶轮

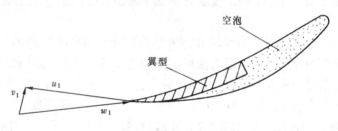

图 4 - 18　超汽蚀翼型

（6）设置前置泵。随着单机容量的提高，锅炉给水泵的水温和转速也随之增加，则要求泵入口有更大的有效汽蚀余量。为此，除氧器的倒灌高度随之增加。而除氧器装置高度过高，不仅造成安装上的许多困难，同时也不经济。所以，目前国内外对大容量的锅炉给水泵，广泛采用在给水泵前装置低速前置泵，使给水经前置泵升压后再进入给水泵，从而提高了泵的有效汽蚀余量，改善了给水泵的汽蚀性能；同时除氧器的安装高度也大为降低。这是防止给水泵产生汽蚀、简单而又可靠的一种方法。

### 思 考 题

1. 何谓汽蚀现象？它对泵的工作有何危害？
2. 为什么泵要求有一定的几何安装高度？在什么情况下出现倒灌高度？
3. 电厂的给水泵及凝结水泵为什么都安装在水容器的下面？
4. 何谓有效汽蚀余量和必需汽蚀余量？二者有何关系？
5. 产品样品中提供的允许汽蚀余量 $[NPSH]$ 是怎样得到的？
6. 为什么目前多采用汽蚀余量来表示泵的汽蚀性能，而较少用吸上真空高度来表示？
7. 提高转速后，对泵的汽蚀性能有何影响？

8. 为什么说汽蚀比转速也是一个相似特征数？使用无因次汽蚀比转速有何优点？

9. 提高泵的抗汽蚀性能可采用哪些措施？基于什么原理？

习　题

4-1　除氧器内液面压力为 $117.6 \times 10^3$ Pa，水温为该压力下的饱和温度 104℃，用一台六级离心式给水泵，该泵的允许汽蚀余量 [NPSH] ＝5m，吸水管路流动损失水头约为1.5m，求该水泵应装在除氧器内液面下多少米？

4-2　有一台单级离心泵，在转速 $n$＝1450r/min 时，流量为 2.6m³/min，该泵的汽蚀比转速 $c$＝700。现将这台泵安装在地面上进行抽水，求吸水面在地面下多少米时发生汽蚀。设：水面压力为 98066.5Pa，水温为 80℃（80℃时水的密度 $\rho$＝971.4kg/m³），吸水管内流动损失水头为 1m。

4-3　有一吸入口径为 600mm 的双吸单级泵，输送 20℃ 的清水时，$q_V$＝0.3m³/s，$n$＝970r/min，$H$＝47m，汽蚀比转速 $c$＝900。试求：

（1）在吸水池液面压力为大气压力时，泵的允许吸上真空高度 [$H_s$] 为多少？

（2）该泵如用于在海拔 1500m 的地方抽送 $t$＝40℃ 的清水，泵的允许吸上真空高度 [$H_s$] 又为多少？

4-4　在泵吸水的情况下，当泵的几何安装高度 $H_g$ 与吸入管路的阻力损失之和大于 $6 \times 10^4$ Pa 时，发现泵刚开始汽化。吸入液面的压力为 $101.3 \times 10^3$ Pa，水温为 20℃，试求水泵装置的有效汽蚀余量为多少？

4-5　有一离心式水泵：$q_V$＝4000L/s，$n$＝495r/min，倒灌高度为 2m，吸入管路阻力损失为 6000Pa，吸水液面压力为 $101.3 \times 10^3$ Pa，水温为 35℃，试求水泵的汽蚀比转速 $c$。

4-6　有一台吸入口径为 600mm 的双吸单级泵，输送常温水，其工作参数为：$q_V$＝880L/s，允许吸上真空高度为 3.2m，吸水管路阻力损失为 0.4m，试问该泵装在离吸水池液面高 2.8m 处，是否能正常工作。

4-7　有一台疏水泵，疏水器液面压力等于水的饱和蒸汽压力，已知该泵的 [NPSH] ＝0.7m，吸水管水力损失为 0.2m，问该泵可安装在疏水器液面下多少米？

# 第五章 泵与风机的运行

## 第一节 管路特性曲线及工作点

泵与风机的性能曲线，只能说明泵与风机本身的性能。但泵与风机在管路中工作时，不仅取决于其本身的性能，还取决于管路系统的性能，即管路特性曲线。由这两条曲线的交点来决定泵与风机在管路系统中的运行工况。

### 一、管路特性曲线

现以水泵装置为例，如图 5-1 所示，泵从吸入容器水面 $A$-$A$ 处抽水，经泵输送至压力容器 $B$-$B$，其中需经过吸水管路和压水管路。下面讨论管路特性曲线。管路特性曲线，就是管路中通过的流量与所需要的能量之间的关系曲线。为了确定受单位重力作用的流体从吸入容器输送至输出容器所需要的扬程，现列出断面 $A$-$A$ 与 1-1 的伯努利方程为

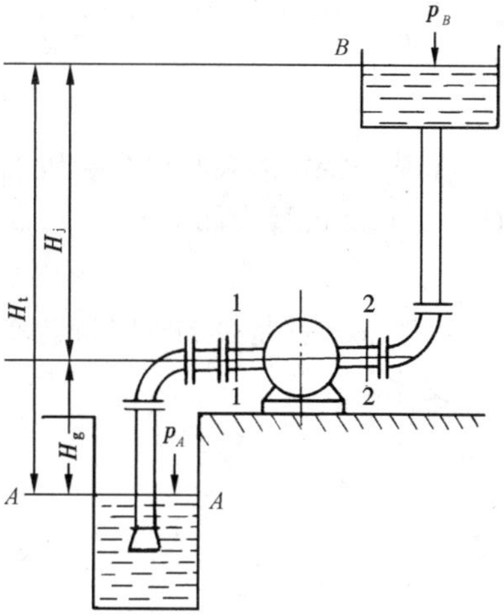

$$\frac{p_A}{\rho g} = \frac{p_1}{\rho g} + \frac{v_1^2}{2g} + H_g + h_{wg}$$

即

$$\frac{p_1}{\rho g} + \frac{v_1^2}{2g} = \frac{p_A}{\rho g} - H_g - h_{wg} \tag{5-1}$$

对于截面 2-2 及 $B$-$B$ 则有

$$\frac{p_2}{\rho g} + \frac{v_2^2}{2g} = \frac{p_B}{\rho g} + H_j + h_{wj} \tag{5-2}$$

图 5-1 管路系统装置

以上两式中 $\dfrac{p_A}{\rho g}$，$\dfrac{p_B}{\rho g}$ ——泵吸入容器及输出容器液面的静扬程，m；

$\dfrac{p_1}{\rho g}$，$\dfrac{p_2}{\rho g}$ ——泵进口和出口处的静扬程，m；

$H_g$ ——几何安装高度，m；

$H_j$ ——静压出流高度，m；

$v_1$，$v_2$ ——泵进口和出口处的平均速度，m/s；

$h_{wg}$，$h_{wj}$ ——吸水管和排水管中的流动损失，m；

$\rho$ ——流体密度，kg/m³；

$g$ ——重力加速度，m/s²。

由式（5-2）减去式（5-1），得

$$\frac{p_2 - p_1}{\rho g} + \frac{v_2^2 - v_1^2}{2g} = \frac{p_B - p_A}{\rho g} + (H_g + H_j) + (h_{wg} + h_{wj}) \tag{5-3}$$

式（5-3）左端是泵在运行状态下所提供的总扬程，右端是管路系统为输送液体所需要的总扬程，称为装置扬程，以 $H_c$ 表示。因此

$$H_c = \frac{p_B - p_A}{\rho g} + (H_g + H_j) + (h_{wg} + h_{wj}) \tag{5-4a}$$

或

$$H_c = \frac{p_B - p_A}{\rho g} + H_t + h_w \tag{5-4b}$$

式中　$\dfrac{p_B - p_A}{\rho g}$——吸入容器与输出容器间的静压水头差，m；

　　　　$H_t$——液体被提升的总几何高度，$H_t = H_g + h_j$，m；

　　　　$h_w$——输送流体时在管路系统中的总扬程损失，$h_w = h_{wg} + h_{wj}$，m。

式（5-4b）指出，泵提供的能量用来克服系统中两容器液面的静压差及管路系统的阻力损失，并将液体提升 $H_t$ 几何高度。

$\dfrac{p_B - p_A}{\rho g}$ 和 $H_t$ 两项均与流量无关，称其和为静扬程，用符号 $H_{st}$ 表示。而管路系统中的能量损失 $h_w$ 与流量的平方成正比，故可写为

$$h_w = \left( \sum \lambda \frac{l}{d} + \sum \xi \right) \frac{v^2}{2g} = \left( \sum \lambda \frac{l}{d} + \sum \xi \right) \frac{q_V^2}{2gA^2} = \varphi q_V^2$$

对于某一特定的泵与风机装置而言，$\varphi$ 为常数，故 $h_w$ 与 $q_V$ 为二次抛物线关系。因此，式（5-4a）又可写为如下形式

$$H_c = H_{st} + \varphi q_V^2 \tag{5-5}$$

式（5-5）就是泵的管路特性曲线方程。可见，当流量发生变化时，装置扬程 $H_c$ 也随之发生变化。

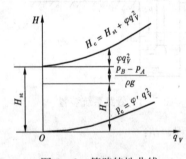

图 5-2　管路特性曲线

对于风机，因气体密度 $\rho$ 很小，$H_t$ 形成的气柱压力可以忽略不计，即 $H_t$ 为零，又因引风机是将烟气排入大气，故该风机的管路特性曲线方程可近似为

$$p_c = \varphi' q_V^2 \tag{5-6}$$

因此可以看出，管路特性曲线是一条二次抛物线，此抛物线起点应在纵坐标静扬程 $H_{st}$ 处；风机为一条过原点的二次抛物线，如图 5-2 所示。

## 二、工作点

将泵本身的性能曲线与管路特性曲线按同一比例绘在同一张图上，则这两条曲线相交于 $M$ 点，$M$ 点即泵在管路中的工作点（见图 5-3）。该点流量为 $q_{VM}$，总扬程为 $H_M$，这时泵产生的扬程等于装置扬程，所以泵在 $M$ 点工作时达到能量平衡，工作稳定。

如果水泵不在 $M$ 点工作，而在 $A$ 点工作，此时泵产生的扬程是 $H_A$。由图 5-3 可知，在 $q_{VA}$ 流量下通过管路装置所需要的扬程为 $H_A'$，而 $H_A > H_A'$，说明流体的能量有富裕，此富裕能量将促使流体加速，流量则由 $q_{VA}$ 增加到 $q_{VM}$，只能在 $M$ 点重新达到平衡。

同样，如果泵在 $B$ 点工作，则泵产生的能量是 $H_B$，在 $q_{VB}$ 流量下通过管路装置所需要的扬程为 $H_B'$，而 $H_B < H_B'$，由于泵产生的能量不足，致使流体减速，流量则由 $q_{VB}$ 减少

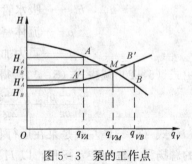

图 5-3　泵的工作点

至 $q_{VM}$，工作点必然移到 $M$ 点方能达到平衡。由此可以看出，只有 $M$ 点才是稳定工作点。

　　流体在管路中流动时，都是依靠静压来克服管路阻力的；尽管风机输送的是气体，并具有压缩性，导致流速变化较大，但克服阻力仍然靠静压。因此其工作点是由静压性能曲线与管路特性曲线的交点来决定的，如图 5-4 所示。

　　风机工作时，出口若直接排入大气，则动压全部损失掉了。若在出口管路上装设扩散器，则可将一部分风机出口动压转变为静压，此静压也可用来克服管路阻力，从而提高风机装置的经济性。

　　当泵或风机性能曲线与管路特性曲线无交点时，则说明这种泵或风机的性能过高或过低，不能适应整个装置的要求。

　　单台离心式风机一般应在最高效率点附近的稳定区域运行，如图 5-4 中的 $A$ 点。沿着同一管路特性曲线，当流量减小时，都能保证风机运行稳定，如 $B$、$C$、$D$ 点。不允许风机在可能导致气流脉动、机壳及进出口管道振动，甚至引起喘振的 $A_1$ 点左侧运行。

　　对于轴流式风机，每一给定的调节叶片（动叶或静叶）角度，均有一对应于产生失速的最小流量。风机全特性曲线存在一较大的失速（喘振）区，如图 5-5 所示。如果风机选择在 $A$ 点运行，则沿着不变的系统阻力曲线，流量的任何变化，风机都能稳定运行。

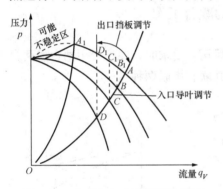

图 5-4　典型离心式风机性能曲线

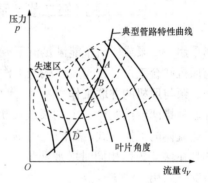

图 5-5　典型动叶调节轴流式
风机性能曲线

　　轴流式风机应有足够的失速裕度，失速裕度可用失速安全系数 $k$ 来表示，$k$ 由设计工况点和该开度下（动叶调节为动叶角度，静叶调节为调节导叶角度）的失速工况点（或最大压力点）的风量、风压按式（5-7）求出。在选型设计时，宜选取 $k > 1.3$。

$$k = \frac{p_k}{p}\left(\frac{q}{q_k}\right)^2 \tag{5-7}$$

式中　$p$，$q$——设计工况点的风压和风量；

　　　　$p_k$，$q_k$——失速工况点的风压和风量。

　　某些泵或风机具有驼峰形的性能曲线，如图 5-6 所示，$K$ 为性能曲线的最高点。若泵或风机在性能曲线的下降区段工作，如在 $M$ 点工作，则运行是稳定的。但若工作点处于泵或风机性能曲线的上升区段时，如 $A$ 点，则为不稳定工作点。稍有干扰（如电路中电压波动、频率变化造成转速变化、水位波动，以及设备振动等），$A$ 点就会移动。原因在于：当 $A$ 点向右移动时，泵或风机产生的能量大于管路装置所需的能量，从而流速加大，流量增加，工作点继续向右移动，直到 $M$ 点为止才稳定运转；当 $A$ 点向左移动时，泵或风机产生

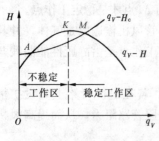

图 5 - 6 泵与风机的
不稳定工作区域

的能量小于管路装置所需要的能量，则流速减慢，流量降低，工作点继续向左移动，直到流量等于零为止。即稍有干扰，A 点就会向右或向左移动，再也不能回复到原来的位置 A 点，故 A 点称为不稳定工作点。

如果泵或风机的性能曲线没有上升区段，就不会出现不稳定的工作点，因此泵或风机应当设计成下降型的性能曲线。若泵或风机的性能曲线具有驼峰形，则工作范围要始终保持在性能曲线的下降区段，这样就可以避免不稳定的工况。

具有驼峰形的性能曲线，通常以最大总扬程或全风压，即驼峰的最高点 K 作为区分稳定与不稳定的临界点，K 点左侧称为不稳定工作区段，右侧称为稳定工作区段，在任何情况下，都应该使泵或风机保持在稳定区工作。

风机的不稳定工作不仅表现在风机的流量为零，而且可能出现负值（倒流），工作点交替地在第一象限和第二象限内变动。这种流量周期性地在很大范围内反复变化的现象，通常称为喘振（或称飞动）。关于喘振的问题，将在后面介绍。

## 第二节　泵与风机的联合工作

当采用一台泵或风机不能满足流量或扬程（全风压）要求时，往往要用两台或两台以上的泵与风机联合工作。泵与风机联合工作可以分为并联和串联两种。

### 一、泵与风机的并联工作

并联是指两台或两台以上的泵或风机向同一压力管路输送流体的工作方式，如图 5 - 7 所示。并联的主要目的是在保证扬程相同时增加流量，并联工作多在下列情况下采用。

（1）当扩建机组，相应需要的流量增大，而原有的泵与风机仍可以使用时；

（2）电厂中为了避免一台泵或风机的事故影响主机主炉停运时；

（3）由于外界负荷变化很大，流量变化幅度相应很大，为了发挥泵与风机的经济性能，使其能在高效率范围内工作，往往采用两台或数台并联工作，以增减运行台数来适应外界负荷变化的要求时。

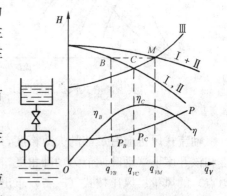

图 5 - 7　相同性能泵并联工作

热力发电厂的给水泵、循环水泵、送风机、引风机等常采用多台并联工作。并联工作可分为两种情况，即相同性能的泵与风机并联和不同性能的泵与风机并联，现以水泵为例分别介绍如下。

（一）同性能（同型号）泵并联工作

图 5 - 7 为两台泵并联工作时的性能曲线。图中曲线 Ⅰ、Ⅱ 为两台相同性能泵的性能曲线，Ⅲ 为管路特性曲线，并联工作时的性能曲线为：Ⅰ＋Ⅱ。

并联的总性能曲线 Ⅰ＋Ⅱ 是将单独性能曲线的流量在扬程相等的条件下叠加起来而得到

的。再画出它们的输送管路特性曲线Ⅲ，从而得到与泵并联性能曲线的交点 $M$，即为并联时的工作点，此时流量为 $q_{VM}$，扬程为 $H_M$。

为了确定并联时单个泵的工况，由 $M$ 点作横坐标平行线与单泵（即Ⅰ或Ⅱ）的特性曲线交于 $B$ 点，即为每台泵在并联工作时的输出流量工况点。$B$ 点也就决定了并联时每台泵的工作参数，即流量为 $q_{VB}$，扬程为 $H_B$。并联工作的特点是：扬程彼此相等，总流量为每台泵输送流量之和，即 $q_{VM}=2q_{VB}$。并联前后每台泵的参数情况为：未并联时泵的单独运行时的工作点为 $C$（$q_{VC}$、$H_C$、$P_C$、$\eta_C$），而并联的每台泵的工作点为 $B$（$q_{VB}$、$H_B$、$P_B$、$\eta_B$），由图 5-7 可看出

$$q_{VB}<q_{VC}<q_{VM}<2q_{VC}$$

上式表明，两台泵并联后的流量等于各泵流量之和，显然与各泵单独工作时相比，两台泵并联后的总流量 $q_{VM}$ 小于各泵单独工作时流量的 2 倍，而大于一台泵单独工作时的流量 $q_{VC}$。并联后每台泵工作流量 $q_{VB}$ 较单独时的 $q_{VC}$ 较小，而并联后的扬程却比单泵工作时要高些。为什么并联后每台泵流量 $q_{VB}$ 小于未并联时每台泵单独工作的流量 $q_{VC}$，而扬程 $H_B$ 又大于扬程 $H_C$ 呢？这是因为输送的管道仍是原有的，直径也没有增大，而管路摩擦阻力损失随流量的增加而增大了，从而导致总阻力增大，这就需要每台泵都提高它的扬程来克服增加的阻力。故 $H_B$（$H_M$）大于 $H_C$，流量 $q_{VB}$ 相应小于 $q_{VC}$。

在选择电动机时应注意：如果两台泵长期并联工作，应按并联时各台泵的最大输出流量来选择电动机的功率，即每台泵的流量应按 $q_{VB}=\dfrac{1}{2}q_{VM}$ 来选择而不以 $q_{VC}$ 来选择，在并联工作时使其在最高效率点运行。但是，由于并联的台数有的是随扩建递增的，事先很难定出其多台并联工作下的分配流量，从而导致选择容量过大在扩建后并联运行效率降低。若考虑到在低负荷只用一台泵运行时，为使电动机不至于过载，电动机的功率就要按单独工作时输出流量 $q_{VC}$ 的需要功率来配套。

并联工作时，管路特性曲线越平坦，并联后的流量就越接近单独运行时的 2 倍，工作就越有利。如果管路特性曲线很陡，陡到一定程度时采取并联的方法是徒劳无益的，详见本节三。若泵的性能曲线越平坦，并联后的总流量 $q_{VM}$ 就越小于单独工作时流量 $q_{VC}$ 的 2 倍，因此，为达到并联后增加流量的目的，泵的性能曲线应当陡一些为好。从并联数量来看，台数愈多，并联后所能增加的流量越少，即每台泵输送的流量减少，故并联台数过多并不经济。

（二）不同性能泵并联工作

图 5-8 所示为两台不同性能泵并联工作时的性能曲线，图中曲线Ⅰ、Ⅱ为两台不同性能泵的性能曲线，Ⅲ为管路特性曲线，Ⅰ＋Ⅱ为并联工作时的总性能曲线。总性能曲线的画法同前。总性能曲线与管路特性曲线Ⅲ相交于 $M$ 点，该点即为泵并联的工作点，其流量为 $q_{VM}$，扬程为 $H_M$。

确定并联时单台泵的运行工况，可由 $M$ 点作横坐标的平行线分别交两台泵的性能曲线于 $A$、$B$ 两点，其对应的流量为 $q_{VA}$、$q_{VB}$，扬程为 $H_A$、$H_B$。这时并联工作

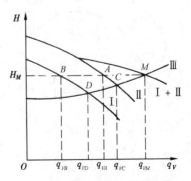

图 5-8 不同性能泵并联工作

的特点是：扬程彼此相等，即 $H_M=H_A=H_B$，总流量仍为每台泵输送流量之和，即 $q_{VM}=q_{VA}+q_{VB}$。

并联前每台泵各自的单独工作点为 $C$、$D$ 两点，流量为 $q_{VC}$、$q_{VD}$，扬程为 $H_C$、$H_D$，由图 5-8 可看出：

$$q_{VM}<q_{VC}+q_{VD}$$
$$H_M>H_C,\qquad H_M>H_D$$

上式表明，两台不同性能的泵并联时的总流量 $q_{VM}$ 等于并联后各泵输出流量之和，即 $q_{VA}+q_{VB}$，而总流量 $q_{VM}$ 小于并联前各泵单独工作的流量 $q_{VC}+q_{VD}$ 之和，其减少的程度随台数的增多和管路特性曲线越陡而增大，也就是说并联后的总输出流量减少得愈多。

电动机容量的选择与同性能泵与风机并联时的选择原则相同。

由图 5-8 可知，当两台不同性能的泵并联时，扬程较低的泵（Ⅰ泵）输出流量 $q_{VB}$ 减少得较多，所以并联效果并不好。若并联工作点 $M$ 移至 $C$ 点以左，即总流量 $q_{VM}$ 小于 $q_{VC}$ 时，应停用扬程较低的（Ⅰ）泵。不同性能泵的并联操作复杂，实际上很少采用。

**二、泵与风机的串联工作**

串联是指前一台泵或风机的出口向另一台泵或风机的入口输送流体的工作方式，泵或风机串联工作的方式常用于下列情况。

（1）设计制造一台新的高压泵或风机比较困难，而现有的泵或风机的容量已足够，只是扬程不够时。

（2）在改建或扩建后的管路阻力加大，要求提高扬程或风压以输出较多流量时。

串联也可分为两种情况，即相同性能的泵与风机串联和不同性能的泵与风机串联，现以水泵为例，分别介绍如下。

（一）相同性能泵串联工作

如图 5-9 所示，曲线Ⅰ、Ⅱ为两台泵的性能曲线，Ⅲ为管路特性曲线，Ⅰ+Ⅱ为两台泵串联工作时的总性能曲线。

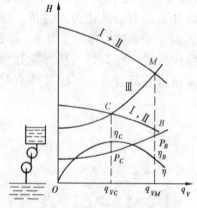

串联总性能曲线是将单独泵的性能曲线的扬程在流量相同的情况下把各自的扬程叠加起来而得到的。它与共同管路特性曲线Ⅲ相交于 $M$ 点，该点即为串联工作时的工作点，此时流量为 $q_{VM}$，扬程为 $H_M$。

过 $M$ 点作横坐标轴的垂线与未串联工作时单独泵的性能曲线交于 $B$ 点，即为每台泵串联工作后各自的工作点，此时流量为 $q_{VB}$，扬程为 $H_B$。串联工作的特点是流量彼此相等，总扬程为每台泵扬程之和，即 $H_M=2H_B$。

图 5-9　相同性能泵串联工作

串联前后每台泵参数的比较：串联前每台泵的单独工作点为 $C$（$q_{VC}$、$H_C$、$P_C$、$\eta_C$），串联后泵的工作点为 $B$（$q_{VB}$、$H_B$、$P_B$、$\eta_B$），由图 5-9 可以看出

$$q_{VM}=q_{VB}>q_{VC}$$
$$H_C<H_M<2H_C$$

上式表明，两台泵串联工作时所产生的总扬程 $H_M$ 小于泵单独工作时扬程 $H_C$ 的 2 倍，而大于串联前单独运行的扬程 $H_C$，且串联后的流量也比单台泵工作时有所增大。造成该现

象的原因在于：泵串联后总扬程的增加大于管路阻力的增加，富裕的扬程促使流量增加；同时，流量的增加又使阻力增大，限制了总扬程的升高。

当两泵串联时，必须注意的是，后一台泵能否承受扬程升高引起的强度问题，故在选型时就要加以校验。在启动时，还要注意，将两台串联泵的出水阀都关闭，待启动第一台泵后，才开该泵的出水阀，然后启动第二台泵，并打开第二台泵的出水阀向外供水。

风机串联的特性与泵相同，但几台风机串联运行的情况并不常见，在操作上可靠性也很差，故不推荐采用。

### （二）两台不同性能泵串联工作

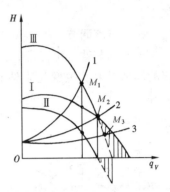

如图 5 - 10 所示，Ⅰ，Ⅱ分别为两台不同性能泵的性能曲线，Ⅲ为串联运行时的总性能曲线。串联后泵的总性能曲线画法是，在流量相同的情况下将两台泵的扬程叠加起来。串联后的运行工况按串联后泵的总性能曲线与管路特性曲线的交点来决定。

图 5 - 10 中表示三种不同陡度的管路特性曲线 1、2、3。当串联泵在第一种管路中工作时，工作点为 $M_1$，串联运行时总扬程和流量都是增加的。当在第二种管路中工作时，工作点为 $M_2$，这时流量和扬程与只用一台泵（Ⅰ）单独工作时的情况一样，此时第二台泵不起作用，在串联中只消耗功率。

图 5 - 10 不同性能泵串联工作

当在第三种管路中工作时，工作点为 $M_3$，这时的扬程和流量反而小于只有Ⅰ泵单独工作时的扬程和流量，这是因为第二台泵相当于装置的节流器，增加了阻力，减少了输出流量。因此，$M_2$ 点可以作为极限状态，工作点只有在 $M_2$ 点左侧时两台泵串联工作才是有意义的。

### 三、相同性能泵联合工作方式的选择

如果用两台性能相同的泵运行来增加流量时，采用两台泵并联或串联方式都可满足此目的。但是，究竟哪种方式有利，这要取决于管路特性曲线形状的陡平程度。图 5 - 11 中，Ⅰ是两台泵单独运行时的性能曲线，Ⅱ是两台泵并联运行时的性能曲线，Ⅲ是两台泵串联运行时的性能曲线。

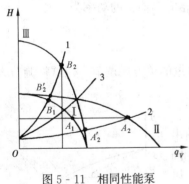

图 5 - 11 相同性能泵
并联或串联工作

图 5 - 11 给出了三种不同陡度的管路特性曲线 1、2 和 3。其中管路特性曲线 3 是这两种运行方式优劣的界线。管路特性曲线 2 与并联时的性能曲线Ⅱ相交于 $A_2$，与串联时的性能曲线Ⅲ相交于 $A_2'$，由此看出，并联运行工作点 $A_2$ 的流量大于串联运行工作点 $A_2'$ 的流量，即 $q_{VA2} > q_{VA'2}$；另一种情况，管路特性曲线Ⅰ与串联时的性能曲线Ⅲ相交于 $B_2$，与并联时的性能曲线Ⅱ相交于 $B_2'$，此时串联运行工作点 $B_2$ 的流量大于并联运行工作点 $B_2'$ 的流量，即 $q_{VB2} > q_{VB'2}$。所以，管路系统装置中，若要增加泵的台数来增加流量时，究竟采用并联还是串联可取决于管路特性曲线形状的陡平程度。如图 5 - 11 所示，当管路特性曲线平坦时，采用并联方式增大的流量大于串联增大的流量，由此可见，在并联后管路阻力并不增大很多的情况下，一般宜采用并联方式来增大输出流量。

## 第三节 运行工况的调节

泵与风机运行时，由于外界负荷的变化而要求改变其工况，用人为的方法改变工作点的位置称为调节。调节的方法主要有以下三种：一是改变泵与风机本身的性能曲线；二是改变管路特性曲线；三是两条曲线同时改变。从具体措施上来看，则有变速调节、动叶调节、汽蚀调节、节流调节、入口导流器调节、变频调节和改变动叶安装角调节等，现分别介绍如下。

### 一、节流调节

节流调节就是在管路中装设节流部件（各种阀门，挡板等），利用改变阀门开度，使管路的局部阻力发生变化来达到调节的目的，节流调节又可分为出口端节流和吸入端节流两种。

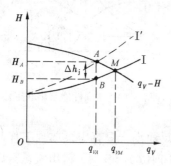

图 5 - 12 出口端节流

（一）出口端节流

将节流部件装在泵或风机出口管路上的调节方法称为出口端节流调节，如图 5 - 12 所示。阀门全开时工作点为 $M$，当流量减少时，出口阀门关小，损失增加，管路特性曲线由 Ⅰ 变为 Ⅰ′，工作点移到 $A$ 点。若流量再减小，出口阀门关得更小，损失增加就更大，管路特性曲线更趋向陡峭。

工作点为 $M$ 时，流量为 $q_{VM}$，能量头为 $H_M$。减小流量后工作点为 $A$ 时，流量为 $q_{VA}$，能量头为 $H_A$。由图 5 - 12 可以看出，减小流量后附加的节流损失为 $\Delta h_j = H_A - H_B$，相应多消耗的功率为

$$\Delta P = \frac{\rho g q_{VA} \Delta h_j}{1000 \eta_A} \qquad \text{kW} \tag{5 - 8}$$

很明显，这种调节方式不经济，而且只能向小于设计流量的单方向调节。但这种调节方法可靠、简单易行，故仍广泛应用于中小型离心泵上。

（二）入口端节流

改变安装在进口管路上的阀门（挡板）的开度来改变输出流量，称为入口端节流调节。它不仅改变管路的特性曲线，同时也改变了泵与风机本身的性能曲线。因为流体在进入泵与风机前，流体压力已下降或产生预旋，使性能曲线相应发生变化。

如图 5 - 13 所示，原有工作点为 $M$，流量为 $q_{VM}$，当关小进口阀门时，泵与风机的性能曲线由 Ⅰ 移到 Ⅱ，管路特性曲线由 1 移到 2，这时的工作点即是泵与风机性能曲线 Ⅱ 与管路特性曲线 2 的交点 $B$，此时流量为 $q_{VB}$，附加阻力损失为 $\Delta h_1$；如果在满足同一流量 $q_{VB}$ 下，将入口端调节改为出口调节、调节管路特性曲线 3 与性能曲线 1 相交的工作点为 $C$，则附加阻力损失为 $\Delta h_2$。由图看出，$\Delta h_1 < \Delta h_2$。虽然入口端节流损失小于出口端节流损失，但由于入口节流调节会使进口压力降低，对于泵来说有引起汽蚀的危

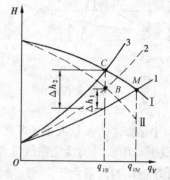

图 5 - 13 入口端节流

险，不宜采用。因而入口端调节仅在风机上使用。

## 二、入口导流器调节

离心式风机通常采用入口导流器调节。常用的导流器有轴向导流器、简易导流器及径向导流器，如图 5-14 所示。其调节原理见图 5-15，表示叶轮入口处气流发生预旋时的速度三角形。

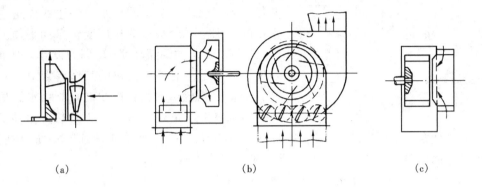

图 5-14 导流器型式

(a) 轴向导流器；(b) 简易导流器；(c) 径向导流器

由图 5-15 看出，若改变绝对速度 $v_1$ 的方向，即改变了 $v_1$ 与圆周速度 $u_1$ 的夹角 $\alpha_1$，则 $v_{1u}$ 及 $v_{1m}$ 同时会发生变化，$v_{1m}$ 的改变则必然使流量发生变化；而 $v_{1u}$ 的变化，将使理论全压 $p$ 发生变化，其能量方程式为

$$p = \rho\,(u_2 v_{2u} - u_1 v_{1u}) \qquad (5-9)$$

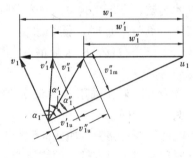

图 5-15 导流器调节原理

当导流器全开时，气流无旋流地进入叶道，此时 $v_{1u}=0$，转动导流器叶片，产生预旋，$v_{1u}$ 加大，且与 $u_1$ 为同方向，故使全压 $p$ 降低了。也就是使图 5-16 中的性能曲线向下移，从而使运行工况点往小流量区移动，流量减小。当入口导流器叶片的安装角由零改变为 $15°$ 及 $30°$ 时，流量由 $q_{V1}$ 变到 $q_{V2}$ 及 $q_{V3}$，风压由 $p_1$ 变到 $p_2$ 及 $p_3$，功率由 $P_1$ 变为 $P_2$ 及 $P_3$。把不同导流器叶片安装角下的各轴功率值用曲线连接起来，即得到入口导流器调节时的轴功率—流量曲线 $P\text{-}q_V$，而 $P\text{-}q_V$ 与 $0°$ 时按出口节流调节的 $P_0\text{-}q_V$ 曲线所围面积（图中用纵剖面线表示），即为与出口节流调节相比较导流器节流所节省的功率。

对 4-13.2（4-73）型锅炉送引风机，经分析计算得出，当流量调节范围在最大流量的 $60\% \sim 90\%$ 时，轴向导流器可比出口端节流调节节约功率 $15\% \sim 24\%$，简易导流器可节约功率 $8\% \sim 13\%$。

## 三、汽蚀调节

泵的运行通常不希望产生汽蚀，但凝结水泵却可利用泵的汽蚀特性来调节流量，实践证

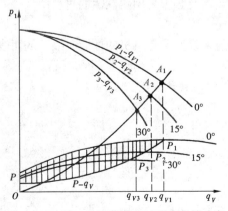

图 5-16 进口导流器调节时所节省的功率

明，采用汽蚀调节对泵的通流部件损坏并不十分严重，而可使泵自动调节流量，减少运行人员，降低水泵耗电 30%～40%，故在中小型发电厂的凝结水泵上已被广泛采用。大型电厂凝结水泵的安全性非常重要，一般不采用汽蚀调节方式。

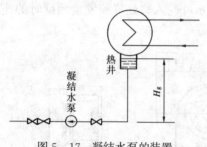

图 5 - 17　凝结水泵的装置

凝结水泵的汽蚀调节，就是把泵的出口调节阀全开，当汽轮机负荷变化时，借凝汽器热井水位的变化引起汽蚀来调节泵的出水量，达到汽轮机凝结水量的变化与泵出水量的相应变化自动平衡。如图 5 - 17 所示，泵的倒灌高度 $H_g$ 即为设计工况下泵不发生汽蚀的最小高度，这时的工作点为图 5 - 18 中的 $A$ 点。当汽轮机的负荷减少时，凝结水量相应减少，但水泵出水量还未减少，于是热井水位 $H_g$ 就要降低，这使泵入口压力减小，当其等于汽化压力时，水泵便产生汽蚀，$q_V$-$H$ 性能曲线骤然下降，而管路特性曲线没变化，于是泵的工作点移至 $A_1$，泵的出水量减少为 $q_{VA1}$。如汽轮机负荷继续减少，则凝结水量继续减少，热井水位继续下降，汽蚀程度加重，泵的工作点移至 $A_2$，出水量继续减少为 $q_{VA2}$，以此类推，还会出现 $q_{VA3}$…如图 5 - 18 所示。反之，当汽轮机负荷增加时，凝结水量增加，则倒灌高度增大，泵的工作点右移，出水量增加。以上就是泵的汽蚀调节原理。

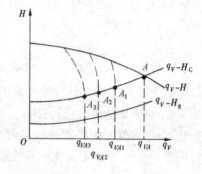

图 5 - 18　汽蚀调节

为了使泵在采用汽蚀调节时汽蚀情况不致太严重，确保泵运行的安全性和稳定性，要求凝结水泵的 $q_V$-$H$ 性能曲线与管路特性曲线的配合要适当，即要求管路特性曲线与泵的性能曲线都较为平坦，以便负荷变化时有较大的流量变化范围。

如汽轮机负荷经常变化，特别是长期在低负荷下运行时，采用汽蚀调节会使泵的使用寿命大大降低，此时可考虑开启凝结水泵的再循环阀门，让部分凝结水返回凝汽器热井，提高水泵的倒灌高度，以降低汽蚀的影响程度。在实际工作中，必须比较采用汽蚀调节的经济效益，以及由于汽蚀所增加的检修工作量以及相关问题的实际收益。

汽蚀调节的水泵，因其叶轮容易因汽蚀而损坏，因此必须采用耐汽蚀的材料。

### 四、变速调节

变速调节是在管路特性曲线不变时，用改变转速来改变泵与风机的性能曲线，从而改变它们的工作点，如图 5 - 19 所示。

由比例定律可知，流量 $q_V$、扬程 $H$（$p$）、功率 $P$ 与转速 $n$ 的关系为

$$\frac{q_{V1}}{q_{V2}}=\frac{n_1}{n_2} \tag{5-10}$$

$$\frac{H_1}{H_2}=\left(\frac{n_1}{n_2}\right)^2 \tag{5-11a}$$

或

$$\frac{p_1}{p_2}=\left(\frac{n_1}{n_2}\right)^2 \tag{5-11b}$$

$$\frac{P_1}{P_2}=\left(\frac{n_1}{n_2}\right)^3 \qquad (5-12)$$

变转速后的各种性能可通过以上比例定律求出。

变速调节的主要优点是转速改变时,效率保持不变,其经济性比上述几种方法高。目前,高参数、大容量电厂中,泵与风机多采用变速调节。

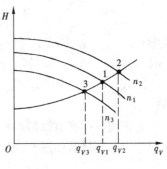

图 5 - 19  变速调节

变速调节的方式有以下几种。

(1)汽轮机驱动。通过改变汽轮机的进汽量来进行无级调速。这种调速方法经济性高,可以提高机组的热效率。因此,目前国内外 300MW 以上机组的给水泵已普遍采用汽轮机驱动,国外大机组的引、送风机也趋向于采用汽轮机驱动,该方法在电厂大型泵与风机上,已经替代液力耦合器,成为主流的调速方法。

(2)定速电动机加液力耦合器驱动。其主要的优点是:可进行无级调速,工作平稳,且耦合器本身效率高,但系统较复杂,造价较高。在大型泵与风机中有广泛的应用,关于液力耦合器将在第八章详细介绍。

(3)双速电动机驱动。双速电动机只有低速和高速,因此需与进口导流器配合使用,主要用于离心式风机的调速。

(4)直流电动机驱动。直流电动机变速简单,但造价高,且需要直流电源。所以,一般情况下很少使用。

(5)交流变速电动机驱动。随着大功率开关元件成本的降低,特别是以变频器为代表的变速调节方式成本也降低,这使近年来中小型电机使用变频调节的方式得到广泛使用。在通常的条件下,使用变频调节的方式,可以节约能源 30%~60%,成为中小型泵与风机节能改造的重点。随着高压超大功率变频器的开发和成本的降低,有向大型泵与风机发展的趋势。关于变频调节将在下面详细介绍。

**五、变频调节**

20 世纪 70 年代后,大规模集成电路和计算机控制技术的发展,以及现代控制理论的应用,使得交流电力拖动系统逐步具备了较宽的调速范围,较高的稳速、稳速精度,比较快的动态响应以及在四象限作可逆运行等良好的技术性能,在调速性能方面可以与直流电力拖动相媲美。在交流调速技术中,变频调速具有绝对优势,并且它的调速性能与可靠性不断完善,价格不断降低,特别是变频调速节能效果明显,且易于实现过程自动化,因而深受中小电动机调节的青睐。

异步电动机定子三相对称绕组之间相隔120°,当通以三相对称电流后,便产生了旋转磁场。其旋转磁场的转速(亦称同步转速)为

$$n_1=\frac{60f_1}{p} \quad \text{r/min} \qquad (5-13)$$

式中  $f_1$——定子绕组电源频率;

  $p$——磁极对数。

异步电动机转差率为

$$s=\frac{n_1-n}{n_1} \qquad (5-14)$$

$$n = n_1 (1-s) = \frac{60 f_1}{p} (1-s) \tag{5-15}$$

式中  $s$——转差率；

$n$，$n_1$——异步电动机转子转速，r/min。

由式（5-15）可知，当 $s$ 变化不大时，$n \propto f_1$。改变电源频率 $f_1$ 则能调节异步电动机的转速。

变频调速器有电源输入和输出回路，使用时可将变频调速器直接串接在电动机电源的输入回路中，其接法如图 5-20 所示。

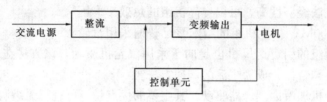

图 5-20  变频调速的逻辑接线

电源输入回路将输入的电源信号整流为直流信号；电源输出回路根据控制单元发出的指令将整流后的直流电源信号调制成某种频率的交流电源信号，输出给电动机。输出频率可在 0～50Hz 之间变化。电源频率降低，电源电压也随之降低，使得电动机的瞬时功率下降，从而减少了电消耗。控制单元以 CPU 为核心，对有关运行数据进行检测、比较和运算，发出具体的指令，控制电源输出回路调整输出回路电源频率。并且可以通信接入上级调节器。

在传统的自动控制系统中引入变频调速器，改变了原来的控制模式，使运行更加平稳、可靠，并能提高系统的控制精度。

以常见的锅炉燃烧时的炉膛负压自动控制系统为例。大型锅炉运行时，炉膛内的负压基本是一个常数，负压过高或者过低都会给锅炉的正常运行带来不良的影响；当给煤量或煤质发生变化时，常常需要先进行送引风机联调，然后微调引风量，使锅炉炉膛负压处于最佳的运行状态。

炉膛负压控制系统的作用就是随时根据炉膛负压检测的信号，与给定值进行比较，并发出调节信号，控制执行单元则根据调节信号调整引风量。在节流控制时，引风机照常以额定的转速运行；而应用变频调速器后，则控制系统发生了变化，整个过程如图 5-21 所示。

图 5-21  变频调速器的控制方法

与传统的控制系统相比，变频调速器取代了控制执行单元，其物理位置各不相同，控制方式也不相同。

变频调速器的功率不能适应大型火力发电厂主要泵与风机的需要，功率因数也不是非常高，所以在实际应用中，主要用作中小型泵与风机的调节。最近几年，由于高压变频器技术的发展，变频器的最大容量已经能达到20MW，因而建议额定功率小于3.5MW的电动机都可以考虑使用变频调节技术。

**六、改变动叶安装角调节**

大型的轴流式、斜流式泵与风机中采用动叶可调的方式已日益广泛。所谓动叶可调，即通过改变动叶安装角改变泵或风机性能曲线的形状，使工况点改变，从而达到调节的目的。图5-22是根据试验结果绘出的动叶可调轴流泵工作参数与叶片安装角之间的关系曲线。由图5-22可见，当改变叶片安装角时，流量变化较大，扬程变化不大，而对应的最高效率变化也不大。因此，动叶可调的轴流泵与风机，可在较大的流量范围内保持高效率。图5-

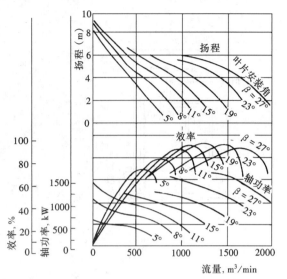

图5-22　轴流泵工作参数与叶片安装角关系

23是离心式与轴流式风机的各种不同调节方式的试验对比。由图可看出，动叶可调的轴流风机是最经济的一种调节方式。

目前，大型轴流式泵与风机几乎都采用动叶可调的调节方式，如我国300MW机组配套用的50ZLQ-50型轴流式循环水泵。德国威海尔电厂707MW机组配套的轴流式送、引风机均采用动叶可调的型式。

动叶的调节常用液压方式进行，当负荷变化时，由锅炉控制系统发出指令，通过附属的液压伺服机构调节叶片。图5-24所示为大型立式斜流泵油压式动叶操纵系统。压力油从液压装置出来，通过分配阀送到伺服油缸，操作叶片的开度。图5-25所示为轴流风机动叶调节液压传动装置的示意图。这套调节机构中，主要部件调节缸2，可沿风机轴中心线移动，并随风机叶轮一起回转，推动各个可动叶片根部下面的曲柄，以调整叶片安装角；活塞1置于调节缸内，也随风机叶轮一起回转，但轴向位置固定；位移指示杆7，表示调节缸所在位置；液力伺服机构8，固定在回转着的活塞柱上，用防磨轴承支承以保持同一轴线，它是固定的控制装置与转动部件之间的转换装置。

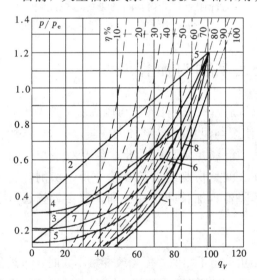

图5-23　轴流式风机与离心式风机采用不同
调节方式时由负荷与使用效率决定的
实际耗功与有效功比值的综合曲线

1—有效功率；2—离心风机节流调节；3—离心风机
节流加双速电动机调节；4—离心风机加轴向导流器；
5—离心风机带轴向导流器加双速电机；6—离心风机
加液力耦合器；7—轴流风机前导叶调节；
8—动叶可调的轴流风机

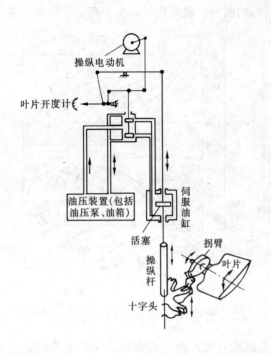

图 5-24　油压式操纵系统

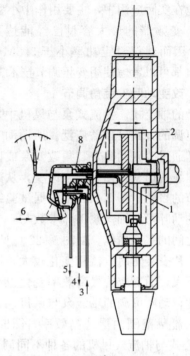

图 5-25　动叶调节的液压传动装置

1—活塞；2—调节缸；3、4—油的进、出口；

5—放油孔；6—由伺服电动机驱动的运动方向；

7—位移指示杆；8—液压伺服结构

## 第四节　叶轮外径的切割与加长

泵与风机在设计工况及附近运行时，具有较高效率。但有的泵与风机由于选型不当或型号无法适应需要，或由于装置发生改变等，使泵与风机的容量过大或过小。容量过大，会引起调节时的节流损失增大；容量过小，又不能满足需要。为此，需要对泵与风机进行改造，以适应其使用范围。其中一个重要方法就是切割或加长叶轮外径。切割叶轮外径将使泵与风机的流量、扬程（全压）及功率降低；加长叶轮外径则使流量、扬程（全压）及功率增加。

切割定律如下：

叶轮外径切割或加长后，与原叶轮在几何形状上已不相似，但当改变量不大时，可近似认为切割或加长后，叶片出口角 $\beta_{2a}$ 仍保持不变，流动状态近乎相似，因而可借用相似定律的关系，对切割或加长前后的参数进行计算。

对低比转速的泵与风机来说，叶轮外径稍有变化，其出口宽度变化不大，甚至可认为没有变化，即 $b_2 = b'_2$，若转速保持不变，只是叶轮外径由 $D_2$ 变为 $D'_2$ 时，其流量、扬程（全压）和功率的变化关系为

$$\frac{q'_V}{q_V} = \frac{\pi D'_2 b'_2 v'_{2m}}{\pi D_2 b_2 v_{2m}} = \frac{D'_2 v'_{2m}}{D_2 v_{2m}} = \left(\frac{D'_2}{D_2}\right)^2 \tag{5-16}$$

$$\frac{H'}{H} = \frac{u'_2 v'_{2m}}{u_2 v_{2m}} = \left(\frac{D'_2}{D_2}\right)^2 \tag{5-17}$$

或

$$\frac{p'}{p} = \left(\frac{D'_2}{D_2}\right)^2 \tag{5-18}$$

$$\frac{P'}{P} = \frac{\rho g q'_V H'}{\rho g q_V H} = \left(\frac{D'_2}{D_2}\right)^4 \tag{5-19}$$

对中、高比转速泵与风机，叶轮外径切割或加长时，会使叶轮出口宽度增大或减小，而且出口宽度 $b_2$ 与其直径 $D_2$ 成反比，即 $\dfrac{b'_2}{b_2} = \dfrac{D_2}{D'_2}$，这时流量、扬程（全压）及功率变化为

$$\frac{q'_V}{q_V} = \frac{\pi D'_2 b'_2 v'_{2m}}{\pi D_2 b_2 v_{2m}} = \frac{D'_2}{D_2} \tag{5-20}$$

$$\frac{H'}{H} = \left(\frac{D'_2}{D_2}\right)^2 \tag{5-21}$$

或

$$\frac{p'}{p} = \left(\frac{D'_2}{D_2}\right)^2 \tag{5-22}$$

$$\frac{P'}{P} = \left(\frac{D'_2}{D_2}\right)^3 \tag{5-23}$$

式（5-16）～式（5-23）中 $q'_V$、$H'$（$p'$）、$P'$、$D'_2$ 为叶轮切割或加长前的流量、扬程（全压）、功率和外径。$q_V$、$H$（$p$）、$P$、$D_2$ 为叶轮切割或加长后的流量、扬程（全压）、功率和外径。以上六个计算式称为切割定律。必须指出，它们与相似定律在本质上是完全不同的。

关于切割抛物线，现以中、高比转速叶轮的切割定律为例，由式（5-20）和式（5-21）中消去 $\dfrac{D'_2}{D_2}$ 得

$$\frac{q'^2_V}{q^2_V} = \frac{H'}{H} \quad \text{或} \quad \frac{H}{q^2_V} = \frac{H'}{q'^2_V} = K$$

式中 $K$ 为常数，说明叶轮切割或加长后的扬程与流量的比例关系是不变的，即

$$H = K q^2_V \tag{5-24}$$

该表达式为以坐标原点为顶点的抛物线，称为切割或加长抛物线。式中 $K$ 是切割比例常数，注意不要与等效抛物线的等效常数相混淆。只有在切割抛物线上的对应点上才符合叶轮的切割或加长定律。利用此抛物线就可以确定输出量变化多少，叶轮应切割或加长多少等。

【例 5-1】　已知 4BA-12 型（即 $n_s = 120$，属中比转速类）水泵性能曲线Ⅰ和管路特性曲线Ⅱ，如图 5-26 所示，该泵叶轮外径为 174mm，泵工作点 $A$ 的流量 $q_{VA} = 27.3\text{L/s}$，扬程 $H_A = 33.8\text{m}$，若流量减少 10%，问应切割叶轮外径多少？（假定切割前后水泵效率相等）

解　如图 5-26 所示，当输水量为 $0.9 q_{VA}$ 时，

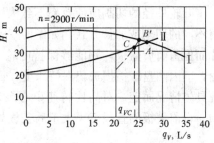

图 5-26　叶轮外径切割计算

水泵工作点 $A$ 要发生移动，$0.9q_{VA}=0.9\times27.3\text{L/s}=24.6\text{L/s}$，通过 $24.6\text{L/s}$ 作垂线，交管路特性曲线于 $C$ 点，$C$ 点扬程 $H_C=31\text{m}$，由于 $\dfrac{H_C}{q_{VC}^2}=K$，故求得

$$K=\frac{31}{(24.6\times10^{-3})^2}=0.0512\text{s}^2/\text{m}^5$$

由式（5-24）可知，切割前的扬程和流量存在着下列关系：

$$H=0.0512q_V^2$$

利用上式可作切割抛物线，假定几个 $q_V$，计算 $H$，列表如下：

| $q_V$（L/s） | 23 | 24 | 25 | 26 | 27 |
|---|---|---|---|---|---|
| $H$（m） | 27 | 29.5 | 32 | 34.6 | 37.4 |

做出切割抛物线如图 5-26 中的点画线，交水泵性能曲线于 $B$ 点，由图上读得 $q_{VB}=26\text{L/s}$，$H_B=34.6\text{m}$。

由式（5-20）　　　　　　　$\dfrac{q_{VB}}{q_{VC}}=\dfrac{D_2}{D_2'}$　即　$\dfrac{26}{24.6}=\dfrac{174}{D_2'}$

有　　　　　　　　　　　$D_2'=\dfrac{174\times24.6}{26}=165\text{mm}$

即叶轮外径要切小 $174-165=9\text{mm}$。用百分数表示时，流量减少 $10\%$，叶轮外径应切小 $\dfrac{9}{174}\times100\%=5.17\%$。

另外，叶轮外径的改变可以改变泵与风机的性能。因此，常用切割叶轮外径的办法来改变泵与风机的使用范围，但叶轮外径的切割或加长的百分比应以效率不致下降太多为原则。叶轮外径允许的最大切割量与效率下降值比转速的关系见表 5-1。

表 5-1　　　　　　　　　　　　　最大切割量与比转速的关系

| 泵的比转速 | 60 | 120 | 200 | 300 | 350 | 350 以上 |
|---|---|---|---|---|---|---|
| 允许最大切割量（%） | 20 | 15 | 11 | 9 | 7 | 0 |
| 效率下降值 | 每车小 10%下降 1% | | | 每车小 4%下降 1% | | |

如图 5-27 所示，图中 Ⅰ 为未切割前的水泵性能曲线，$AB$ 是降低效率 $\Delta\eta$ 范围内的工作段。Ⅱ 为切割后的水泵性能曲线，$CD$ 是切割后降低效率 $\Delta\eta$ 范围内的工作段。$ABCD$ 围成的四边形称为该泵切割允许的扩大工作范围，在此范围任一点工作，其效率下降最多不会超过 $5\%\sim10\%$。对于叶轮切割或加长应该注意以下事项。

叶轮外径的切割应使效率不致大幅度下降为原则。因此，对于不同比转速 $n_s$ 的泵应采用不同的切割或加长方式。如图 5-28 所示，对于 $n_s<60$ 的低比转速多级离心泵，只切割叶片而保留前后盖板，则能够保持叶轮外径与导叶之间的间隙不变，对液流有较好的引导作用，但因圆盘摩擦损失仍保持未变，而导致泵的效率下降。因此，是否同时切割前后盖板要视具体情况而定。对高比转速离心泵，则应当把前后盖板切成不同的直径，使流动更加平顺。设前盖板的直径 $D_2'$ 大于后盖板处的直径 $D_2''$，则平均直径为

$$D_{2\text{dp}}=\sqrt{(D_2'^2+D_2''^2)/2}$$

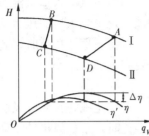

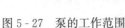

图 5-27　泵的工作范围

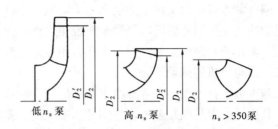

图 5-28　叶轮的切割方式

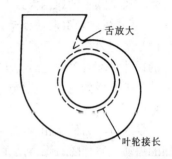

图 5-29　隔舌间隙放大

对于风机，如果叶轮直径的切割量在 7% 的范围内，一般 $\beta_{2a}$ 及 $\eta$ 可近似视为不变。

在叶轮切割量的计算上与风机实际性能有一定误差，因此，很难精确确定 $q_V$ 和 $H$ 的性能。一般来说，切割量愈大，误差值愈大。为了使切割尽可能符合实际，应当分次切割，逐渐达到所需的外径尺寸。

切割叶轮可以用样板画线，一般前后盘不切割，即使切割也要注意转子平衡情况，必要时要对转子校平衡。

叶片接长（只在风机中用）一般应保持叶片延伸的原方向，保持出口角 $\beta_{2a}$ 不变，接长在 5% 以内，一般一次进行，以免影响叶轮强度。叶片接长后，要校核风机的轴功率，以免电动机超载。

叶轮切割后，风机隔舌可保持不变，但效率略有降低，而叶片接长后，隔舌与叶轮间隙减小，易引起振动和噪声，此时需适当放大间隙，如图 5-29 所示，叶片未接长前，隔舌为虚线，放大后隔舌为实线。

## 第五节　泵与风机运行中的主要问题

泵与风机的运行状况对电厂的安全、经济问题十分重要。目前泵与风机在运行中尚存在如效率不太高，以及汽蚀、振动、噪声、磨损等问题。近年来，对低效产品已逐步淘汰，以较高效率的新产品代替，并取得了较大成绩。现就汽蚀、振动、噪声、磨损等方面的问题讨论如下。

### 一、给水泵的汽蚀

随着汽轮机组容量的增大，发电厂辅机运行的经济性也愈加受到重视，国外大机组已普遍采用除氧器滑压运行，成为提高大机组热经济性的重要措施之一。我国在国产 300MW 及 600MW 机组上也已普遍采用，200MW 机组上应用也较为广泛。

变工况滑压运行时，除氧器内的压力、水温以及给水泵入口水温的变化是不一致的，从而引起除氧器除氧效果变坏和给水泵汽蚀问题，在机组负荷变化缓慢时产生的影响并不大；但当机组负荷剧烈变化时问题就变得极为严重。除氧器滑压运行后出现的问题是除氧器内压力和温度的动态响应不一样，压力变化较快，水温变化则较慢。当机组负荷突然升高时，除氧器内水温的升高远远落后于进汽压力的升高，这将使给水泵的运行更安全；但当机组负荷突然下降时，除氧器内水温的降低又滞后于压力的降低，就将致使泵入口水发生汽化。在降压条件下，虽因水箱中出现自沸腾，有助于除氧效果的提高，而由于泵的入口水温不能及时降低，同时泵入口压力又由于除氧器压力降低而下降，于是就出现了泵入口的压力低于其水温所对应的汽化压力的情况，导致水泵发生汽蚀；尤其是在满负荷下甩全负荷时，此问题更为严重。防止给水泵汽蚀是热力系统运行中必须要解决的重要问题。

**二、泵与风机的振动**

泵与风机运行过程中，常常由于各种原因引起振动，严重时甚至威胁到泵与风机的安全运转。其振动原因是很复杂的，特别是当前机组容量日趋大型化时，泵与风机的振动问题尤为突出和重要。

泵与风机振动的原因大致有以下几种。

**（一）流体流动引起的振动**

由于泵与风机内或管路系统中的流体流动不正常而引起的振动，这和泵与风机以及管路系统的设计好坏有关，与运行工况也有关。因流体流动异常而引起的振动，有汽蚀、旋转失速和冲击等方面的原因，现分述如下。

1. 汽蚀引起振动

当泵入口压力低于相应水温的汽化压力时，泵会发生汽蚀。一旦发生汽蚀，泵就会产生剧烈的振动，并伴随有噪声。尤其是对高速大容量给水泵，由汽蚀产生的振动问题，在设计和运行中应给予足够重视。

2. 旋转失速（旋转脱流）引起振动

（1）失速现象。流体顺着机翼叶片流动时，作用于叶片的力有两种，即垂直于流线的升力与平行于流线的阻力。当气流完全贴着叶片呈流线型流动时，这时升力大于阻力，如图 5-30（a）所示。当气流与叶片进口形成正冲角，即 $\alpha>0$，且此正冲角达到某一临界值时，叶片背面流动工况开始恶化；当冲角超过临界值时，边界层将受到破坏，在叶片背面尾端出现涡流［如图 5-30（b）所示］，使阻力大增，升力骤减。这种现象称为"失速"或"脱流"。若冲角再增大，失速会更为严重，甚至出现流道阻塞现象。

（2）旋转失速现象。旋转失速现象如图 5-30（c）所示，当气流流向叶道 1、2、3、4，与叶片进口角发生偏离时，则出现气流冲角。当气流冲角达到某一临界值时，在某一个叶片上首先发生脱流现象。假定在流道 2 内首先由于脱流而产生阻塞现象，原先流入流道 2 的流体只能分流入叶道 1 和 3，此分流的气流与原先流入叶道 1 和 3 的气流汇合，改变了原来气流的流向，使流入流道 1 的冲角减小了，而流入流道 3 的冲角则增大，

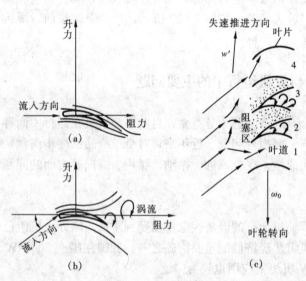

图 5-30　叶片正常工况与失速工况及旋转失速的形成
(a) 正常工况；(b) 失速工况；(c) 旋转失速的形成

这样就防止了叶片 1 背面产生脱流，但却促使叶片 3 发生脱流。流道 3 的阻塞又使其气流向流道 4 和流道 2 分流，这样又触发了叶片 4 背面的脱流。这一过程持续地沿叶轮旋转相反的方向移动。实验表明，这种移动是以比叶轮本身旋转速度小的相对速度进行的，因此，在绝对运动中，就可观察到脱流区以（$\omega_0 - \omega'$）的速度旋转，这种现象称为旋转脱流。

（3）喘振现象。当具有驼峰形 $q_V$-$H$ 性能曲线的泵与风机在其曲线上 $K$ 点以左的范围内工作时，即在不稳定区工作，就往往会出现喘振现象，或称飞动现象，如图 5-31 所示。

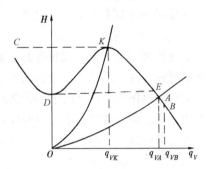

图 5-31　喘振现象

图 5-31 中给出了具有驼峰形的某一风机的 $q_V$-$H$ 性能曲线。当其在大容量的管路（见图 5-32）中进行工作时，如果外界需要的流量为 $q_V$，此时管路特性曲线和风机的性能曲线相交于 $A$ 点，风机产生的能量克服管路阻力达到平衡运行，因此，工作点是稳定的。当外界需要的流量增加至 $q_{VB}$ 时，工作点向 $A$ 的右方移动至 $B$ 点，只要阀门开大，阻力减小些，此时工作仍然是稳定的。当外界需要的流量减少至 $q_{VK}$，此时阀门关小，阻力增大，对应的工作点为 $K$ 点。$K$ 点为临界点，$K$ 点的左方即为不稳定工作区。

当外界需要的流量继续减小到 $q_V < q_{VK}$，这时风机所产生的最大扬程将小于管路中的阻力，然而由于管路容量较大（相当于一大容器），在这一瞬间管路中的阻力仍为 $H_K$。因此，出现管路中的阻力大于风机所产生的扬程，流体开始反向倒流，由管路倒流入风机中（出现负流量），即流量由 $K$ 点窜向 $C$ 点。这一倒流使管路压力迅速下降，流量流向低压，工作点很快由 $C$ 点跳到 $D$ 点，此时风机输出流量为零。由于风机在继续运行，管路中压力已降低到 $D$ 点压力，因此，泵或风机又重新开始输出流量，对应该压力下的流量是可以输出达 $q_{VE}$，即由 $D$ 点又跳到 $E$ 点。只要外界所需的流量保持小于 $q_{VK}$，上述过程会重复出现，也即发生喘振。如果这种循环的频率与系统的振动频率合拍，就会引起共振，共振常造成泵或风机的损坏。

防止喘振的措施有以下几种。

（1）大容量管路系统中尽量避免采用具有驼峰形 $q_V$-$H$ 性能曲线，而应采用 $q_V$-$H$ 性能曲线平直向下倾斜的泵与风机。

（2）使流量在任何条件下不小于 $q_{VK}$。如果装置系统中所需要的流量小于 $q_{VK}$ 时，可装设再循环管，使部分流出量返回吸入口，或自动排放阀门向空排放，使泵或风机的出口流量始终大于 $q_{VK}$。

（3）改变转速，或在吸入口处装吸入阀。如图 5-33 所示，当降低转速或关小吸入阀时，性能曲线 $q_V$-$H$ 向左下方移动，临界点随之向小流量方向

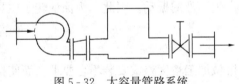

图 5-32　大容量管路系统

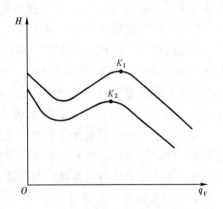

图 5-33　性能曲线不稳定段的变化

移动，从而缩小性能曲线上的不稳定段。

（4）采用可动叶片调节。当外界需要的流量减小时，减小动叶安装角，性能曲线下移，临界点随着向左下方移动，最小输出流量相应变小。

（5）在管路布置方面，对水泵应尽量避免压出管路内积存空气，如不让管路有起伏，但要有一定的向上倾斜度，以利排气。另外，把调节阀门及节流装置等尽量靠近泵出口安装。

**3. 水力冲击引起的振动**

由于给水泵叶片的涡流脱离的尾迹要持续一段较长的距离，在动静部分产生干涉现象，当给水由叶轮叶片外端经过导叶，或蜗舌时，要产生水力冲击，形成一定频率的周期性压力脉动，它传给泵体后，往往由于和管路及基础的固有频率相同而引起共振。若各级动叶和导叶组装的进出水在同一方位，水力冲击将叠加起来引起振动。防止振动的措施包括，适当增加叶轮外沿与导叶或蜗舌之间的间隙，或交叉改变流道进出水方位，以缓和冲击或减小振幅等。

**（二）机械引起的振动**

**1. 转子质量不平衡引起振动**

在现场发生振动的原因中，属于转子质量不平衡的振动占多数，其特征是振幅不随机组负荷改变而变化，而是与转速高低有关。造成转子质量不平衡的原因很多，如运行中叶轮或叶片的局部腐蚀磨损，叶片表面积垢，风机翼型空心叶片因局部磨穿进入飞灰，轴与密封圈发生强烈的摩擦，而产生局部高温引起轴弯曲致使重心转移，叶轮上的平衡块质量与设置位置不对，检修后未进行转子动、静平衡等，均会产生剧烈的振动。因此，为保证转子质量的平衡，在组装前必须进行静、动平衡试验。

**2. 转子中心不正引起振动**

如果泵与风机与原动机联轴器不同心，由于机械加工精度差或安装不合要求，而使接合面不平行度达不到安装要求，就会使联轴器的间隙随轴旋转出现忽大忽小的现象，发生质量不平衡的周期性强迫振动。其原因主要是：泵或风机安装或检修后找中心不正；暖泵不充分造成上下壳温差使泵体变形；设计或布置管路不合理，因管路膨胀推力使轴心错位；轴承架刚性不好或轴承磨损等。

**3. 转子的临界转速引起振动**

当转子的转速逐渐增加并接近泵或风机转子的固有频率时，泵或风机就会剧烈地振动起来，转速低于或高于这一转速时，却能平稳地工作。通常把泵与风机发生振动时的转速称为临界转速 $n_c$。泵和风机的工作转速不能与临界转速相重合、相近或成倍数，否则将发生强烈的共振，使泵或风机难以正常工作，甚至导致结构破坏。

泵或风机的工作转速低于第一临界转速的轴称为刚性轴，高于第一临界转速的轴称为柔性轴。泵与风机的轴多采用刚性轴，以利扩大调速范围，但随着泵的尺寸增加或为多级泵时，泵的工作转速则经常高于第一临界转速，一般采用柔性轴。

**4. 动静部件之间的摩擦引起振动**

若由热应力而造成泵体变形过大或泵轴弯曲，及其他原因使转动部件与静止部件接触发生摩擦，则摩擦力作用方向与轴旋转方向相反，对转轴有阻碍作用，有时使轴剧烈偏移而产生振动，这种振动是自激振动，与转速无关。

**5. 平衡盘设计不良引起振动**

多级离心泵的平衡盘设计不良亦会引起泵组的振动。若平衡盘本身的稳定性差，当工况变化后，平衡盘失去稳定，将产生较大的左右窜动，造成泵轴有规则的振动，同时使动盘与静盘产生碰撞磨损。

6. 原动机引起振动

驱动泵与风机的各种原动机由于本身的特点，也会产生振动。如泵由汽轮机驱动时，其作为流体动力机械本身亦有各种振动问题，从而形成轴系振动，在此不予赘述。此外，基础不良或地脚螺钉松动也会引起振动。

### 三、噪声

随着工业的高速发展，以及人们环保意识的提高，噪声问题也显得越来越重要，也是近代工业的一大公害。泵与风机是热力发电厂的一个主要的噪声源，如 300MW 机组的送风机附近的噪声曾高达 124dB，如果人们长期在这样的环境中工作，对健康是十分有害的。所以，噪声问题作为改善劳动条件和保护环境的重要内容之一，已日益受到重视，另外，国家针对噪声的相关环保法规也愈来愈严格，要求泵与风机的噪声控制在一定的范围内。

关于泵与风机的噪声频谱特性，有关单位作过一些调查，100kW 电动给水泵 96～97dB；100kW 凝结水泵噪声 104dB；20kW 循环水泵噪声 97dB；64kW 送风机噪声 100dB；100kW 引风机噪声 88～106dB，100kW 排粉风机噪声 95～110dB；20kW 三相感应电动机噪声 103dB（均用丹麦 2203 声级计测量）。这些泵与风机的噪声基本上呈中高频特性，对人体健康是有害的。从保护环境和改善劳动条件出发，对泵与风机的桨叶及叶轮等部件设计及加工提出了更高的要求。对于不能通过设计及加工技术提高达到要求的情况下，应采取消声措施。泵与风机在一定工况下运转时，产生强烈噪声，主要包括空气动力性噪声和机械噪声两部分。使用消声器能有效控制其噪声；在具体的噪声控制技术上，可采用吸声、隔声和消声三种措施。

### 四、磨损

#### （一）引风机叶轮及外壳的磨损

引风机虽设置在除尘器后，由于除尘器并不能把烟气中全部固体微粒除尽，剩余的固体微粒随烟气一起进入引风机，引起引风机磨损。叶轮的磨损常发生在轮盘的中间附近，严重磨损部位为靠近后盘一侧出口及叶片头部。防止或减少引风机磨损的方法有：首先是改进除尘器，提高除尘效率；其次是适当增加叶片厚度，在叶片表面易磨损的部位堆焊硬质合金，把叶片根部加厚加宽；还可用离子喷焊铁铬硼硅等耐磨材料，刷耐磨涂料（如石灰粉加水玻璃、辉绿岩粉或硅氟酸钠加水玻璃）；选择合适的叶型，以减少积灰、振动。

#### （二）灰浆泵和排粉风机的磨损

灰浆泵是用来把灰渣池中的灰浆排到距电厂很远的储灰场去的设备，和排粉风机一样，磨损也极为严重，因此要定期更换叶轮或叶片。

目前解决灰浆泵和排粉风机的磨损的方法主要是采用耐磨的金属材料，另外在叶片表面上堆焊耐磨合金也可延长寿命。

### 五、暖泵

在大容量机组中，锅炉给水泵启动前暖泵已成为最重要的启动程序之一。高压给水泵无论是冷态或热态启动，在启动前都必须进行暖泵。如果暖泵不充分，将由于热膨胀不均，会使上下壳体出现温差而产生拱背变形。在这种情况下一旦启动给水泵，就可能造成动静部分的严重磨损，使转子的动平衡精度受到破坏，结果必然导致泵的振动，并缩短轴封的使用寿命。采用正确的暖泵方式，合理地控制金属升温和温差，是保证给水泵平稳启动的重要条件。

暖泵方式分为正暖（低压暖泵）和倒暖（高压暖泵）两种形式。在机组试启动或给水泵检修后启动时，一般采用正暖，即顺水流方向暖泵，水由除氧器引来，经吸入管进泵，在高压联通管水阀关闭的条件下，由进水段及出水段下部两个放水阀放水至低位水箱。如给水泵处于热备用状态下启动，则采用倒暖，即逆原水流方向暖泵，从逆止阀出口的水经高压联通管（带节流孔板，节流后压力为 0.98MPa），由出水区下部暖泵管引入泵体内，再从吸入管返回除氧器，也可关闭出水段下部放水阀，打开进水段下部的暖泵管阀排至低位水箱。这两种暖泵方式均可避免泵体下部产生死区，以达到泵体均匀受热的目的。

泵体温度在 55℃ 以下为冷态，暖泵时间为 1.5～2h。泵体温度在 90℃ 以上（如临时故障处理后）为热态，暖泵时间为 1～1.5h。暖泵结束时，泵的吸入口水温与泵体上任一测点的最大温差应小于 25℃。

暖泵时应特别注意，不论是哪种形式暖泵，泵在升温过程中严禁盘车，以防转子咬合。在正暖结束时，关闭暖泵放水阀后，如果其他条件具备即可启动。而倒暖时，启动后关闭暖泵放水阀及高压联通管水阀。泵启动后，泵的温升速度应小于 1.5℃/min。若泵升温过快、泵的各部分热膨胀可能不均，将造成动静部分的磨损。

**六、最小流量**

给水泵在运行中规定最小允许流量，是因给水泵在小流量下运行时，扬程较大，效率很低，泵的耗散功除了部分传递给泵内给水外、很大一部分转化为热能。而给水泵散热很少，这些热量的绝大部分使泵内水温升高。另外，经过首级叶轮密封环的泄漏水和经过末级叶轮后的平衡装置的泄漏水，都将返回到泵的进口，这些泄漏水都经摩擦升温，从而加大给水泵内的水温升高。当水温升高到相应的汽化压力时，使泵易于发生汽蚀，影响泵的安全。因此规定给水泵最小流量为设计流量的 15%～30%，不允许在低于最小流量下运行。如泵的流量等于或小于其最小流量时，须打开再循环门，使多余的水通过再循环管回到除氧器内，以保证给水泵的正常工作。如国产 200MW 机组配套的主给水泵出口就装有逆止阀和自动最小流量装置（再循环装置），当给水泵流量低于 180m³/h 时，再循环门自动开启，始终保证给水泵不在低于最小允许流量的工况下运行。

**七、轴向力及其平衡**

离心泵在运行时，由于作用在叶轮两侧的压力不等，尤其是高压水泵，会产生很大的压差作用力，此作用力的方向与离心泵转轴的轴心线相平行，故称为轴向力。如 DG500240 型给水泵，有七级叶轮，其轴向力达 $2 \times 10^5$ N。轴向力将使叶轮和转轴一起向叶轮进口方向窜动，造成动静部件的碰撞和磨损，所以要设法加以平衡。

（一）轴向力产生的原因及其计算

以单级叶轮为例，如图 5-34 所示，由叶轮流出的液体，有一部分经间隙回流到了叶轮盖板的两侧。在密封环（直径 $D_w$ 处）以上，由于叶轮左右两侧腔室中的压力均为 $p_2$，方向相反而相互抵消，但在密封环以下，左侧压力为 $p_1$，右侧压力为 $p_2$，且 $p_2 > p_1$，产生压力差 $\Delta p = p_2 - p_1$。此压力差积分后就是作用在叶轮上的推力，以符号 $F_1$ 表示。

叶轮左右两侧腔室中，液体的压力沿半径方向按抛物线规律变化，腔室内液体的旋转角速度以叶轮旋转角速度 $\omega$ 之半计算，其压差与半径的关系为

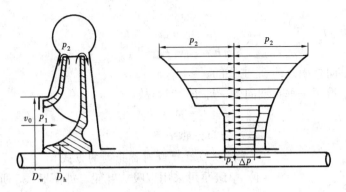

图 5 - 34 叶轮两侧压力的分布

$$\Delta p = \rho g \left[ \frac{p_2}{\rho g} - \frac{\omega^2}{8g}(r_2^2 - r^2) - \frac{p_1}{\rho g} \right]$$

$$= p_2 - \frac{\rho \omega^2}{8}(r_2^2 - r^2) - p_1$$

将上式由 $r_h \sim r_w$ 积分，即可求得轴向力 $F_1$

$$F_1 = \int_{r_h}^{r_w} \Delta p 2\pi r dr = \int_{r_h}^{r_w} \rho g \left[ \frac{p_2 - p_1}{\rho g} - \frac{\omega^2}{8g}(r_2^2 - r^2) \right] \times 2\pi r dr$$

$$= \pi(r_w^2 - r_h^2)\rho g \left[ \frac{p_2 - p_1}{\rho g} - \frac{\omega^2}{8g}\left(r_2^2 - \frac{r_w^2 + r_h^2}{2}\right) \right]$$

$$= \pi(r_w^2 - r_h^2)\left[ (p_2 - p_1) - \frac{\rho \omega^2}{8}\left(r_2^2 - \frac{r_w^2 + r_h^2}{2}\right) \right] \tag{5 - 25}$$

式中　$\rho$——流体密度，$kg/m^3$；

　　　$g$——重力加速度，$m/s^2$；

　　　$r_w$——叶轮密封环半径，m；

　　　$r_h$——叶轮轮毂或轴套处半径，m；

$p_1$，$p_2$——泵入口及出口压力，Pa；

　　　$\omega$——叶轮旋转角速度，rad/s。

$F_1$ 作粗略估算时可采用如下公式

$$F_1 = (p_2 - p_1)\pi(r_w^2 - r_h^2) \qquad N \tag{5 - 26}$$

另外，液体在进入叶轮后流动方向由轴向转为径向，由于流动方向的改变，产生了动量，导致流体对叶轮产生一个反冲力 $F_2$。反冲力 $F_2$ 的方向与轴向力 $F_1$ 的方向相反。在泵正常工作时，反冲力 $F_2$ 与轴向力 $F_1$ 相比数值很小，可以忽略不计。但在启动时，由于泵的正常压力还未建立，所以反冲力的作用较为明显。启动时卧式泵转子后窜，或立式泵转子上窜就是这个原因。反冲力 $F_2$ 的计算式为

$$F_2 = \rho q_{VT} v_0 = \rho v_0^2 \pi(r_0^2 - r_h^2) \qquad N \tag{5 - 27}$$

式中　$\rho$——流体密度，$kg/m^3$；

　　$q_{VT}$——流过叶轮的液体体积流量，$m^3/s$；

　　　$v_0$——叶轮进口前液体流速，m/s；

　　　$r_0$——叶轮进口边半径，m。

对于立式水泵，转子的重量是轴向的，也是轴向力的一部分，用 $F_3$ 表示，方向指向叶

轮入口。

总的轴向力 $F$ 为

$$F=F_1-F_2+F_3 \qquad (5-28)$$

在这三部分轴向力中，$F_1$ 是主要的。

对卧式泵转子重量是垂直轴向的，即 $F_3=0$，故

$$F=F_1-F_2 \qquad (5-29)$$

（二）轴向力的平衡

1. 采用双吸叶轮或对称排列的方式

（1）单级泵可采用双吸式叶轮，如图 5-35 所示，因为叶轮是对称的，叶轮两侧盖板上的压力互相抵消。故泵在任何条件下工作都没有轴向力。

（2）多级泵采用对称排列的方式，如图 5-36 所示，如为偶数叶轮，可使其背靠背或面对面地串联在一根轴上，但用这种方法仍然不能完全平衡轴向力，还需装设止推轴承来承受剩余的轴向力。

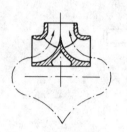

图 5-35　双吸式叶轮

对水平中开式多级泵和立式多级泵，多采用这种方法。

2. 采用平衡孔和平衡管

对单吸单级泵，可在叶轮后盖板上开一圈小孔，该孔为平衡孔，如图 5-37 所示，将后盖板泵腔中的压力水通过平衡孔引向泵入口，使叶轮背面压力与泵入口压力基本相等。或在后盖板泵腔接一平衡管，如图 5-38 所示，将叶轮背面的压力水引向泵入口或吸水管。这种方法结构简单，但不能完全平衡轴向力。剩余的轴向力仍需由止推轴承来承担，

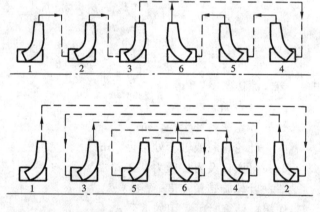

图 5-36　对称排列的叶轮

而且因为部分液体返回入口，使入口流速受到干扰，从而降低了泵效率。

图 5-37　平衡孔

图 5-38　平衡管

3. 采用平衡盘

在单吸多级泵中叠加的轴向力很大，一般采用平衡盘或平衡鼓的方法来平衡轴向力，图 5-39 所示为一末级叶轮后的平衡盘装置。

如末级叶轮出口处液体的压力为 $p_2$，后泵腔的压力为 $p_3$，以及因流过平衡盘与平衡圈间的径向间隙 $b$ 时经节流压力降到 $p_4$。在此间隙两端的压力差便为 $\Delta p_1$，则

$$\Delta p_1 = p_3 - p_4$$

　　当流体流过平衡盘与平衡座间的
轴向间隙 $b_0$ 时，液体进入平衡盘后的
空腔压力由 $p_4$ 降为 $p_5$，而空腔是连通
水泵吸入管的，因此泵腔的 $p_5$ 稍大于
泵入口处的压力。在平衡盘与平衡座
的轴向间隙两端的压力差为 $\Delta p_2$，即

$$\Delta p_2 = p_4 - p_6$$

　　于是整个平衡装置的压力差 $\Delta p$ 为

$$\begin{aligned}
\Delta p &= p_3 - p_6 \\
&= \Delta p_1 + \Delta p_2 \\
&= (p_3 - p_4) + (p_4 - p_6)
\end{aligned}$$

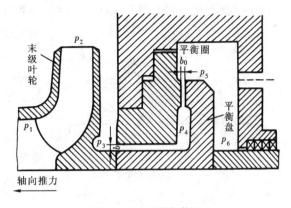

图 5 - 39　平衡盘装置

　　而在平衡盘两边的压差只有 $\Delta p_2$，故液体对平衡盘就有一个力 $P$，此力与轴向力方向相
反，称为平衡力，其大小应与轴向力相等，方向相反，即 $F - P = 0$，此时轴向力得到完全
平衡。

　　当工况改变，轴向力与平衡力不相等时，转子就会左右窜动。如果轴向力 $F$ 大于平衡
力 $P$ 时，转子向左边移动（吸入口方向），轴向间隙 $b_0$ 减小，则平衡盘两侧的压差 $\Delta p_2$ 增
大，平衡力 $P$ 随之增大，转子又开始向右窜动，直到与轴向力 $F$ 平衡为止。反之，当轴向
力 $F$ 小于平衡力 $P$ 时，转子向右移动，此时轴向间隙 $b_0$ 增大，节流损失减小，因而泄漏量
增加，平衡盘前的压力 $p_4$ 减小。因 $\Delta p$ 不变，故 $\Delta p_1$ 增大后导致 $\Delta p_2$ 减小，平衡力 $P$ 随之
减小，转子又开始向左移动，直到与 $F$ 平衡为止。由此可见，平衡盘在运行中，能够随着
轴向力的变化自动调节平衡力的大小，来完全平衡轴向力。

　　由于惯性作用，在轴向力与平衡力相等时转子并不会立刻停止在平衡位置上，还会继续
向左或向右移动，并逐渐往复衰减，直到平衡位置为止。可见转子是在某一平衡位置左右作
轴向窜动的。由于泵的工况改变，泵出口压力改变，转子就会自动地移到对应于某一工况下
的另一平衡位置上去作轴向窜动，因轴向间隙 $b_0$ 很小，如果平衡盘窜动位移很大，当向左
边移动时，则会使平衡盘与平衡座产生严重磨损。为了限制过大的轴向窜动。必须在轴向间
隙改变不大的条件下，就能使平衡盘上的平衡力 $P$ 发生较大的变化，从而控制其窜动量，
也即是保证 $\Delta p_2$ 有较大的变化。当 $\Delta p$ 不变时，要使 $\Delta p_2$ 迅速变化，就要求 $\Delta p_1$ 有较大的
变化。只有在设计中使 $\Delta p_6$ 很大时，即减小径向间隙 $b$，增大其阻力，以造成平衡盘前压力
$p_4$ 较小，即使泄漏量的变化不大，变工况下的 $\Delta p_2$ 的变化才会很大。因此，$\Delta p_1$ 大些，平
衡盘轴向窜动就会小些，泵的工作可靠性就越高。但 $\Delta p_1$ 也不能太大，因为 $\Delta p_1$ 太大，则
使 $\Delta p_2$ 的数值太小，当 $\Delta p_2$ 太小时，在平衡同样的轴向力 $F$ 时，平衡盘的尺寸需做得很大。
平衡盘加大后，因垂直偏差度的关系，$b_0$ 值也需放大，则增加了制造上的困难，还会增加
泄漏量。所以通常设计平衡盘时，取

$$\Delta p_1 = (0.5 \sim 0.6)\Delta p$$

　　而轴向间隙 $b_0$ 的大小与平衡盘的尺寸有关，即

$$b_0 = (0.0005 \sim 0.00075)D_6$$

式中　$D_6$——平衡盘直径，m。

为了增加耐磨性，平衡盘最好用不锈钢（0Cr18Ni10Ti 或 Cr13）制作。

由于平衡盘可以自动平衡轴向力，平衡效果好，而且结构紧凑，因而在分段式多级离心泵上得到了广泛的应用。但由于存在窜动，使工况不稳定，且平衡盘与平衡圈经常磨损，此外还有引起汽蚀、增加泄漏等不利问题，故现代大容量水泵已趋向于不单独采用。

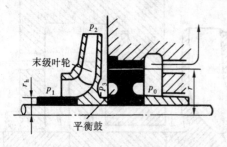

图 5-40　平衡鼓装置

**4. 采用平衡鼓**

图 5-40 所示为一平衡鼓装置。它是装在末级叶轮后面与叶轮同轴的圆柱体（鼓形轮盘），其外圆表面与泵体上的平衡套之间有一个很小的径向间隙。平衡鼓后面用连通管与泵吸入口连通，因此，叶轮出口压力为 $p_2$，平衡鼓右侧的压力 $p_0$ 接近泵吸入口压力，使平衡鼓两侧有压差 $\Delta p = p_3 - p_0$。从而液体在平衡鼓上有一个与轴向力方向相反的平衡力 $F$。平衡鼓的优点是没有轴间间隙，当轴向窜动时，避免了与静止的平衡盘发生摩擦。但由于它不能完全平衡变工况下的轴向力，因而单独使用平衡鼓时，还必须装设止推轴承。而一般都采用平衡鼓与平衡盘组合装置，如图 5-41 所示。由于平衡鼓能承受 $50\% \sim 80\%$ 的轴向力，这样就减少了平衡盘的负荷，从而可稍微放大平衡盘的轴向间

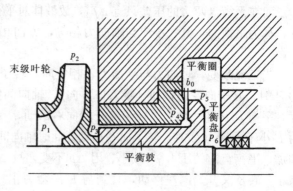

图 5-41　平衡鼓与平衡盘组合装置

隙，避免了因转子窜动而引起的摩擦。经验证明，这种结构效果比较好，所以目前大容量高参数的分段式多级泵大多数采用这种平衡方式。

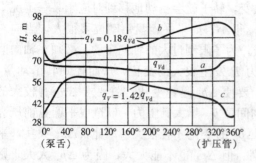

图 5-42　压水室内压力分布曲线

**八、径向力及其平衡**

**（一）径向力产生的原因及其计算**

采用螺旋形压水室的水泵，在设计工况工作时，液体在叶轮周围作均匀的等速运动，变工况时叶轮周围液体的速度和压力则变成非均匀分布的，这时在叶轮上就产生一个径向力。图 5-42 所示为一离心泵在设计流量及大于和小于设计流量三种情况时实测得到的螺旋形压水室内的压力分布曲线，说明变工况时存在径向力。

现在分析为什么泵在变工况下工作时会产生径向力。

在设计流量时，压水室内液体流动的速度和方向与液体流出叶轮的速度和方向基本上是一致的，因此从叶轮流出的液体能平顺地流入压水室，所以叶轮周围液体的速度和压力分布是均匀的，如图 5-42 的 a 曲线所示，此时没有径向力。

在小于设计流量时，压水室内液体流动的速度减小，但是，液体流出叶轮时的速度却由

$v_2$ 增加到 $v'_2$，如图 5-43 所示。$v'_2 > v_2$，并且方向也改变了，结果使流出叶轮的液体撞击压水室中的液体，使流出叶轮的液体速度减慢，动能减小，在压水室内液体的压力则升高。液体从压水室的隔舌开始就受到冲击而增加压力。以后沿压水室不断受到冲击，压力不断增加，因此压水室的液体压力在隔舌处最小，到出口扩压管处压力处最大，如图 5-42 的 b 曲线所示。由于这种压力分布不均匀在叶轮上产生一个

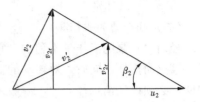

图 5-43 小于设计流量时叶轮
出口速度三角形

集中的径向力 $R$，其方向为自隔舌开始沿叶轮旋转方向转 90°的位置。如图 5-44 所示。

此外，压水室中压力越小的地方，从叶轮中流出的液体就越多，液体对叶轮的反冲力也越大。由此可见，反冲力的大小是隔舌处最大，扩压管处最小，而反冲力引起的径向力 $T$ 是从 $R$ 开始向叶轮旋转的反方向转 90°的方向，即指向隔舌的方向。这是引起径向力的次要原因。

于是，作用于叶轮上的总径向力 $F$ 为 $R$ 和 $T$ 的向量和，其指向如图 5-44 所示。

当流量大于设计流量时，压水室内的液体压力是从隔舌开始下降到扩压管处最小，如图 5-42 的曲线 c 所示，径向力 $R$ 的方向是自隔舌开始沿叶轮旋转的反方向转 90°的位置，如图 5-45 所示。而反冲力是隔舌处最小，扩压管处最大，由反冲力引起的径向力 $T$ 的方向是从 $R$ 开始向叶轮旋转的反方向旋转 90°，此时作用于叶轮上总的径向力 $F$ 为 $R$ 和 $T$ 的向量和，其指向如图 5-45 所示。

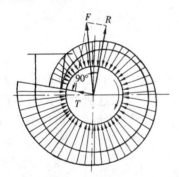

图 5-44 小于设计流量时
径向力的方向

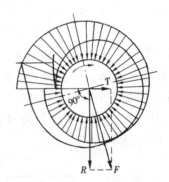

图 5-45 大于设计流量时
径向力的方向

因为泵有时会在变工况下运转，所以在计算轴和轴承时，必须考虑作用在叶轮上的径向力 $F$，径向力可用经验公式估算，即

$$F = 0.36\left(1 - \frac{q_V^2}{q_{Vd}^2}\right)HB_2D_2\rho g \qquad \text{N} \qquad (5-30)$$

式中 $q_V$——实际流量，$\text{m}^3/\text{s}$；

　　$q_{Vd}$——设计流量，$\text{m}^3/\text{s}$；

　　$H$——泵扬程，m；

　　$B_2$——叶轮出口包括前后盖板的宽度，m；

　　$D_2$——叶轮外径，m；

$\rho$——液体密度，$kg/m^3$。

**（二）径向力的平衡**

径向力对泵的工作是不利的。它使轴产生较大的挠度，以致使密封环、级间套和轴套等发生摩擦而损坏。同时，对转动的轴来说，径向力是个交变载荷，致使轴易因疲劳而损坏。因此，必须设法消除径向力，一般采用的方法有以下几种。

**1. 采用双层压水室**

对单级泵可采用双层压水室，即将压水室分成两个对称的部分，如图5-46（a）所示。由图看出，虽然在每个压水室内压力分布是不均匀的，但由于压水室蜗壳空间上下对称，因此，作用在叶轮上的径向力相互抵消，达到平衡。有时也采用如图5-46（b）所示的双压水室，也可使作用在叶轮上的径向力互相平衡。

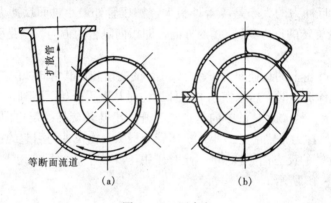

图5-46 压水室
(a) 双层压水室；(b) 双压水室

**2. 采用两个压水室相差180°的布置的方法**

对有螺旋形压水室的多级泵，可采用两个压水室相差180°方位角的布置方法，如图5-47所示。这样作用在两个相邻叶轮上的径向力互相抵消。但因这两个径向力不在一个平面内，故形成一个力偶，其力臂为两个叶轮间的距离，由于力臂不大，所以这个力偶使轴产生的弯矩较小，影响不大。

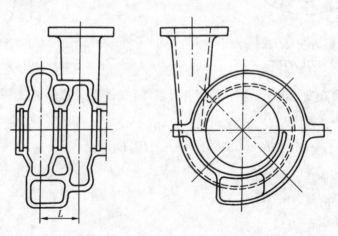

图5-47 两个压水室相差180°的布置

![思 考 题]

1. 如何绘制管路特性曲线？

2. 什么是泵与风机的运行工况点？泵（风机）的扬程（全压）与泵（风机）装置扬程（装置风压）区别是什么？两者又有什么联系？

3. 试述泵与风机的串联工作和并联工作的特点。

4. 泵与风机并联工作的目的是什么？并联后流量和扬程（或全压）如何变化？并联后为什么扬程会有所增加？

5. 泵与风机串联工作的目的是什么？串联后流量和扬程（或全压）如何变化？串联后为什么流量会有所增加？

6. 为什么说单凭泵或风机最高效率值来衡量其运行经济性高低是不恰当的？

7. 泵与风机运行时有哪几种调节方式？其原理是什么？各有何优缺点？

8. 试比较离心泵叶轮叶片的切割方式。

9. 离心泵轴向力是如何产生的？又如何平衡？

10. 离心泵径向力是如何产生的？又如何平衡？

![习 题]

5-1 水泵在 $n=1450\text{r/min}$ 时的性能曲线绘于图 5-48 中，问转速为多少时水泵供给管路中的流量为 $q_V=30\text{L/s}$？已知管路特性曲线方程 $H_C=10+8000q_V^2$（$q_V$ 单位以 $\text{m}^3/\text{s}$ 计算）。

5-2 某水泵在管路上工作，管路特性曲线方程 $H_C=20+2000q_V^2$（$q_V$ 单位以 $\text{m}^3/\text{s}$ 计算），水泵性能曲线如图 5-49 所示，问水泵在管路中的供水量是多少？如再并联一台性能相同的水泵工作时，供水量如何变化？

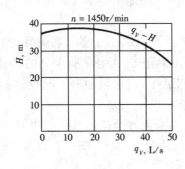

图 5-48 题 5-1 图

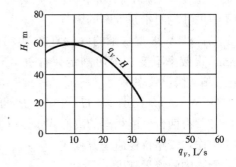

图 5-49 题 5-2 图

5-3 为了增加管路中的送风量，将 No.2 风机和 No.1 风机并联工作，管路特性曲线方程为 $p=4q_V^2$（$q_V$ 以 $\text{m}^3/\text{s}$ 计，$p$ 以 Pa 计），No.1 及 No.2 风机的性能曲线绘于图 5-50 中，问管路中的风量增加了多少？

5-4 某锅炉引风机，叶轮外径为 1.6m，$q_V\text{-}p$ 性能曲线绘于图 5-51 中，因锅炉提高出力，需该风机在 $B$ 点（$q_V = 14 \times 10^4 \text{m}^3/\text{h}$，$p = 2452.5 \text{Pa}$）工作，若采用加长叶片的方法达到此目的，问叶片应加长多少？

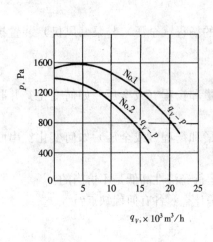

图 5 - 50　题 5 - 3 图　　　　　　　　　　图 5 - 51　题 5 - 4 图

5 - 5　某水泵性能曲线如下表所示：

| $q_V$ (L/s) | 0 | 1 | 2 | 3 | 4 | 5 | 6 | 7 | 8 | 9 | 10 | 11 |
|---|---|---|---|---|---|---|---|---|---|---|---|---|
| 扬程 $H$（m） | 33.8 | 34.7 | 35 | 34.6 | 33.4 | 31.7 | 29.8 | 27.4 | 24.8 | 21.8 | 18.5 | 15 |
| 效率 $\eta$（%） | 0 | 27.5 | 43 | 52.5 | 58.5 | 62.4 | 64.5 | 65 | 64.5 | 63 | 59 | 53 |

管路特性曲线方程为 $H_C = 20 + 0.078q_V^2$（m）（$q_V$ 单位为 L/s）。求：

（1）系统最大流量及水泵轴功率？

（2）若系统所需最大流量 $q_V = 6 \text{L/s}$，水泵工作叶轮直径 $D_2 = 162 \text{mm}$，今采用切割叶轮外径的方法提高水泵工作的经济性，问切割后叶轮直径为多大？

（3）比较节流调节和切割叶轮外径两者中哪种较经济（即能节省水泵多少轴功率），计算中不考虑叶轮对水泵效率的影响。

5 - 6　8BA-18 型水泵的叶轮直径为 268mm，车削后的 8BA-18a 型水泵的叶轮直径为 250mm，设效率不变，按切割定律计算 $q_V$、$H$、$P$。如果把 8BA-18a 型水泵的转速减至 1200r/min，假设效率不变，其 $q_V$、$H$、$P$ 各为多少？8BA-18 型水泵额定工况点的参数为：$n = 1450 \text{r/min}$，$q_V = 79 \text{L/s}$，$H = 18 \text{m}$，$P = 16.6 \text{kW}$，$\eta = 84\%$。

5 - 7　有两台性能相同的离心式水泵（其中一台的性能曲线绘于图 5 - 52 上），并联在管路上工作，管路特性曲线方程式 $H_C = 0.65q_V^2$（$q_V$ 的单位为 $\text{m}^3/\text{s}$）。问当一台水泵停止工作时，管路中的流量减少了多少？

5 - 8　$n_1 = 950 \text{r/min}$ 时，水泵的特性曲线绘于图 5 - 53 上，试问当水泵转速减少到 $n_2 = 750 \text{r/min}$ 时，管路中的流量减少多少？管路特性曲线方程为 $H_C = 10 + 17500q_V^2$（$q_V$ 单位为 $\text{m}^3/\text{s}$）。

5 - 9　在转速 $n_1 = 2900 \text{r/min}$ 时，ISI25 - 100-135 型离心水泵的 $q_V$- $H$ 性能曲线如图 5 - 54所示。管路性能曲线方程式 $H_C = 60 + 9000q_V^2$（$q_V$ 单位为 $\text{m}^3/\text{s}$）。若采用变速调节，离心泵向管路系统供给的流量 $q_V = 200 \text{m}^3/\text{h}$，这时转速 $n_2$ 为多少？

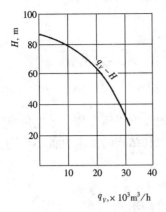

图 5-52　题 5-7 图

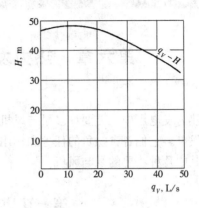

图 5-53　题 5-8 图

5-10　风机实验室测得某型式 No.3 模型风机在转速 $n＝730\text{r/min}$ 时的性能曲线，如图 5-55 所示，试给出该型风机的无因次性能曲线。

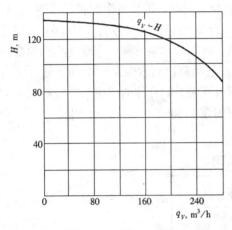

图 5-54　题 5-9 图

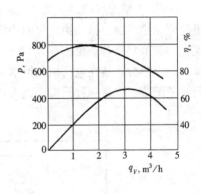

图 5-55　题 5-10 图

5-11　4-13-11No.6 型风机在 $n＝1250\text{r/min}$ 时的实测参数如下表所示：

| 测点编号 | 1 | 2 | 3 | 4 | 5 | 6 | 7 | 8 |
|---|---|---|---|---|---|---|---|---|
| $q_V$（m³/h） | 5290 | 6640 | 7360 | 8100 | 8800 | 9500 | 10250 | 11000 |
| $p$（Pa） | 843.4 | 823.8 | 814 | 794.3 | 755.1 | 696.3 | 637.4 | 578.6 |
| $P$（10³ kW） | 1.69 | 1.77 | 1.86 | 1.96 | 2.03 | 2.08 | 2.12 | 2.15 |

（1）求各测点效率。

（2）绘制性能曲线。

（3）写出该风机最高效率点的参数。

5-12　由上题已知 $n＝1250\text{r/min}$，$D_2＝0.6\text{m}$ 时的性能曲线，试绘出 4-13-11 系列风机的无因次性能曲线。

5-13　由 4-13-11 系列风机无因次性能曲线查得最高效率点参数为：$\eta＝91.4\%$，$\bar{q}_V＝0.212$，$\bar{p}＝0.416$，$\bar{P}＝0.0965$，求当风机的叶轮直径 $D_2＝0.4\text{m}$，$n＝2900\text{r/min}$ 时，该风机的比转速 $n_y$ 为多少？

# 第六章　热力发电厂常用的泵与风机

在热力发电厂中，需要许多泵与风机配合锅炉、汽轮发电机组工作，才能使整个机组正常运行发电。它们各自担负的任务和作用不同，对其性能和结构的要求也各不相同。以下着重介绍其中几种主要的泵与风机。

## 第一节　电厂常用的泵

### 一、锅炉给水泵

#### （一）概述

图 6-1 所示为 600MW 机组给水系统图，该系统为单元制，每台机组配置两台 50％容量、型号为 80CHTA/4 型的汽动给水泵（主给水泵）及一台 30％容量、型号为 50CHTA/4 型的启动备用电动调速给水泵。汽动给水泵由小汽轮机驱动，并与给水泵直联，用改变小汽轮机的转速进行流量的调节，其调速范围在 3000～6000r/min；电动调速给水泵是由电动机通过液力耦合器驱动，液力耦合器装在电动机与给水泵之间，用改变液力耦合器的转速来改变给水泵的转速，进行流量调节。这是一种间接变速方式，变速范围在 1450～5990r/min 之间。

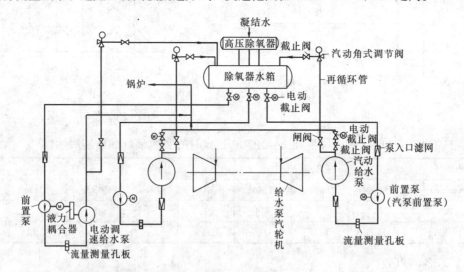

图 6-1　600MW 机组给水系统

为提高给水泵的抗汽蚀性能，在给水泵前均装有前置泵。前置泵由低速电动机驱动，并与主给水泵作串联运行。正常工作时两台半容量的汽动给水泵并联运行，满足机组出力的需要。当一台汽动给水泵故障时，电动给水泵应与另一台汽动给水泵并联运行。

由图 6-1 可见，其给水系统凝结水经除氧器除氧后，自除氧水箱经进水管道进入前置泵，由前置泵升压后，经连通管进入主给水泵，由主给水泵升压到需要的压力后输出，经逆止阀，出口电动阀门去高压加热器，再经给水调节阀门进入锅炉。进口装磁性滤网，以防止铁屑进入泵内。因给水泵在小流量时极易发生汽化，为保证有足够的流量通过给水泵，防止汽化，在出水管逆止阀前接有再循环管。当给水流量低于规定的最小流量时，再循环阀自动打开，部分给水经再循环阀节流后，流回除氧器水箱。

汽动给水泵组给水系统及相对位置如图 6-2 所示。电动给水泵组给水系统及相对位置如图 6-3 所示。

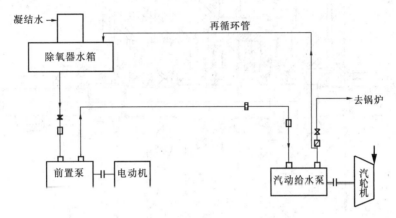

图 6-2　汽动给水泵组设备相对位置示意

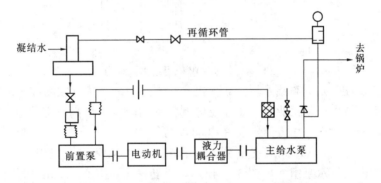

图 6-3　电动给水泵组设备相对位置示意

**（二）给水泵的特点及驱动方式**

给水泵是热力系统中最重要的一种水泵。它是向锅炉连续供给具有一定压力和温度的给水，其安全运行直接影响到锅炉的安全运行。并且随着单机容量的不断增加，给水泵所处的地位也越来越高。现代大容量锅炉给水泵具有以下的工作特点：

（1）容量大（驱动功率大）；

（2）转速高；

（3）压力高；

（4）水温高。

如国外最大的超临界 1300MW 火电机组，配置的给水泵如图 6-4 所示。供水压力为 31.5MPa，水温为 168℃，转速为 4160r/min，轴功率为 49300kW，原动机功率为 50000kW，效率为 88%。我国 600MW 机组，配置的 80CHTA/4 型给水泵，供水压力为 23MPa，水温为 175℃，转速为 5420r/min，轴功率为 8345kW，原动机功率为 9000kW，效率为 82.5%。

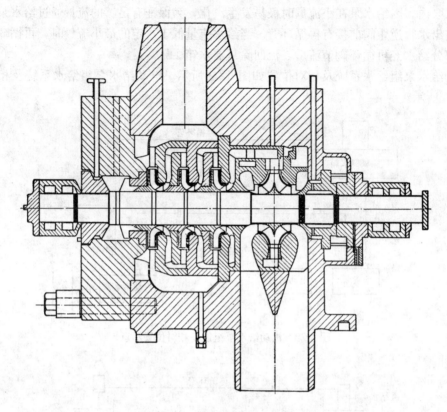

图 6-4　1300MW 机组给水泵结构

给水泵的主要任务是提高给水压力，而提高给水压力最经济有效的方法是提高给水泵的转速。中压给水泵常用电动机驱动，由于受电网频率的限制，最高转速只有 3000r/min。目前，300MW 以下机组将液力耦合器装在电动机与给水泵之间，组成电动给水泵组，如图 6-3 所示，可将转速从 1450r/min 提高到 6000r/min。300MW 以上机组主给水泵采用小汽轮机驱动，组成汽动给水泵组，如图 6-2 所示，其转速可达 7000r/min。泵组通过变速调节改变给水流量和压力，以适应单元机组启停、负荷变化等的需要，提高机组变工况运行的经济性和安全可靠性。

（三）给水泵的结构型式

随着大型超临界、超超临界压力火电机组的不断发展，对锅炉给水泵的材料和结构方面也有了更高的要求。

给水泵一般有以下三种结构型式。

1. 水平中开式多级离心泵

图 6-5 所示为水平中开式多级离心泵。其结构特点是：泵体（泵壳）做成沿轴中心线水平中开，分成上下两部分，吸入管和排出管与下泵体（泵座）整体浇铸，为消除轴向力，叶轮采用对称排列的方式。这种泵的优点：拆卸装配方便，只需将上泵体（泵盖）吊开，即可取出或装入整个转子。缺点：①体积大；②泵体流道复杂，对铸造加工技术要求高，造价高，仅适用于低压、小容量机组的给水泵。

2. 节段式多级离心泵

如图 6-6 所示为沈阳水泵厂生产的 DG 型节段式多级离心泵，水温可达 160℃。

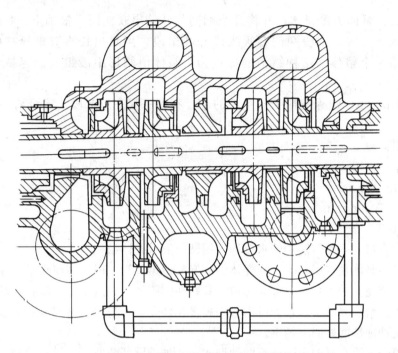

图 6 - 5　水平中开式多级离心泵结构

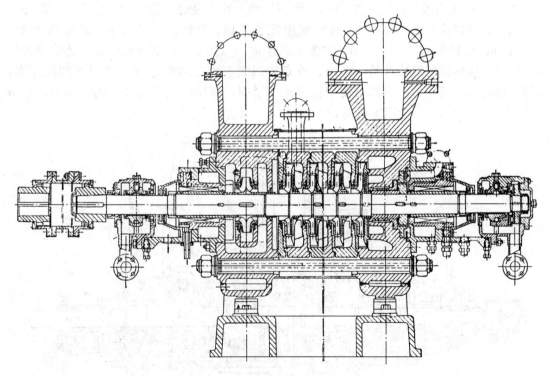

图 6 - 6　节段式多级离心泵结构

性能范围：

流量（$q_V$）120～600m³/h

扬程（$H$）1045～2210m

结构特点：泵体为单壳体，并将几个相同的叶轮串联在同一根轴上，每级叶轮均有中段将水引入下一级，中段两侧有吸入段和吐出段，用几根长头双螺栓把中段吸入及吐出段连接成一个整体。这种结构的优点为，泵体由圆形中段组成，容易制造并可互换，造价低。

上海凯士比（KSB）泵有限公司生产的 HG 型新一代高压节段式多级离心泵，水温可达 200℃。

性能范围：

流量（$q_V$）1440m³/h

扬程（$H$）4200m

转速（$n$）7000r/min

3. 圆筒形双壳体多级离心泵

目前，大容量、高参数锅炉给水泵均采用圆筒形双壳体结构。

结构特点：泵体是双层套壳，外壳体为铸钢或锻钢圆筒。内壳体与转子（叶轮与轴组成转子）组成一个完整的组合体，称为芯包，套装在圆筒型外壳内。高压侧有圆形端盖，与外壳用螺栓连接。给水泵的吸入管和排出管均焊接在外壳上，与主管路成为一个整体。泵的过流部件采用抗冲蚀性能好的不锈钢。

圆筒形双壳体给水泵的内壳体有两种型式，一种是圆环节段式，另一种是水平中开式。

图 6-7 是沈阳水泵厂生产的 CHTA 型高压锅炉给水泵的结构图，其内壳体为圆环节段式结构，可以为 600～1000MW 火电机组配套使用。其性能参数范围：流量为 350～2400m³/h，扬程为 1700～3100m，工作水温为 160～210℃，适用于亚临界及超临界参数火电机组。这种结构的特点是，在内、外壳体间充有由给水泵末级叶轮引入的高压水，可将壳体内的节段压紧，不需再使用穿杠螺栓紧固，高压端端盖也会对内壳体施加压紧力，使节段结合面上不会产生泄漏。

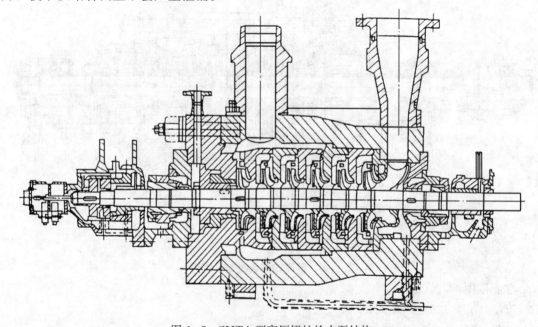

图 6-7　CHTA 型高压锅炉给水泵结构

叶轮为闭式单吸入结构，由特殊钢精密浇铸，流道表面要求光滑，以保证流动效率。所有叶轮的入口都面向吸入端，按顺序排列。为了提高泵的抗汽蚀性能，首级叶轮入口直径大于以后各级。

轴向力由平衡装置（平衡鼓与平衡盘联合装置）进行平衡，剩余轴向力由推力轴承承受，并装有轴向力测力环，运行过程中可以随时测定轴向力的大小和方向，以保证平衡装置能安全长期工作。

轴封采用机械密封，产生的摩擦热由强制循环水带走。循环水通过专设的冷却器、过滤器进行冷却和过滤，以保证循环水的温度和水质洁净。

主要优点是：

（1）由于内外壳体之间充满由泵末级叶轮引入的高压水，该高压水在两层壳体间流动，因而使壳体上下受热均匀，即使受到剧烈热冲击（负荷变化，给水温度、压力突然变化）也能保证泵的同心度。

（2）检修时不必拆除进出口管路，同时也不必拆除与基础相连接的外筒体。只要打开端盖，整个芯包即可从高压端整体抽出进行检修，或将备用芯包放入外筒体，拆卸装配十分方便、快捷，可在较短时间内投入运行。

（3）运行时高度安全可靠，效率高。

图 6-8 为沈阳水泵厂生产的 HDB 型超高压锅炉给水泵。内壳体为水泵中开双蜗室，叶轮对称布置的结构，可为 $600\sim1000\text{MW}$ 超临界、超超临界参数火电机组配套使用。设计最高参数为：流量（$q_V$）$=5220\text{m}^3/\text{h}$，扬程（$H$）$=4270\text{m}$，工作水温（$t$）$=315℃$，

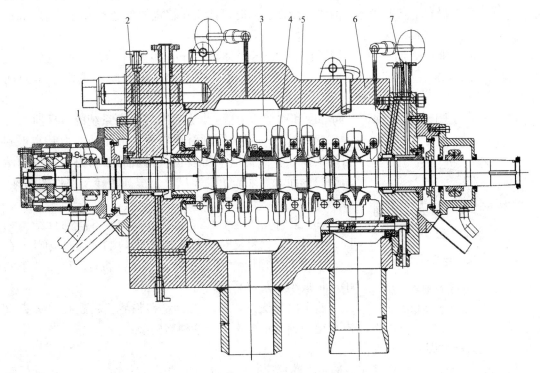

图 6-8　HDB 型高压锅炉给水泵结构

1—轴；2—吐出盖；3—内壳体；4—叶轮；5—密封环；6—筒体；7—吸入盖

压力＝48.2MPa。

HDB 型给水泵性能曲线如图 6-9 所示，HDB 型给水泵通用性能曲线如图 6-10 所示。

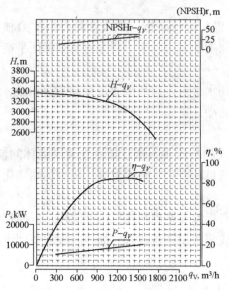

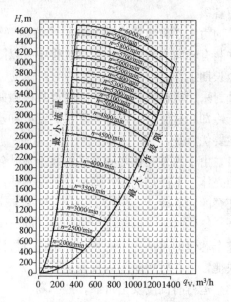

图 6-9　HDB 型给水泵性能曲线　　　　图 6-10　HDB 型给水泵通用性能曲线

该水泵与传统的圆环节段式泵相比，具有以下的优点。

（1）内壳体采用水平中开、双蜗室，叶轮对称布置结构可使内泵的温度场分布更加均匀、对称；大大提高了高温状态下的整体刚性。同时可使泵在较宽的流量范围内具有较高的效率（最高效率可达 84.5%～85.5%），即高效区宽。

（2）拆装、维修更加方便，只要打开泵的内壳体，转子即可整体抽出进行检修，避免了节段式泵逐级拆卸中段、导叶、叶轮等，缩短了检修和停机时间，提高了机组的利用率。

（3）转子的整体拆装，保证了同心度和动平衡的精度，从而提高了泵系统的可靠性。

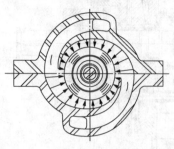

图 6-11　HDB 型给水泵
内壳体的双蜗室结构

（4）叶轮采用背靠背对称布置，可使轴向力基本得到自动平衡，不需要设平衡装置，剩余的轴向力由推力轴承承受。因而大大缩短了轴向尺寸，提高了转动部件的刚性，从而提高了泵运行的可靠性。

（5）泵内壳体沿中心线水平中开，上下面部分结构相同、对称，双蜗室又对称布置，如图 6-11 所示。因此，在运行中产生的径向力可基本自动平衡；同时，可使转子的串动量最小，泵可平稳运行。

鉴于以上优点，目前大容量超临界、超超临界参数火电机组锅炉给水泵均采用这种结构型式。

**二、液力耦合器**

液力耦合器是一种利用液体传递转矩的变速装置，设在电动机与给水泵之间。电动机转速不变，用改变耦合器的转矩，来达到改变给水泵转速的目的。主要优点是：①在泵轮与涡轮间不存在机械传动关系，全靠液力传动，故工作平稳。②可进行无级调速。图6-12所示为一带有升速齿轮的液力耦合器系统结构。

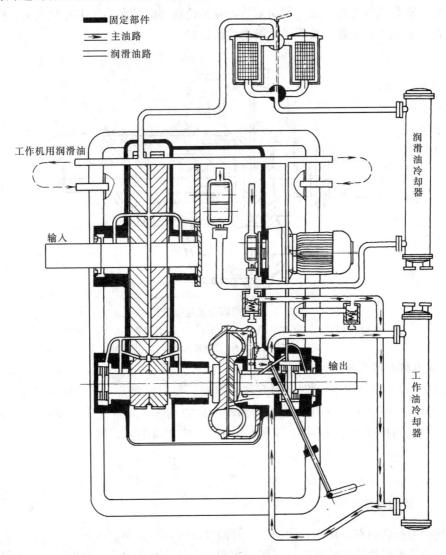

图6-12  液力耦合器系统结构

（一）液力耦合器的结构

图6-13所示为液力耦合器结构简图。液力耦合器主要部件有泵轮、涡轮及装在泵轮上的旋转内套组成。泵轮与涡轮均具有较多的径向叶片，为避免发生共振，一般涡轮的叶片数较泵轮少1～4片。泵轮与主动轴连接，泵轮转速是由电动机经升速齿轮增速后保持某一恒定值。涡轮与从动轴连接，它由泵轮出口的工作油油压来冲动涡轮旋转，从而驱动从动轴带动水泵转动。

（二）液力耦合器的工作原理

在泵轮与涡轮所组成的圆形空间，注入液体（工作油），当泵轮旋转时，带动空腔中的液体旋转，形成一个循环流动油环，如图6-13所示。在离心力的作用下，使流体获得能量，从内缘流向外缘（泵轮出口），然后以一定的压力和速度流入涡轮，从外缘流入内缘，冲动涡轮旋转，在涡轮中工作液体释放能量，带动从动轴旋转。做功后的工作油从涡轮流出又进入泵轮，重新获得能量，如此周而复始，在泵轮获得能量在涡轮中释放能量，从而形成液力耦合器的连续工作过程，实现了无级变速的目的。

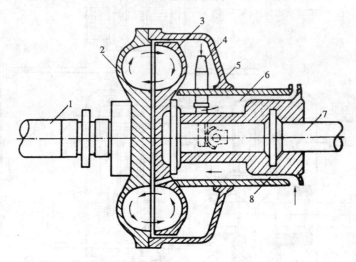

图 6-13　液力耦合器结构简图

1—电动机轴；2—泵轮；3—涡轮；4—勺管；5—旋转内套；6—回油通道；

7—泵轴；8—控制油入口

### （三）液力耦合器的效率

工作油在涡轮及泵轮中流动时，因有各种损失，要产生滑差，即泵轮的转速 $n_B$ 恒大于涡轮的转速 $n_T$，泵轮的出口油压才能大于涡轮入口的油压，以建立工作油的循环圆，从而传递转矩。滑差的相对值称滑差率，又称转差率，用符号 $s$ 表示，即

$$s = 1 - \frac{n_T}{n_B} = 1 - i$$

式中　　　$i$——传动比，$i = \frac{n_T}{n_B}$。

为了使液力耦合器在长期运行中具有良好的经济性，滑差率 $s$ 不应大于 4%，也就是说，液力耦合器应该长期处于高传动比下工作，才能获得最佳经济效益，液力耦合器才具有优良的运行特性。

液力耦合器的传动效率 $\eta$ 等于它的输出功率 $p_T$ 与输入功率 $p_B$ 之比，其值恰好等于传动比 $i$，即

$$\eta = \frac{p_T}{p_B} = \frac{M_T \omega_T}{M_B \omega_B} = \frac{M_T n_T}{M_B n_B} = \frac{n_T}{n_B} = i \tag{6-1}$$

式中　$M_T$、$M_B$——涡轮和泵轮的转矩；

　　　$\omega_T$、$\omega_B$——涡轮和泵轮的角速度。

式（6-1）是忽略工作液体在流动过程中的机械损失及容积损失，即 $M_T = M_B$ 的情况下得到的。

式（6-1）指出，传动比 $i$ 越大，则液力耦合器的传动效率 $\eta$ 也越高。

（四）液力耦合器的调速特性

图 6 - 14 所示是在泵轮转速不变，用改变涡轮负荷的方法，在不同充液量时试验得到的转矩特性曲线。图 6 - 14 指出：在涡轮转速 $n_T$ 与泵轮转速 $n_B$ 相等，即 $n_T = n_B$ 时，不存在速度差，因而泵轮与涡轮之间不传递能量和转矩，故此时的转矩 $M$ 均为零。

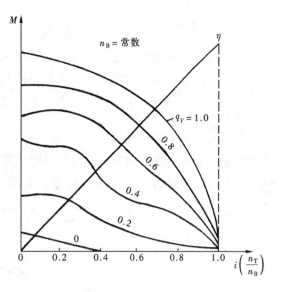

图 6 - 14　不同充液量时的转矩特性曲线

目前液力耦合器的转矩特性曲线虽然还不能用理论计算的方法求得，但是仍可根据由动量矩定理推证的公式对 $M$、$q_V$、$n_T$（$i$）之间的关系进行分析，即

$$M = \rho q_V \frac{\pi}{30} r_{2B}^2 n_B \left[ 1 - \left( \frac{r_{2T}}{r_{2B}} \right)^2 \times \frac{n_T}{n_B} \right] \quad (6 - 2)$$

式中　$M$——涡轮的转矩；

　　　　$\rho$——工作液体的密度；

$n_B$、$n_T$——泵轮、涡轮的转速；

　　　$r_{2B}$——泵轮的出口半径；

　　　$r_{2T}$——涡轮的出口半径；

　　　$q_V$——循环圆内流动的工作油量。

对于某一液力耦合器而言，式（6 - 2）中 $n_B$、$\rho$、$r_{2B}$、$r_{2T}$ 均为常数，变量只有 $M$、$q_V$、$n_T$（$i$），现对三者之间的关系分析如下：

（1）当 $n_T$（$i$）不变，由式（6 - 2）可知，$M$ 与 $q_V$ 成正比关系变化，即工作油量越多，传递的转矩越大；

（2）当 $q_V$ 不变，由式（6 - 2）可知，$n_T$ 增大，使 $\left[ 1 - \left( \frac{r_{2T}}{r_{2B}} \right)^2 \frac{n_T}{n_B} \right]$ 变小，因而 $M$ 随之减小。即涡轮转速增加时，传递的转矩减小；

（3）当 $M$ 不变，$q_V$ 增大时，$\left[ 1 - \left( \frac{r_{2T}}{r_{2B}} \right)^2 \frac{n_T}{n_B} \right]$ 必然减小，则 $n_T$ 增加。即工作油量增加时，涡轮转速也随之增加。

分析结果表明：可以用改变工作油的油量来实现涡轮转速的调节。

通常工作油量 $q_V$ 的调节有两种方法：一种是通过工作油泵和进油调节阀调节工作油的进油量，另一种是通过控制勺形管的径向位置来调节工作油的出油量。现代的液力耦合器都采用上述两种调节方式的结合，以达到快速升降转速的目的。

**三、前置泵**

（一）概述

目前国内外大容量、高参数机组为防止给水泵发生汽蚀，在给水泵入口前均设置前置泵。其作用是提高给水泵入口压力。

近代大容量机组给水泵都具有较高的转速，一般在 4000～7000r/min 之间，由汽蚀相似定律

$$\frac{NPSH_{r2}}{NPSH_{r1}} = \left(\frac{n_2}{n_1}\right)^2$$

可见，当转速 $n$ 提高后，必需汽蚀余量 $NPSH_r$ 成平方关系增加，给水泵的抗汽蚀性能严重恶化。为了改善其吸入性能，降低泵的倒灌高度，就需要在给水泵前加装前置泵，以增加给水泵入口压力，使其大于给水泵水温下的汽化压力，防止汽蚀的发生，保证高速给水泵的安全运行。

（二）结构型式

目前大机组均采用 $YNK_n$ 和 QG 型前置泵，如图 6 - 15 和图 6 - 16 所示。该系列前置泵可为 CHTA、CHTC 型高压锅炉给水泵升压之用。

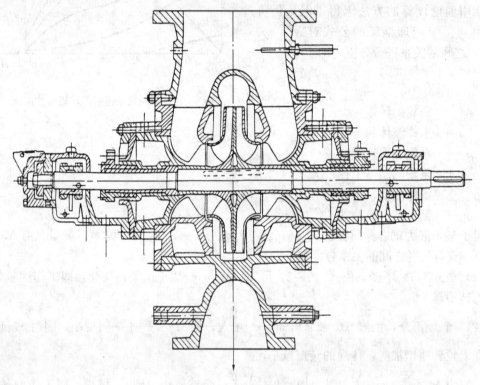

图 6 - 15    $YNK_n$ 型前置泵结构

性能范围：

流量（$q_V$）400～1400m³/h

扬程（$H$）45～130m

输送水温 210℃ 以下

$YNK_n$、QG 型泵均为单级双吸卧式蜗壳式离心泵。

型号说明：

QG400/300 型                         $YNK_n$300/200-18

QG——前置泵                          $YNK_n$——前置泵

400——泵进口直径（mm）               300——泵进口直径（mm）

300——泵出口直径（mm）               200——泵出口直径（mm）

　　　　　　　　　　　　　　　　　　　18——叶轮出口宽度（mm）

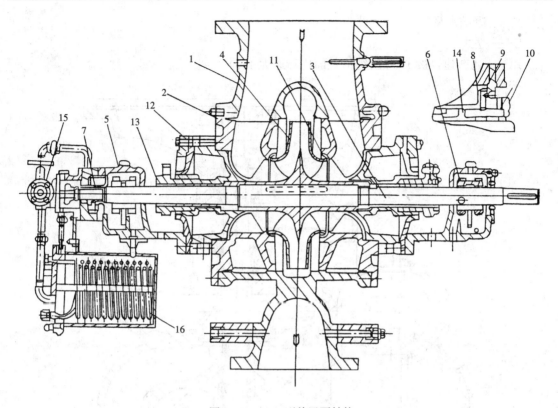

图 6 - 16　QG 型前置泵结构

1—泵体；2—泵盖；3—泵轴；4—叶轮；5—轴承体；6—轴瓦；7—推力轴承；8—机械密封；9—密封体；10—密封
压盖；11—密封环；12—填料函体；13—轴套；14—机械密封轴套；15—轴承油泵；16—轴承箱冷却器

## 四、凝结水泵

（一）概述

凝结水泵的作用是抽出汽轮机凝汽器中的凝结水，经低压加热器将水送往除氧器。

由于凝结水泵是从高度真空的凝汽器中抽取饱和状态的凝结水，故容易吸入空气和产生汽蚀。因此，要求凝结水泵具有较好的轴端密封，以防止空气漏入泵中，并要求具有较高的抗汽蚀性能。为此，凝结水泵的转速不宜过高，一般在 980～1450r/min 之间，且第一级叶轮往往作成双吸式或在首级叶轮前加装诱导轮。

凝结水泵进口与凝汽器之间设有抽气平衡管，其目的是在启动时泵内空气能排至凝汽器，然后由抽气器抽出，并可维持泵入口与凝汽器处于相同的真空度。

（二）结构型式

大容量机组的凝结水泵采用以下型式。

1. NL 型凝结水泵

300MW 以下机组多采用 NL 型凝结水泵。图 6 - 17 所示为立式中开带诱导轮的两级离心泵。首级叶轮出口的水经中段导叶引入次级叶轮，次级叶轮出口的水经末级导叶引向压出管。

型号说明：

18NL-18 型

18——吸入口直径，被 25 除所得值（即吸入口直径为 450mm）

N——凝结水泵

L——立式

18——比转速，被 10 除所得值（即比转速为 180）

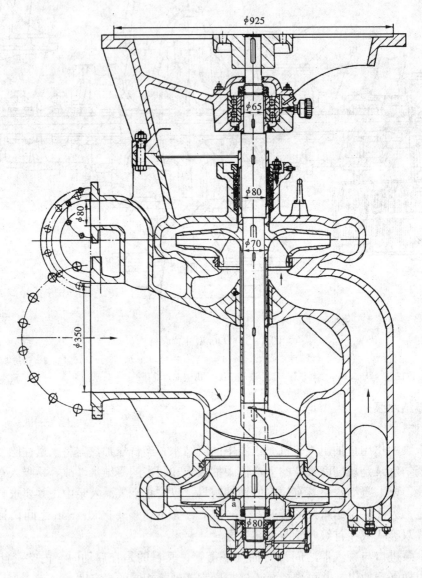

图 6-17　NL 型凝结水泵结构

2. LDTN 型凝结水泵

LDTN 型是由沈阳水泵厂生产的为大容量火电机组配套使用的凝结水泵，也可供核电站输送凝结水之用。图 6-18（a）所示为 LDTN 型凝结水泵结构图。输送的凝结水温度不超过 80℃。

性能范围：

流量（$q_V$）85～2000m³/h

扬程（$H$）48～360m

结构特点：立式筒袋式多级离心泵，首级叶轮有单吸和双吸两种型式，用于600MW 机组的 LDTN 型泵，首级叶轮为双吸式叶轮。立式结构的主要优点是占地面积小；叶轮处于最低位置，增加了倒灌高度；工作部分位于筒体内，不存在吸入端漏入空气的问题。

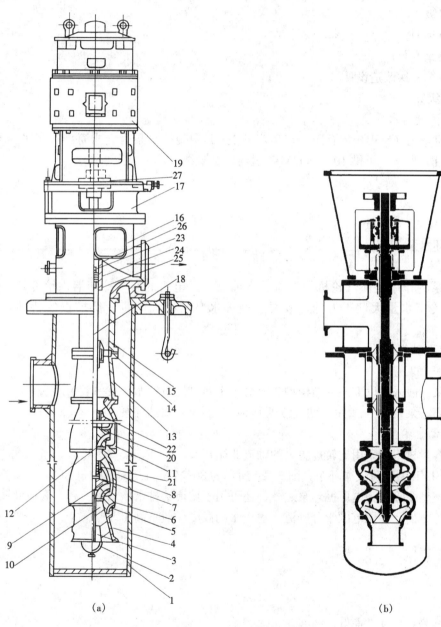

图 6-18 水泵结构示意图

(a) LDTN 型凝结水泵结构；(b) NLT 型凝结水泵结构

1—圆筒体；2—下轴承压盖；3—下轴承；4—下轴承支座；5—诱导轮衬套；6—首级前密封环；7—首级后密封环；8—首级导流壳；9—首级叶轮；10—诱导轮；11—次级导流壳；12—次级叶轮；13—变径管；14—轴承体；15—接管；16—泵座；17—支座；18—泵轴；19—电动机；20—卡环；21—定位轴套；22—导轴承；23—固定键；24—卡套；25—固定套；26—传动轴；27—刚性联轴器

型号说明：

9LDTNA-4 型

9——泵序号

L——立式

D——多级

T——筒袋型

N——凝结水泵

A——泵第一次改造设计

4——泵级数

3. NLT 型凝结水泵

由上海凯士比（KSB）泵有限公司生产的 NLT 型凝结水泵为立式筒袋式多级离心泵，如图 6-18（b）所示。可供 100～600MW 机组输送凝结水，水温为 80℃。

性能范围：

流量（$q_V$）100～2400m³/h

扬程（$H$）32～380m

**五、循环水泵**

（一）概述

循环水泵的作用是向汽轮机凝汽器、冷油器、发电机的空气冷却器供给冷却水，其工作特点是冷却水量大，压力低，故要求循环水泵具有大流量、低扬程的特性，属高比转速泵。

（二）结构型式

1. 离心式循环泵

循环水泵一般采用以下三种结构型式：对中小容量机组的循环泵一般采用水平中开式单级双吸卧式离心泵，如 Sh 型；图 6-19 所示为 Sh 型离心式循环泵。

2. 轴流式循环泵

近代大容量机组均采用比转速更高的轴流式循环泵。

一般采用 ZL 型轴流式循环泵，图 6-20 所示为 300MW 机组配套的 50ZLQ-50 型立式轴流循环泵。该型泵除作为电厂循环泵之外，还可用于城市给排水、水利工程、农业灌溉以及化工、冶金等方面，使用范围十分广泛，输送水的温度一般不高于 50°。

性能范围：

流量（$q_V$）100～25000m³/h

扬程（$H$）3～55m

主要优点：

（1）效率高，汽蚀性能好；

（2）运行可靠；

（3）安装维护方便；

（4）振动噪声小。

结构特点：单级立式结构，为提高泵在变工况下的运行效率，在轮毂内装有叶片安装角的调节机构，可分为半调节式与全调节式两种。半调节式是在工况发生变化时，需拆下叶轮，调节叶片安装角度。全调节式是在停机或不停机的情况下，通过叶片调节机构来改变叶片的安装角，以满足流量和扬程的要求。

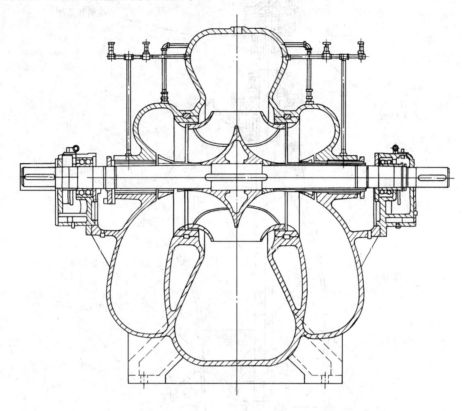

图 6-19　Sh 型离心式循环泵的结构

型号说明：

| 1600ZLQ-7.3-3.4 型 | 64ZLB-50 型 |
|---|---|
| 1600——出口直径（mm） | 64——出口直径，被 25 除所得值（即出口直径为 1600mm） |
| Z——轴流泵 | |
| L——立式结构 | Z——轴流泵 |
| Q——全调节叶片 | L——立式结构 |
| 7.3——泵叶片安装角为 0°时的设计流量（m³/s） | B——半调节叶片 |
| | 50——比转速被 10 除所得值（即比转速为 500） |
| 3.4——泵叶片安装角为 0°时的设计扬程（m） | |

3. 斜流式循环泵

随着单机容量的增加，对循环泵不仅要求流量大，对扬程的要求也有所提高。所以目前国内外已普遍采用性能介于离心式和轴流式之间，属大流量、中等扬程的斜流式水泵作为电厂循环水泵。

大容量机组的循环水泵一般采用沈阳水泵厂生产的 HB、HK 型立式斜流泵（见图 6-21），及由上海凯士比泵有限公司生产的 SEZ 及 HL 型立式斜流泵（见图 6-22）。上述泵

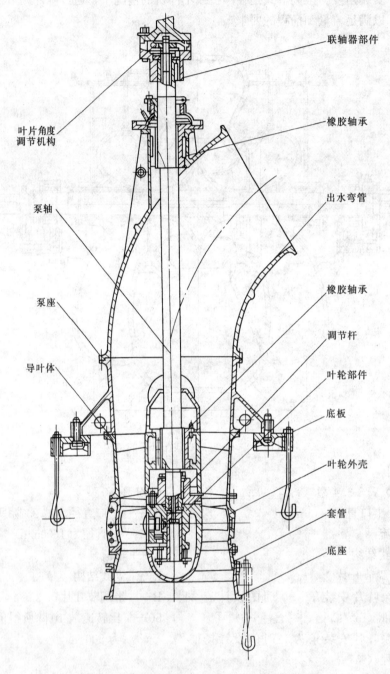

联轴器部件

橡胶轴承

出水弯管

橡胶轴承

调节杆

叶轮部件

底板

叶轮外壳

套管

底座

叶片角度
调节机构

泵轴

泵座

导叶体

图 6-20　50ZLQ-50 型立式轴流循环水泵结构

除作为电厂循环水泵之外，还可用于城市给排水、农业灌溉等方面，适用于输送 55° 以下的清水或海水。

HB、HK 型泵性能范围：

　　流量（$q_V$）600～62000m³/h

　　扬程（$H$）6～100m

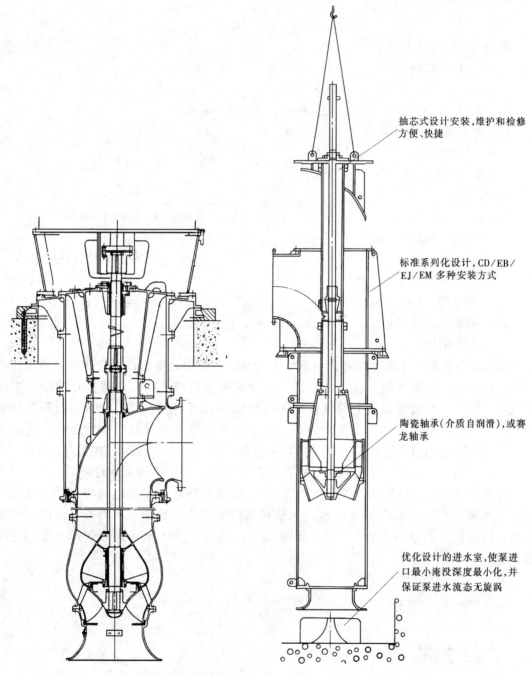

图 6-21　HB 型立式斜流泵结构　　　　图 6-22　可抽芯 SEZ 型立式斜流泵结构

抽芯式设计安装,维护和检修
方便、快捷

标准系列化设计,CD/EB/
EJ/EM 多种安装方式

陶瓷轴承(介质自润滑),或赛
龙轴承

优化设计的进水室,使泵进
口最小淹没深度最小化,并
保证泵进水流态无旋涡

　　SEZ 型泵分为抽芯式和非抽芯式两种类型。抽芯式是将泵顶部泵盖拆开后,抽芯部分
(包括轴、叶轮、导叶等)均可被抽出,而与出口管路相连的整个泵外筒体固定不动。因此
拆卸装配十分方便、快捷。非抽芯式泵转子部件与固定部件组成一个整体,检修时需将整个
泵拆除。

　　出水口径为 2200mm 的 SEZ 型抽芯结构的循环水泵是目前国内制造的最大口径的电厂

用循环泵，其效率达 90％，如图 6-22 所示。

性能特点：

流量（$q_V$）为 64 800m³/h

扬程（$H$）为 30m。

主要优点：

(1) 体积小，重量轻，机组占地面积小，启动前不需灌水；

(2) 效率高，泵效率可达 83％～90％；

(3) 汽蚀性能好；

(4) 安全可靠，使用寿命长。

型号说明：

| | |
|---|---|
| 1400HB2S 型 | SEZ2000-1740/1500 型 |
| 1400——出口直径（mm） | SEZ——泵型式 |
| H——立式斜流泵 | 2000——泵出口法兰内径（mm） |
| B——闭式叶轮（半开式叶轮用 K 表示） | 1740——叶轮出口直径（mm） |
| 2——泵级数（1 级时不表示） | 1500——叶轮进口直径（mm） |
| S——叶轮比转速代号 | |

### 六、强制循环泵

强制循环泵是用于强制循环汽包锅炉上的泵。其作用是确保高温高压的锅炉水进行强制循环。因汽包锅炉随工作压力的提高，介质密度差减小，其自然循环的动力也随之减小。因此，在超高压以上的汽包锅炉自然循环较难建立。所以，强制循环泵就成为亚临界汽包锅炉水循环的主要动力源。由于它是通过下降管从汽包中吸水，其吸水压力和温度接近汽包参数。如一台 500MW 机组，压力为 1825kPa，温度为 340℃。在这种高温、高压下工作，泵的轴封是极其困难的，所以一般采用无轴封泵。

由沈阳水泵厂和哈尔滨电机厂生产的 LUV 型强制循环泵，其结构特点是立式无轴封单级单吸离心泵，如图 0-3 所示。无轴封泵的工作特点是吸入压力高，温度高，流量大，扬程低。如为 600MW 机组配套的 LUVc350x2-475/1 型锅炉强制循环泵，其性能参数为：

流量 3614m³/h

扬程 29.4m

工作温度 375℃

转速 1476r/min

### 七、灰渣泵

灰渣泵的作用是将锅炉燃烧后排出的灰渣与水的混合物输送到储灰场。灰渣水中的大块灰渣必须经碎渣机破碎至 25mm 以下。由于灰渣泵输送的是灰渣与水的混合物，因此，泵的过流部件磨损很大。为防止过流部件迅速磨损，在泵体的内壁上装有护套及前护板。它们和叶轮均采用锰钢制造，泵轴则用优质的碳钢制造。灰渣泵由于要经常停泵检修或更换磨损部件，所以必须装设备用泵。图 6-23 所示为 PH 型灰渣泵结构图。

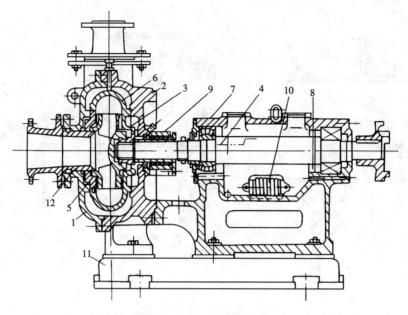

图 6-23　PH 型灰渣泵

1—泵体；2—泵盖；3—叶轮；4—轴；5—前护板；6—护套；7—托架盖；8—托架；
9—填料箱；10—冷却水管；11—泵座；12—进水护套

## 第二节　电厂常用的风机

### 一、送风机

送风机的作用是向锅炉炉膛输送燃料燃烧所必需的空气量。所输送的空气温度与室温相同。这种风机要能保证供给炉内燃烧所需要的空气量及克服送风管道系统的阻力，其输送的空气中几乎没有燃料的飞灰，因此，在结构上没有特殊要求，与一般用途的通风机相同。

200MW 以下机组普遍采用国产 G4-13.2（4-73）型机翼型后弯叶片离心式风机，最高效率可达 92％，其结构如图 6-24 所示。该风机叶轮由几个机翼型叶片焊接于弧锥形前盘与平板形后盘中间所构成。由于采用了机翼型叶片，大大提高了风机效率，并使噪声降低，强度增加。

对 300MW 以上大机组，多采用轴流式风机。它具有结构紧凑、占地面积小和调节效率高等优点。

由上海鼓风机厂生产的为 600MW 机组配套的 FAF26.6-14-1 型动叶可调轴流式送风机，其结构如图 6-25 所示。该风机主要由进气箱 1、转子（动叶）6、导叶 7、扩压筒 8 及液压动叶调节装置等组成。其性能参数为：$p=4954$Pa，$q_v=242.9$m$^3$/s，$n=985$r/min，$P=1500$kW（电机功率）。该风机除上述优点外，风机机壳上半部分易于拆下，所以转子、主轴承箱等检修十分方便。

动叶可调轴流式风机可分为单级和多级。单级一般用于输送风压在 8000Pa 以下的送风机和 5500Pa 以下的引风机。如高于该风压则采用双级，图 6-26 所示为双级轴流式送风机结构图，该风机装有集中的液压动叶调节装置；图 6-27 所示为动叶可调轴流送风机的性能

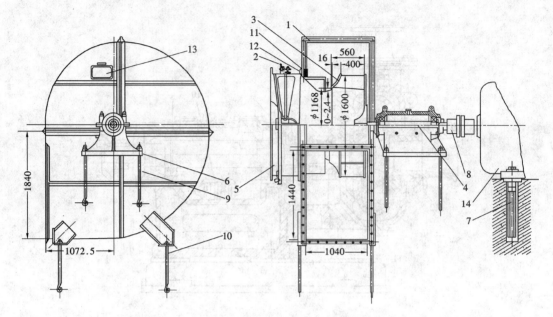

图 6-24　G4-13.2（4-73）-11No16D 型锅炉送风机结构

1—机壳；2—进风调节门；3—叶轮；4—轴；5—进风口；6—轴承箱；7—底部垫板；8—联轴器；
9、10—地脚螺钉；11—垫圈；12—螺栓及螺母；13—铭牌；14—电动机

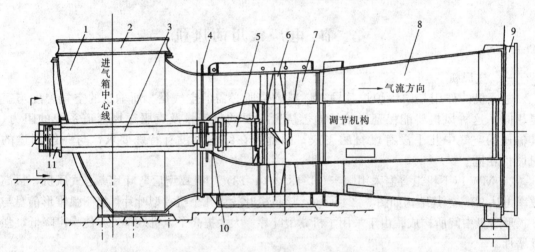

图 6-25　FAF26.6-14-1 型动叶可调轴流式送风机结构

1—进气箱；2—膨胀节；3—中间轴；4—软性接口；5—主轴承；6—动叶；7—导叶；
8—扩压筒；9—膨胀节；10—联轴器；11—罩壳

曲线。由图 6-27 可知，它的显著特点是在广泛的工况区域内，可以保持高效率，即其叶片角度可随工况的变化调节到最佳的空气动力特性。对负荷经常变化的锅炉，采用动叶可调的轴流式风机，其节能效果显著。

图 6-27 动叶可调轴流式风机的性能曲线与图 6-28 进口导叶调节的离心式风机的性能曲线比较，可看出其优越性，当流量减小到设计流量的 75% 时，离心式效率仅为 54%，而轴流式效率仍保持在 78%。

目前，600MW 以上超临界压力机组均采用动叶可调轴流式风机作为送风机。

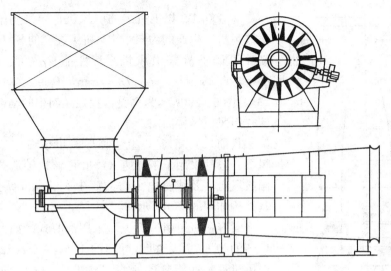

图 6-26　双级轴流式送风机结构

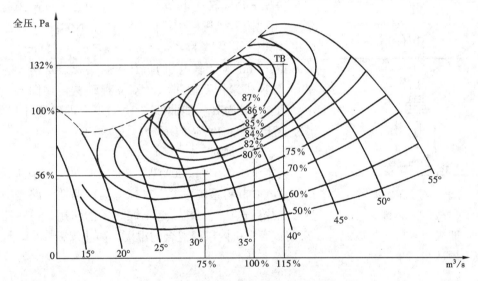

图 6-27　动叶可调轴流式风机的通用性能曲线

## 二、引风机

引风机的作用是把燃料燃烧后所生成的烟气从锅炉中抽出，并排入大气。由于烟气是有害气体，而且温度较高，故应在轴承箱内装有水冷却装置，使引风机的轴承得到良好的冷却。同时，引风机还应有良好的密封性，以免烟气外泄。此外，因烟气中含有一定量的飞灰，为减轻引风机的磨损，叶片和机壳的钢板均需加厚，且采用耐磨材料，以延长使用寿命。

对 200MW 以下机组引风机仍采用国产 Y4-13.2（4-73）型，其结构和 G4-13.2（4-73）型同一机号的送风机完全相同。

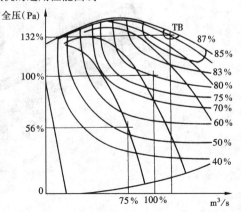

图 6-28　进口导叶调节的离心式风机通用性能曲线

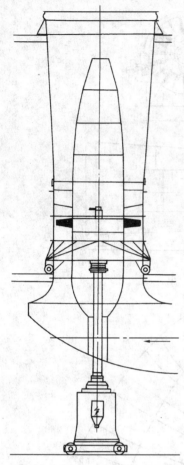

图 6-29　布置在烟囱中的
轴流式引风机

对 300MW 以上机组的引风机普遍采用轴流式。由上海鼓风机厂生产的为 600MW 机组配套的 SAF35.5-20-1 型动叶可调轴流式引风机，其性能参数为：$p = 4841\text{Pa}$，$q_V = 525.38\text{m}^3/\text{s}$，$n = 735\text{r/min}$，$P = 3300\text{kW}$（电机功率）。图 6-29 所示为垂直布置在烟囱中的动叶可调单级轴流式引风机结构简图。

目前，600MW 以上超临界、超超临界参数机组的引风机一般都采用子午加速（静叶可调）轴流式风机，如沈阳鼓风机厂及成都电力修造厂生产的 AN 系列轴流风机，其结构如图 6-30 所示。

大容量机组引风机也可采用离心式。如上海鼓风机厂生产的为 600MW 机组配套的 14144AZ/2682/1 型离心式引风机，其性能参数为：$p = 4552\text{Pa}$，$q_V = 500\text{m}^3/\text{s}$，$n = 595/497\text{r/min}$（双速电机），$P = 4000/2500\text{kW}$（电机功率）。由沈阳鼓风机厂生产的 Y4-2×73N037F 型离心式引风机，其性能参数为：$p = 4668\text{Pa}$，$q_V = 483\text{m}^3/\text{s}$，$n = 580/480\text{r/min}$（双速电机），$P = 4000/2500\text{kW}$（电机功率）。该风机采用双侧进气，双支撑结构，如图 6-31 所示。图 6-32 为其性能曲线（0°～70°为进口导叶片位置，0°为全开位置，90°为全闭位置）。

### 三、一次风机

大容量机组，如 300MW、600MW 机组锅炉所采用的正压直吹式制粉系统中，一次风分为两路：一路经空气预热器加热后送往磨煤机，起干燥煤粉的作用；另一路冷一次风送往磨煤机入口与热风混合，来调节磨煤机内风粉混合的温度，防止煤粉爆炸，同时又保证煤干燥适当。

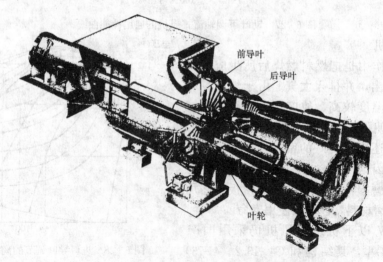

图 6-30　子午加速（静叶可调）轴流式风机

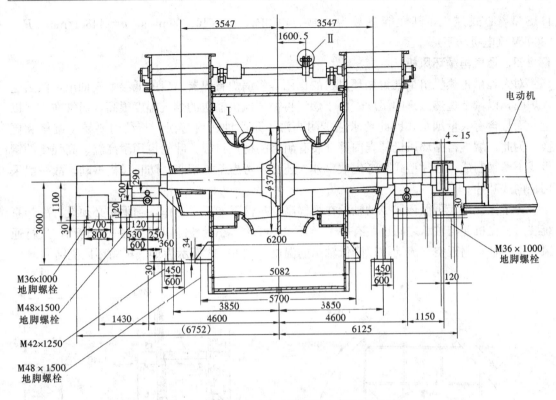

图 6 - 31　Y4-2×73N037F 型离心式引风机结构

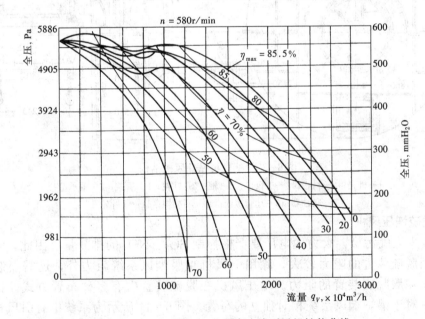

图 6 - 32　Y4-2×73N037F 型离心式引风机性能曲线

对 600MW 机组的一次风机一般采用动叶可调的轴流式风机。如上海鼓风机厂生产的 PAF19-12.5-2 型轴流风机，其性能参数为：$p=15246\text{Pa}$，$q_V=122.76\text{m}^3/\text{s}$，$n=1470\text{r/min}$，$P=2300\text{kW}$（电机功率）。

300MW、600MW 机组一次风机也可采用离心式风机，如上海鼓风机厂生产的 1888AZ/

114S 型离心式风机，其性能参数为：$p = 14968\mathrm{Pa}$，$q_V = 106.09\mathrm{m^3/s}$，$n = 1480\mathrm{r/min}$，$P = 2000\mathrm{kW}$（电机功率）。

**四、烟气再循环风机**

对大容量再热机组烟气再循环风机的作用是将锅炉省煤器出口的低温烟气抽出，然后送入炉膛，以调节过热蒸汽的温度。由于烟气再循环风机输送的烟气温度很高，通常在 300° 以上，而且含有大量烟灰，因此要求它能耐高温、耐腐蚀、耐磨损，其结构要易于维修和更换。为此，烟气再循环风机外壳内壁都装有耐磨的锰钢衬板。叶轮也用耐高温、高强度的钢板或不锈钢制成。叶片型式除考虑效率外，还必须考虑不易积灰，防止风机振动，故一般采用径向式叶片。

为了保证烟气再循环风机的轴承在烟气高温条件下能正常工作，轴承箱必须设有冷却系统装置。在机壳与轴承之间还装有一个半开式小叶轮，小叶轮随风机主轴一起转动，进行通风，促使轴承附近空气流动，以降低轴承的温度。图 6-33 所示为烟气再循环风机结构。

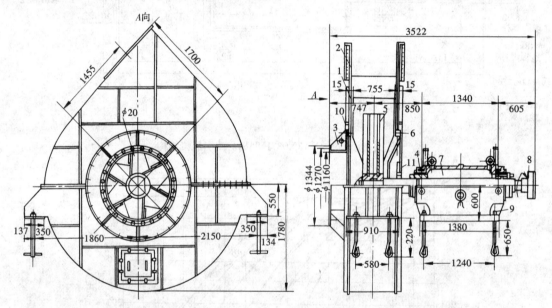

图 6-33　烟气再循环风机结构

1—机壳；2—衬板；3—进风口；4—轴；5—叶轮；6—后盖；7—轴承箱；
8—联轴器；9—地脚螺栓；10—石棉绳；11—小叶轮

**五、脱硫增压风机**

为了减少大气污染，火力发电厂要严格控制 $SO_2$、$NO_x$ 的排放量。因此，需要有脱硫装置。因脱硫装置的阻力较大，除用引风机克服烟风系统阻力外，还需要装设脱硫增压风机来克服脱硫装置的阻力。增压风机在脱硫装置中有多种布置方式。目前较常采用的是，对于锅炉烟风系统相对独立的布置。图 6-34 所示为系统中有引风机和脱硫增压风机。采用这种配置方式，在脱硫系统中的增压风机或其他设备发生故障需要短期维修时，可以暂时用旁路排烟，不会影响引风机的效率，也不必整体停炉，增加了设备的可靠性。

也有脱硫装置中不装脱硫增压风机，而只有引风机。此时引风机要同时克服锅炉烟风系统和脱硫装置的阻力。因此，需要提高引风机的全压。

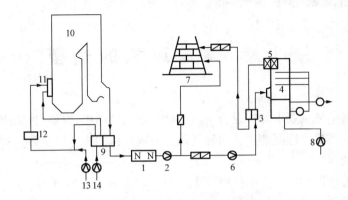

图 6-34　引风机与脱硫增压风机的配置

1—除尘器；2—引风机；3—旋转空气预热器（GGH）；4—吸收塔；5—除雾器；
6—脱硫增压风机；7—烟囱；8—氧化风机；9—空气预热器；10—炉膛；
11—燃烧器；12—磨煤机；13——次风机；14—送风机

　　脱硫增压风机，可采用离心式风机、动叶可调轴流式风机以及静叶可调式轴流风机，具体使用哪种风机，应视具体情况而定。

# 第七章 泵与风机的选型

选型即用户根据使用要求，在泵与风机的已有系列产品中选择一种适用的、不需要另外设计、制造的泵与风机。选型的主要内容是确定泵或风机的型号、台数、规格、转速以及与之配套的原动机功率。

对泵与风机进行选型，主要的原则如下。

（1）所选用的泵或风机设计参数应尽可能地靠近它的正常运行工况点，从而使泵或风机能长期在高效率区运行，以提高设备长期运行的经济性。

（2）选择结构简单紧凑、体积小、重量轻的泵或风机。为此，应在尽可能的情况下，尽量选择高转速的。

（3）运行时安全可靠。对于水泵来说，首先应该考虑设备的抗汽蚀性能特别对用于超临界压力大容量机组的锅炉给水泵的首级叶轮，低倍率强制循环锅炉的循环泵，以及在电网中担任调峰任务经常处于滑压运行机组的给水泵。其次，为保证工作的稳定性尽量不选用具有驼峰形状性能曲线的泵与风机。如果曲线具有驼峰时，其运行工况也必须处于驼峰的右边，而且扬程（全风压）应低于零流量下的扬程（全风压），以利于投入同类设备的并联运行。

（4）风机噪声要低。

（5）对于有特殊要求的泵或风机，除上述要求外，还应尽可能满足其他的要求，如安装位置受限时应考虑体积要小，进出口管路能配合等。

（6）采用的流量、扬程（全风压）裕量应满足 DL5000—2000《火力发电厂设计技术规程》的规定。

## 第一节 泵 的 选 型

### 一、选型条件

1. 输送介质的物理化学性能

输送介质的物理化学性能直接影响泵的性能、材料和结构，是选型时需要考虑的重要因素。介质的物理化学性能包括：介质特性（如腐蚀性、磨蚀性、毒性等）、固体颗粒含量及颗粒大小、密度、黏度、汽化压力等。

2. 选型参数

选型参数是泵选型的最重要依据，应根据工艺流程和操作变化范围慎重确定。

（1）流量 $q_V$。一般应给出正常、最小和最大流量。

泵数据表上往往只给出正常和额定流量。选泵时，要求其额定流量不小于装置的最大流量，或取正常流量的 1.05～1.10 倍。

（2）扬程 $H$。一般要求泵的额定扬程为装置所需扬程的 1.10～1.15 倍。

（3）进口压力 $p_1$ 和出口压力 $p_2$。进、出口压力指泵进出接管法兰处的压力，进出口压力的大小影响到壳体的耐压和轴封的要求。

（4）温度 $t$。指泵的进口介质温度，一般应给出使用条件下泵进口介质的正常、最低和最高温度。

（5）装置汽蚀余量。

（6）操作状态。分连续操作和间歇操作两种。

3. 现场条件

现场条件包括泵的安装位置，环境温度，相对湿度，大气压力，大气腐蚀状况及危险区域的划分等级等条件。

**二、泵类型的选择**

泵的类型应根据装置的运行参数、输送介质的物理和化学性质、操作周期和泵结构特性等因素合理选择。离心泵具有结构简单、输液无脉动、流量调节简单等优点，因此除以下情况外，应尽可能选用离心泵。

（1）有计量要求时，选用计量泵。

（2）扬程要求很高，流量很小且无合适小流量高扬程离心泵可选用时，可选用往复泵，如汽蚀性能要求不高时也可选用旋涡泵。

（3）扬程较低，流量很大时，可选用轴流泵和斜流泵。

（4）介质黏度较大（大于 $650\sim1000\mathrm{mm^2/s}$）时，可考虑选用转子泵，如螺杆泵，或往复泵；黏度特别大时，可选用特殊设计的高黏度螺杆泵和高黏度往复泵。

（5）介质含气量大于 $5\%$，流量较小且黏度小于 $37.4\mathrm{mm^2/s}$ 时，可选用旋涡泵。如允许流量有脉动，可选用往复泵。

（6）对启动频繁或灌泵不便的场合，应选用具有自吸性能的泵，如自吸式离心泵、自吸式旋涡泵、容积式泵等。

**三、泵系列的选择**

泵的系列是指泵厂生产的同一类结构和用途的泵，如 IS 型清水泵，Y 型油泵，ZA 型化工流程泵等。当泵的类型确定后，就可以根据运行参数和介质特性来选择泵的系列和材料。

**四、泵型号的确定**

泵的类型、系列和材料选定后就可以根据泵厂提供的样本及有关资料确定泵的型号。

1. 额定流量和扬程的确定

额定流量一般取最大流量的 $1.05\sim1.10$ 倍。额定扬程一般取装置所需扬程的 $1.05\sim1.1$ 倍。对黏度大于 $20\mathrm{mm^2/s}$ 或含固体颗粒的介质，需先换算成输送清水时的额定流量和扬程，再进行选型工作。

2. 查系列型谱图

按额定流量和扬程查出初步选择的泵型号，可能为一种或两种以上。附录Ⅲ给出了 IS 型泵系列型谱图，可参照选取。

3. 校核

按性能曲线校核泵的额定工作点是否落在泵的高效工作区内；校核泵的装置汽蚀余量是否符合要求。当不能满足时，应采取有效措施加以实现。

当符合上述条件者有两种以上规格时，要选择综合指标高者为最终选定的泵型号。具体可比较以下参数：效率（泵效率高者为优）、重量（泵重量轻者为优）和价格（泵价格低者为优）。

### 五、原动机功率的确定

1. 泵轴功率 $P$ 的计算

按额定流量以及额定扬程参考第二章计算。

2. 原动机的配用功率 $P_g$

原动机的配用功率 $P$ 一般按式（7-1）计算，即

$$P_g = K \frac{P}{\eta_{tm}} \tag{7-1}$$

式中　　$\eta_{tm}$——泵传动装置效率，见表 2-1；

　　　　$K$——原动机功率富裕系数，见表 2-2。

### 六、采用综合性能曲线图选择水泵

对于水泵也可以利用综合性能曲线图来选择。

水泵综合性能曲线图又称型谱图，是将型号不同的所有泵的性能曲线的合理工作范围（四边形）表示在一张图上。这个四边形是以叶轮切割与不切割的 $q_V - H$ 曲线和与设计点效率相差不大于 7% 的等效率曲线所组成的，如图 7-1 所示。

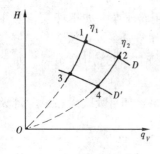

图 7-1　水泵的综合
　　　　性能曲线

曲线 1-2 表示叶轮直径未切割时的 $q_V - H$ 曲线；曲线 3-4 表示叶轮在允许切割范围内切割后的 $q_V - H$ 曲线；曲线 1-3 和 2-4 均是等效率曲线，它的数值一般规定与泵设计点效率相差不大于 7%。

选择的步骤如下：

（1）同前面一样，首先决定计算流量 $q_V$ 和计算扬程 $H$；

（2）选定设备的转速 $n$，算出比转速 $n_s$；

（3）根据 $n_s$ 的大小，决定所选水泵的类型（包括水泵的台数和级数）；

（4）根据所选的类型，在该型的水泵综合性能图上选取最合适的型号，确定转速、功率、效率和工作范围；

（5）从水泵样本中查出该台水泵的性能曲线，根据泵在系统中的运行方式（单台、并联或串联运行），绘出运行方式的工况曲线；

（6）根据泵的管路特性曲线和运行方式的工况曲线，确定该泵在系统中的工况点。如果效率变化的幅度不太大，则选择工作完成。否则应重复上述步骤，另选其他型号的泵，直至满意为止。在要求不太高的系统中，一般一次选定，不再重选。

## 第二节　风机的选型

风机的选型原则及选型的已知条件与泵基本相同。

### 一、计算公式

$$q_V = (1.05 \sim 1.10) q_{V\max} \tag{7-2}$$

$$p = (1.10 \sim 1.15) p_{\max} \tag{7-3}$$

应当注意：在设计规范中送风机的工作参数是对热力学温度 $T = 293K$（20℃），大气压

力 $p_{amb}=101325Pa$，相对湿度为 $50\%$，空气密度 $\rho_{293}=1.293kg/m^3$ 的干净空气而言；引风机的工作参数是对热力学温度 $T=438K(165℃)$，大气压力 $p_{amb}=101325Pa$，相对湿度为 $50\%$，密度 $\rho_{493}=0.745kg/m^3$ 的烟气而言。

若所输送的流体介质不符合上述状态时，为了按照设计规范来选择风机，必须对流量、风压、功率按下列公式进行换算。

送风机计算公式为

$$q_{V20} = q_V \tag{7-4}$$

$$p_{20} = p\,\frac{101325}{p_{amb}} \times \frac{t+273}{293} \tag{7-5}$$

$$P_{20} = P\,\frac{101325}{p_{amb}} \times \frac{t+273}{293} \tag{7-6}$$

引风机计算公式为

$$q_{V200} = q_V \tag{7-7}$$

$$p_{200} = p\,\frac{101325}{\mu_{amb}} \times \frac{t+273}{438} \tag{7-8}$$

$$P_{20} = P\,\frac{101325}{p_{amb}} \times \frac{t+273}{438} \tag{7-9}$$

式中　$q_V$、$p$、$P$——送风机、引风机在使用条件下的风量、全压和功率，$m^3/s$、$Pa$、$kW$；

　　　$p_{amb}$——当地大气压，$Pa$；

　　　$t$——使用条件下风机进口处的气体温度，℃。

当选择引风机时，如果烟气密度没有准确数据，则可按下式计算

$$\rho = 1.339 \times \frac{273}{T}$$

式中　$1.339$——温度为 $273K$（$0℃$）时烟气的平均密度，$kg/m^3$；

　　　$T$——烟气的热力学温度，$K$。

### 二、选型方法

风机的选型方法有四种。

1. 按风机类型、性能曲线选型

该方法简单方便，但不能保证所选风机在系统中的最佳工况。其选型步骤是：

（1）根据运行需要，按式（7-2）、式（7-3）确定计算流量 $q_V$ 和计算风压 $p$；

（2）根据风机的用途，如引风机，就在常用的引风机性能表中查找合适的型号（含叶轮直径）、转速和电动机功率，这样就决定了所选的风机。

2. 利用风机的选择曲线图选型

这是最常用的一种方法，风机的选择曲线是以对数坐标表示的。它把几何相似但叶轮直径 $D_2$ 不同的风机的风压、风量、转速和功率绘制在一张图上。风机的工作范围一般规定三组等值线，即等 $D_2$ 线、等 $n$ 线和等 $P$ 线。由于采用了对数坐标，这三组等值线均是直线。等 $D_2$ 线和等 $n$ 线通过每条性能曲线中效率最高点，而等 $P$ 线则不一定通过最高效率设计点。等 $D_2$ 线通过的几条性能曲线，表示同一机号（即 $D_2$）不同转速下的性能曲线。对图上任意一条性能曲线来说，其线上各点的转速、叶轮直径都是相同的，可以通过效率最高点的等 $D_2$ 线和等 $n$ 线查出它的叶轮直径和转速。等 $P$ 线表示线上各点功率相等，但性能曲线上

每一点的功率都不相等，可以查出它所在处的功率，经过密度换算，得出实际工作状况下的功率。

选择的步骤：

（1）按式（7-2）、式（7-3）确定计算流量和计算风压。如果输送的介质参数与常态状况不符合，应按式（7-4）、式（7-5）进行换算；

（2）按照电厂技术规范，从安全经济的原则出发，决定合理运行方式和设备的台数。如果选定两台或两台以上设备并联运行，则应将计算流量除以设备台数，但计算风压保持不变。要考虑在管道阻力一定的情况下，并联后的总流量比各台单独运行的流量之和有所减少；如果选定为两台或者两台以上设备串联运行，则应使计算流量 $q_V$ 保持不变，而将计算风压除以设备的台数。也应考虑串联后风压有所减少。从而决定单台设备所需要的选择参数。

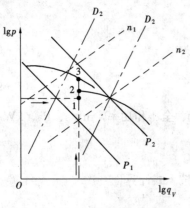

图 7-2　风机选择曲线的使用

（3）由已定的选择参数，在风机的选择曲线上作相应坐标轴的垂线，根据其交点可知所选风机的机号、转速和功率。当交点不是刚好落在风机的性能曲线上，如图 7-2 中 1 点时，通常是在满足风量的条件下由垂直线往上找，找出最接近的性能曲线上的 2 点和 3 点。并由 2 点和 3 点所在的性能曲线分别查出其最高效率点时所选风机的机号（叶轮直径 $D_2$）、转速和功率再用插入法经密度换算，求出该机号在需要参数状态下的功率。然后考虑一定的裕量来选定电动机。电动机的安全系数，通风机采用 1.15，引风机采用 1.30，排粉风机采用 1.20。

根据上面 2、3 两点可选得两台风机，经过权衡分析，并核查运行工况点是否处于高效区，一般选取转速较高、叶轮直径较小、运行经济（风机在流量减小时，可较长时期保持高效率）的第 3 点为所确定的风机。

3. 利用风机的无因次性能曲线选型

风机的无因次性能曲线可适应不同的叶轮外径和转速，它代表几何相似和性能完全相似的同类型风机的性能曲线，其选择步骤如下。

（1）按运行需要，选择几种可用的风机型式，由所选类型的设计点效率 $\eta$（一般为 $\eta_{max}$）查出各类型的流量系数 $\bar{q}_V$ 和压力系数 $\bar{p}$。选择时可把几种型式进行列表计算，便于比较和挑选。

（2）由公式

$$q_V = \frac{\pi}{4} D_2^2 u_2 \bar{q}_V$$

和

$$p = \rho u_2^2 \bar{p}$$

联立解出

$$D_2 = \sqrt[4]{\frac{16 \rho q_V^2 \bar{p}}{\pi^2 p \, \bar{q}_V^2}} = 1.131 \sqrt[4]{\frac{\rho q_V^2 \bar{p}}{p \, \bar{q}_V^2}}$$

式中　$q_V$——风机计算风量，$m^3/s$；

　　　$p$——风机计算风压，Pa；

　　　$u_2$——叶轮圆周速度，m/s；

　　　$\rho$——介质的密度，对于常态状况的空气，$\rho_{20}=1.293kg/m^3$。

由计算出的 $D_2$，从已生产的机号中选用一个与 $D_2$ 相近的外径 $D'_2$。

（3）由选用的 $D'_2$，按公式

$$n=\frac{60}{\pi D'_2}\sqrt{\frac{p}{\rho\,\bar{p}}}\quad \text{r/min}$$

求得所需转速 $n$，由算出的 $n$ 值去查已生产的电动机转速 $n'$，从中选用一个与 $n$ 值相近的转速 $n'$ 即可。

（4）由上面所选用的 $D'_2$ 和 $n'$，按式（7-10）和式（7-11）算出需要的 $u'_2$、$\bar{q}'_V$ 和 $\bar{p}'$。

（5）由 $\bar{q}'_V$ 和 $\bar{p}'$ 查所选类型的无因次性能曲线图。如果由 $\bar{q}'_V$ 和 $\bar{p}'$ 决定的点落在 $\bar{q}_V\text{-}\bar{p}$ 曲线下面，而且紧靠曲线，即认为合适，否则应加大叶轮直径 $D'_2$ 或转速 $n'$ 进行重选。

（6）根据 $\bar{q}'_V$ 和 $\bar{p}'$ 查无因次 $\bar{q}_V\text{-}\eta$ 曲线，得 $\eta$。利用公式

$$P=\frac{p\,q_V}{\eta}$$

或直接查 $\bar{q}_V\text{-}\bar{p}$ 曲线，查出 $P$。再考虑电动机功率的富裕系数，选用标准的电动机。

（7）将各类型风机加以比较，选出适合需要的风机。

改造风机时，往往转速已知，这时首先计算比转速 $n_y$。由比转速 $n_y$ 找出与它相近型号风机的无因次性能曲线；由 $n_y$ 查出 $\bar{q}_V$、$\bar{p}$ 计算出 $D_2$；最后根据风机的空气动力学图，定出风机流道各部分的尺寸和形状。当叶轮圆周速度超过 120m/s 时，必须进行强度校核。

4. 软件选型

由于风机产品种类繁多，选型花费时间长，而且还会出现遗漏和差错，工作效率低。随着计算机数据库技术的发展和广泛应用，计算机辅助选型开始引入风机选型中。随着各个制造商加入对选型软件的数据支持，风机选型软件与 CAD/CAM 一起，逐渐成为风机选型的主要手段。结合已积累的经验和已有的资料，运用风机选型技术与计算机软件技术，有效地解决了上述问题，使技术人员从繁杂的劳动中解脱出来。但由于各个制造商的对软件的数据支持仍然不够完善，制约了该类辅助软件的应用。

【例 7-1】　试选择满足下列条件的引风机：$q_{V\max}=42.46\times10^4 m^3/h$，管路中总损失 $p_{\max}=3061Pa$，烟气热力学温度 $T=411K$，当地大气压力 $p_{amb}=99325Pa$。

解　根据《火力发电厂设计技术规程》选用两台并联运行。每台的计算参数为

$$q'_V=1/2\times1.10\times q_{V\max}=1/2\times1.10\times42.46\times10^4 m^3/h=23.35\times10^4 m^3/h$$

$$p'=1.15p_{\max}=1.15\times3061Pa=3520.15Pa$$

由于引风机的性能表和选择曲线是按常态状况（$t=165℃$，$p_{amb}=101325Pa$，密度 $\rho=0.745kg/m^3$）绘制的，故风机的计算参数修正为

$$q_V=q'_V=23.35\times10^4 m^3/h$$

$$p_{165}=p'\times\frac{101325}{p_{amb}}\times\frac{T}{438}=3520.15Pa\times\frac{101325}{99325}\times\frac{411}{438}=3369.7Pa$$

根据 $q_V$ 和 $p$ 查附图-7　Y4-13.2-11 型引风机选择曲线，选得 Y4-13.2-11No.20 型风机两台。转速 $n=960\text{r/min}$，叶轮直径 $D_2=2\text{m}$，电动机功率 $P=380\text{kW}$，效率 $\eta=93\%$，该台风机的风量 $q_V=26.2\times10^4\text{m}^3\text{/h}$，全压 $p=3257\text{Pa}$。

**【例 7-2】**　试根据风机无因次性能曲线选择风机。已知：$q_V=40\text{m}^3\text{/s}$，$p=2109.2\text{Pa}$，介质为空气，$\rho=1.2\text{kg/m}^3$。

**解**　以 4-13.2 型风机无因次性能曲线为例。

由附图-7 查得：当 $\eta=93\%$ 时，$\overline{p}=0.435$，$\overline{q}_V=0.22$，按式（7-10）计算。

$$D_2=1.131\sqrt[4]{\frac{\rho q_V^2 \overline{p}}{p\,\overline{q}_V^2}}=1.131\sqrt[4]{\frac{1.2\text{kg/m}^3\times(40\text{m}^3\text{/s})^2\times0.435}{2109.2\text{Pa}\times(0.22)^2}}=1.92\text{m}$$

选取机号 No.20　4-13.2-11 型离心风机，取 $D_2=2\text{m}$。

由式（7-11）计算转速

$$n=\frac{60}{\pi D'_2}\sqrt{\frac{p}{\rho\,\overline{p}}}=\frac{60}{\pi\times2\text{m}}\sqrt{\frac{2109.2\text{Pa}}{1.2\text{kg/m}^3\times0.435}}=606\quad\text{r/min}$$

取 $n=610\text{r/min}$。

根据 $D_2=2\text{m}$，$n=610\text{r/min}$，计算 $u'_2$，$\overline{q}'_V$ 和 $\overline{p}_1$ 如下：

$$u'_2=\pi D_2 n=\pi\times2\text{m}\times\frac{610}{60\text{s}}=63.9\quad\text{m/s}$$

$$\overline{p}'=\frac{p}{\rho u'^2_2}=\frac{2109.2\text{Pa}}{1.2\text{kg/m}^3\times(63.9\text{m/s})^2}=0.43$$

$$\overline{q}'_V=\frac{q_V}{\frac{\pi}{4}D_2^2 u'_2}=\frac{40\text{m}^3\text{/s}}{\frac{\pi}{4}\times(2\text{m})^2\times63.9\text{m/s}}=0.2$$

根据 $\overline{q}'_V$ 和 $\overline{p}'$，查附图-7 由 $\overline{q}'_V$ 和 $\overline{p}'$ 决定的点落在 $\overline{q}_V-\overline{P}$ 曲线下面，认为合适。

计算风机的轴功率

$$P'=\frac{pq_V}{\eta}=\frac{2109.2\text{Pa}\times40\text{m}^3\text{/s}}{1000\times0.93}=90.72\text{kW}$$

电动机功率

$$P=\frac{K_1 P'}{\eta_\text{d}}=\frac{1.15\times90.72\text{kW}}{0.98}=106.46\text{kW}$$

式中　$K_1$——电动机容量的安全裕量，取 $K_1=1.15$。

最后选定现已生产的电动机标准 $P\approx125\text{kW}$。

# 附录Ⅰ　泵与风机的型号编制

**一、泵的型号编制**

**(一) 离心泵的基本型式及其代号**

| 泵的型式 | 型式代号 | 泵的型式 | 型式代号 |
|---|---|---|---|
| 单级单吸离心泵 | IS·B | 大型立式单级单吸离心水泵 | 沅 江 |
| 单级双吸离心泵 | S·Sh | 卧式凝结水泵 | NB |
| 节段式单吸多级离心泵 | D | 立式凝结水泵 | NL |
| 节段式多级离心泵首级为双吸 | DS | 立式筒袋型多级离心凝结水泵 | LDTN |
| 节段式多级锅炉给水泵 | DG | 卧式疏水泵 | NW |
| 圆筒型双壳体多级卧式离心泵 | YG | 单吸离心油泵 | Y |
| 中开式多级离心泵 | DK | 筒式离心油泵 | YT |
| 前置泵（离心泵） | GQ | 单级单吸卧式离心灰渣泵 | PH |
| 热水循环泵 | R | 长轴离心深井泵 | JC |
| 大型单级双吸中开式离心泵 | 湘 江 | 单级单吸耐腐蚀离心泵 | IH |

**(二) 轴流泵的基本型式及其代号**

| 泵的型式 | 轴流式 | 立 式 | 卧 式 | 半调式叶片 | 全调式叶片 |
|---|---|---|---|---|---|
| 型式代号 | Z | L | W | B | Q |

**(三) 流泵的基本型式及其代号**

| 泵的型式 | 型式代号 | 泵的型式 | 型式代号 |
|---|---|---|---|
| 闭式叶轮立式斜流泵 | HB | 立式半调节叶片蜗壳式斜流泵 | HLWB |
| 半开式叶轮立式斜流泵 | HK | 单吸卧式斜流泵 | FB |

除上述基本型号表示泵的名称外，还有一系列补充型号表示该泵的性能参数或结构特点。其组成方式如下：

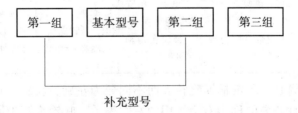

由于泵的用途不同，其型号的编制方法也不同。引进技术生产的泵产品，是按其各自国家的习惯编制的。

对泵型号编制举例如下：

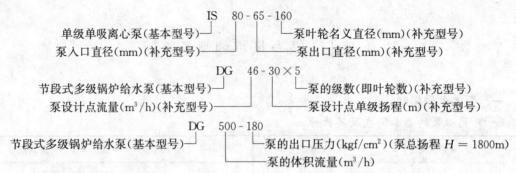

**二、风机的型号编制**

离心通风机的型号编制包括：名称、型号、机号、传动方式、旋转方向和出风口位置等六部分内容组成。

（1）名称：指通风机的用途，如 G 表示锅炉送风机，Y 表示锅炉引风机，M 表示煤粉风机等。

（2）型号：由基本型号和补充型号组成，其型式如下：

基本型号第一组数字表示压力系数乘以 10 以后取整数。第二组数字表示比转速取整数的值。补充型号第三组数字由两位数组成。第一位数字表示风机的进气方式的代号，0 表示双吸风机；1 表示单吸风机；2 表示两级串联风机。第二位数字表示设计的顺序号。

（3）机号：用通风机叶轮直径的分米（dm）数表示，数字前冠以 No。

（4）传动方式：风机传动方式有六种，分别以大写字母 A、B、C、D、E、F 表示，见附表-1 及附图-1 所示。

**附表-1** 　　　　　　　　　　　**离心风机传动方式及结构特点**

| 传动方式 | A | B | C | D | E | F |
|---|---|---|---|---|---|---|
| 结构特点 | 单吸，单支架，无轴承，与电动机直联 | 单吸，单支架，悬臂支承，皮带轮在两轴承之间 | 单吸，单支架，悬臂支承，皮带轮在两轴承外侧 | 单吸，单支架，悬臂支承，联轴器传动 | 单吸，双支架，皮带轮轴承在外侧 | 单吸，双支架，联轴器传动 |

（5）旋转方向：离心通风机根据旋转方向不同分为左旋、右旋两种。从原动机一端正视，叶轮旋转为顺时针方向的称为右旋，用"右"表示；叶轮旋转为逆时针方向的称为左旋，用"左"表示。

（6）出风口位置：根据使用要求，离心通风机蜗壳出风口方向，规定了如附图-2 所示的八个基本出风口位置，对于右转风机的出风口位置是以水平向左方规定为 0 位置，左转风机的出风口位置是以水平向右规定为 0 位置。

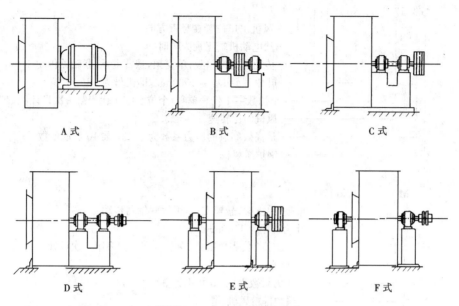

附图-1 离心风机传动方式

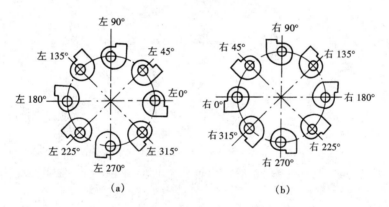

附图-2 出风口位置

(a) 左转风机；(b) 右转风机

以上六部分的排列顺序如下：

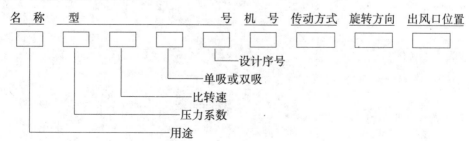

示例：

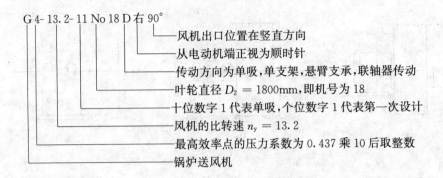

G 4- 13.2- 11 No 18 D 右 90°

- 风机出口位置在竖直方向
- 从电动机端正视为顺时针
- 传动方向为单吸，单支架，悬臂支承，联轴器传动
- 叶轮直径 $D_2 = 1800$mm，即机号为 18
- 十位数字 1 代表单吸，个位数字 1 代表第一次设计
- 风机的比转速 $n_y = 13.2$
- 最高效率点的压力系数为 0.437 乘 10 后取整数
- 锅炉送风机

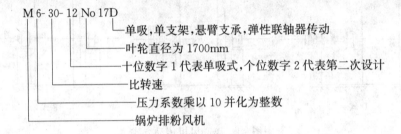

M 6- 30- 12 No 17D

- 单吸，单支架，悬臂支承，弹性联轴器传动
- 叶轮直径为 1700mm
- 十位数字 1 代表单吸式，个位数字 2 代表第二次设计
- 比转速
- 压力系数乘以 10 并化为整数
- 锅炉排粉风机

# 附录Ⅱ　单　位　换　算

## 一、长度的换算表

| 米<br>(m) | 厘米<br>(cm) | 英尺<br>(ft) | 英寸<br>(in) | 备　注 |
|---|---|---|---|---|
| 1 | 100 | 3.280840 | 39.37008 | 1ft=12in=30.48cm |
| $10^{-2}$ | 1 | $3.280840 \times 10^{-2}$ | 0.3937008 | 1m=100cm=39.37008in |
| 0.304800 | 30.48000 | 1 | 12 | 1in=25.4mm=2.54cm |
| $2.540000 \times 10^{-2}$ | 2.540000 | $8.333333 \times 10^{-2}$ | 1 | |

## 二、面积的换算表

| 米²<br>(m²) | 厘米²<br>(cm²) | 毫米²<br>(mm²) | 英尺²<br>(ft²) | 英寸²<br>(in²) | 备　注 |
|---|---|---|---|---|---|
| 1 | $10^4$ | $10^6$ | 10.76391 | 1550.003 | $1m^2=10^4cm^2=10^6mm^2$ |
| $10^{-4}$ | 1 | 100 | $1.076391 \times 10^{-3}$ | 0.1550003 | $=1550.003in^2$ |
| $10^{-6}$ | $10^{-2}$ | 1 | $1.076391 \times 10^{-5}$ | $1.550003 \times 10^{-3}$ | $1ft^2=144in^2$ |
| $9.290304 \times 10^{-2}$ | 929.0304 | $929.0304 \times 10^2$ | 1 | 144 | $=929.0304cm^2$ |
| $6.451600 \times 10^{-4}$ | 6.451600 | 645.1600 | $6.944444 \times 10^{-3}$ | 1 | $1in^2=6.4516cm^2$ |

## 三、容积（液量）的换算表

| 米³<br>(m³) | 升（公制）<br>(L) | 厘米³<br>(cm³) | 英尺³<br>(ft³) | 加仑（英）<br>(gal) | 加仑（美）<br>(gal) | 备　注 |
|---|---|---|---|---|---|---|
| 1 | $10^3$ | $10^6$ | 35.31467 | 219.9694 | 264.1720 | $1m^3=10^3L=10^6cm^3$ |
| $10^{-8}$ | 1 | $10^8$ | $3.531467 \times 10^{-2}$ | 0.2199694 | 0.2641720 | $=219.99694gal$（英） |
| $10^{-6}$ | $10^{-3}$ | 1 | $3.531467 \times 10^{-5}$ | $2.199694 \times 10^{-4}$ | $2.641720 \times 10^{-4}$ | $=264.1720gal$（美） |
| $2.831685 \times 10^{-2}$ | 28.31685 | $28.31685 \times 10^3$ | 1 | 6.228839 | 7.480517 | $=35.31467ft^3$ |
| $4.546087 \times 10^{-3}$ | 4.546087 | $4.546087 \times 10^3$ | 0.1605436 | 1 | 1.200949 | $1ft^3=7.480517gal$（美） |
| $3.785412 \times 10^{-3}$ | 3.785412 | $3.785412 \times 10^3$ | 0.1336806 | 0.8326748 | 1 | $=6.228839gal$（英）<br>$=2.831685 \times 10^{-2}cm^3$ |

## 四、流量的换算表

| 米³/秒<br>(m³/s) | 米³/时<br>(m³/h) | 英尺³/分<br>(ft³/min) | 英尺³/时<br>(ft³/h) | （英）加仑/分<br>(gal/min) | （美）加仑/分<br>(gal/min) | （公制）升/秒<br>(L/s) |
|---|---|---|---|---|---|---|
| 1 | 3600 | $2.118880 \times 10^3$ | $1.271328 \times 10^5$ | $1.319816 \times 10^4$ | $1.585032 \times 10^4$ | 1000 |
| $2.777778 \times 10^{-4}$ | 1 | 0.5885778 | 35.31467 | 3.666157 | 4.402867 | 0.2777778 |
| $4.719475 \times 10^{-4}$ | 1.699011 | 1 | 60 | 6.228839 | 7.480517 | 0.4719475 |
| $7.865792 \times 10^{-6}$ | $2.831685 \times 10^{-2}$ | $1.666667 \times 10^{-2}$ | 1 | 0.1038140 | 0.1246753 | $7.865792 \times 10^{-3}$ |
| $7.576812 \times 10^{-5}$ | 0.2727652 | 0.1605436 | 9.632614 | 1 | 1.200949 | $7.576812 \times 10^{-2}$ |
| $6.309020 \times 10^{-5}$ | 0.2271247 | 0.1336806 | 8.020836 | 0.8326748 | 1 | $6.309020 \times 10^{-2}$ |
| $10^{-3}$ | 3.600000 | 2.118880 | 127.1328 | 13.19816 | 15.85032 | 1 |

## 五、重量或力的换算表

| 牛（顿）<br>（N） | 达因<br>（dyn） | 公斤（力）<br>（kgf） | （公）吨<br>（ton） | 磅<br>（lb） | （英）吨<br>（long ton） | （美）吨<br>（short ton） |
|---|---|---|---|---|---|---|
| 1 | $10^5$ | 0.1019716 | $101.9716\times10^{-6}$ | 0.2248066 | $100.3616\times10^{-6}$ | $112.4050\times10^{-6}$ |
| $10^{-5}$ | 1 | $1.019716\times10^{-6}$ | $1.019716\times10^{-9}$ | $2.248066\times10^{-6}$ | $1.003616\times10^{-9}$ | $1.124050\times10^{-9}$ |
| 9.80665 | $9.80665\times10^5$ | 1 | $10^{-3}$ | 2.2046 | $984.211\times10^{-6}$ | $1.10232\times10^{-3}$ |
| $9.80665\times10^3$ | $980.665\times10^6$ | $10^3$ | 1 | $2.2046\times10^3$ | 0.984211 | 1.10232 |
| 4.44822 | $444.822\times10^3$ | 0.453600 | $0.453600\times10^{-3}$ | 1 | $446.438\times10^{-6}$ | $500.011\times10^{-6}$ |
| $9.96397\times10^3$ | $996.397\times10^6$ | $1.01604\times10^3$ | 1.01604 | $2.23997\times10^3$ | 1 | 1.12000 |
| $8.89640\times10^3$ | $889.640\times10^6$ | 907.180 | 0.907180 | 2000 | 0.892857 | 1 |

$1N=10^5 dyn=0.101972 kgf=0.224807 lb$；

$1kgf=980.665\times10^3 dyn=9.80665N=2.20460 lb$；

$1lb=0.453600 kgf=444.822\times10^3 dyn=4.44822N$。

## 六、压力的单位换算表

| 帕<br>（Pa）<br>（N/m²） | 公斤/厘米²<br>（kg/cm²） | 吨/米²<br>（ton/m²） | 标准大气压<br>（atm） | 磅/英寸²<br>（lb/in²） | 巴<br>（bar） | $p/\gamma$ 水银柱（0℃） | | $p/\gamma$ 水柱（15℃） | |
|---|---|---|---|---|---|---|---|---|---|
| | | | | | | 毫米（mm） | 英寸（in） | 米（m） | 英尺（ft） |
| 1 | $10.1972\times10^{-6}$ | $101.972\times10^{-6}$ | $9.86923\times10^{-6}$ | $145.036\times10^{-6}$ | $10\times10^{-6}$ | $7.50062\times10^{-3}$ | $295.300\times10^{-6}$ | $102.074\times10^{-6}$ | $334.887\times10^{-6}$ |
| $98.0665\times10^3$ | 1 | 10 | 0.967492 | 14.2230 | 0.980665 | 735.560 | 28.9592 | 10.0090 | 32.8380 |
| $9.80665\times10^3$ | 0.1 | 1 | 9.67492 | 1.42230 | $9.80665\times10^{-2}$ | 73.5560 | 2.89592 | 1.00090 | 3.28380 |
| $101.325\times10^3$ | 1.03320 | 10.3320 | 1 | 14.6958 | 1.01325 | 760.000 | 29.9213 | 10.3322 | 33.8983 |
| $6.89476\times10^3$ | $7.03077\times10^{-2}$ | 0.703077 | $6.80467\times10^{-2}$ | 1 | $6.89476\times10^{-2}$ | ·51.7155 | 2.03604 | 0.703780 | 2.30899 |
| $10^5$ | 1.01972 | 10.1972 | 0.986923 | 14.5036 | 1 | 750.062 | 29.5300 | 10.2074 | 33.4887 |
| 133.322 | $1.35951\times10^{-3}$ | $1.35951\times10^{-2}$ | $1.31579\times10^{-3}$ | $1.93366\times10^{-2}$ | $1.33322\times10^{-3}$ | 1 | $3.93700\times10^{-2}$ | $1.36087\times10^{-2}$ | $4.46480\times10^{-2}$ |
| $3.38639\times10^3$ | $3.45316\times10^{-2}$ | 0.345316 | $3.34211\times10^{-2}$ | 0.491149 | $3.38639\times10^{-2}$ | 25.4000 | 1 | 0.345661 | 1.13406 |
| $9.79685\times10^3$ | $9.99000\times10^{-2}$ | 0.999000 | $9.66874\times10^{-2}$ | 1.42090 | $9.79685\times10^{-2}$ | 73.4824 | 2.89301 | 1 | 3.28084 |
| $2.98608\times10^3$ | $3.04496\times10^{-2}$ | 0.304496 | $2.94703\times10^{-2}$ | 0.433090 | $2.98608\times10^{-2}$ | 22.3974 | 0.881789 | 0.304800 | 1 |

$1Pa=1N/m^2=10^{-5}bar=1.01972\times10^{-5}kgf/cm^2=9.86923\times10^{-6}atm=7.50062\times10^{-3}mmHg(0℃)=145.036\times10^{-6}lb/in^2=295.300\times10^{-6}in\ Hg(0℃)=10dyn/cm^2=334.887\times10^{-6}ftH_2O(15℃)$；

$1bar=10^6 dyn/cm^2=10^5 Pa$；

$1atm=760mmHg(0℃)=101.325\times10^5 Pa$。

## 七、温度的换算表

| | |
|---|---|
| 1. $t°F = 32 + 1.8t°C$ <br><br> 2. $tK = 273.16 + t°C = \dfrac{5}{9}(459.67 + t°F) = \dfrac{5}{9}t°R$ | ℃——摄氏温标 <br> °F——华氏温标 <br> K——开尔文温标 <br> °R——朗肯温标 |

## 八、比转速的换算表

| $\dfrac{3.65n\sqrt{q_V}}{H^{0.75}}$ | $\dfrac{n\sqrt{q_V}}{H^{0.75}}$ | | |
|---|---|---|---|
| 中国 | 日本 | 英国 | 美国 |
| m³/s，m，r/min | m³/s，m，r/min | gar/min，ft，r/min | gar/min，ft，r/min |
| 1 | 2.12218 | 12.9115 | 14.1494 |
| 0.471213 | 1 | 6.08404 | 6.66737 |
| 0.115423 | 0.244949 | 1.49028 | 1.63317 |
| 0.193299 | 0.410215 | 2.49576 | 2.73505 |
| 0.077451 | 0.164361 | 1 | 1.09588 |
| 0.070675 | 0.149981 | 0.912510 | 1 |

## 九、汽蚀比转速的换算表

| $\dfrac{5.62n\sqrt{q_V}}{NPSH_r^{0.75}}$ | $\dfrac{n\sqrt{q_V}}{NPSH_r^{0.75}}$ | | |
|---|---|---|---|
| 中国 | 日本 | 英国 | 美国 |
| m³/s，m，r/min | m³/s，m，r/min | gar/min，ft，r/min | gar/min，ft，r/min |
| 1 | 1.37829 | 8.38555 | 9.18954 |
| 0.725539 | 1 | 6.08404 | 6.66737 |
| 0.119253 | 0.164364 | 1 | 1.09588 |
| 0.108819 | 0.149984 | 0.912510 | 1 |

## 十、功的换算表

| 焦耳（J）<br>牛·米（N·M） | 尔格<br>（erg） | 公斤（力）·米<br>（kgf·m） | 磅（力）·英尺<br>ft·lb[f] | 千瓦·小时<br>（kW·h） | 法马力·小时<br>[PS]·h | 英热单位<br>（Btu） |
|---|---|---|---|---|---|---|
| 1 | $10^7$ | 0.101972 | 0.737562 | $2.77778×10^{-7}$ | $3.77673×10^{-7}$ | $947.817×10^{-6}$ |
| $10^{-7}$ | 1 | $10.1972×10^{-9}$ | $73.7562×10^{-9}$ | $27.7778×10^{-15}$ | $37.7673×10^{-15}$ | $94.7817×10^{-12}$ |
| 9.80665 | $98.0665×10^6$ | 1 | 7.23301 | $2.72407×10^{-6}$ | $3.70370×10^{-6}$ | $9.29491×10^{-3}$ |
| 1.35582 | $13.5582×10^6$ | 0.138255 | 1 | $376.616×10^{-9}$ | $512.055×10^{-9}$ | $1.28507×10^{-3}$ |
| $3.60000×10^6$ | $36.000×10^{12}$ | $367.098×10^3$ | $2.65522×10^6$ | 1 | 1.35962 | $3.41214×10^3$ |
| $2.64780×10^6$ | $26.4780×10^{12}$ | $270.000×10^3$ | $1.95291×10^6$ | 0.735499 | 1 | $2.50963×10^3$ |
| $1.05506×10^3$ | $10.5506×10^9$ | 107.586 | 778.169 | $293.071×10^{-6}$ | $398.466×10^{-6}$ | 1 |

## 十一、功率的换算表

| 1000W（kW） | 公斤（力）·米/秒（kgf·m/s） | 磅（力）·英尺/秒（lb·ft/s） | 法马力〔PS〕 | 千卡$_{IT}$/时（kcal$_{IT}$/h） | 英热单位/时（Btu/h） |
|---|---|---|---|---|---|
| 1 | 101.972 | 737.562 | 1.35962 | 860.000 | $3.41214 \times 10^{-3}$ |
| $9.80665 \times 10^{-3}$ | 1 | 7.23301 | $1.3333 \times 10^{-2}$ | 8.43372 | $33.4617 \times 10^{-6}$ |
| $1.35581 \times 10^{-3}$ | 0.138255 | 1 | $1.843398 \times 10^{-3}$ | 1.16600 | $4.62624 \times 10^{-6}$ |
| 0.735499 | 75.0000 | 542.477 | 1 | 632.530 | $2.50963 \times 10^{-3}$ |
| $1.16279 \times 10^{-3}$ | 0.118572 | 0.857630 | $1.58095 \times 10^{-3}$ | 1 | $3.96760 \times 10^{-6}$ |
| 293.071 | $29.8849 \times 10^{3}$ | $216.168 \times 10^{3}$ | 398.465 | $252.041 \times 10^{3}$ | 1 |

## 附 录 Ⅲ 泵 系 列 型 谱 及 风 机 性 能 选 择 曲 线

### 一、IS 型单级单吸离心泵系列型谱

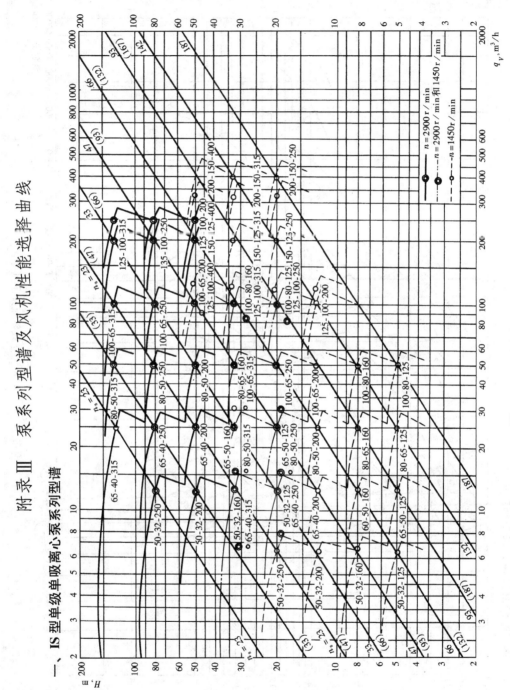

附图－3　IS 型单级单吸离心泵系列型谱

二、HB、HK 型立式斜流泵系列型谱

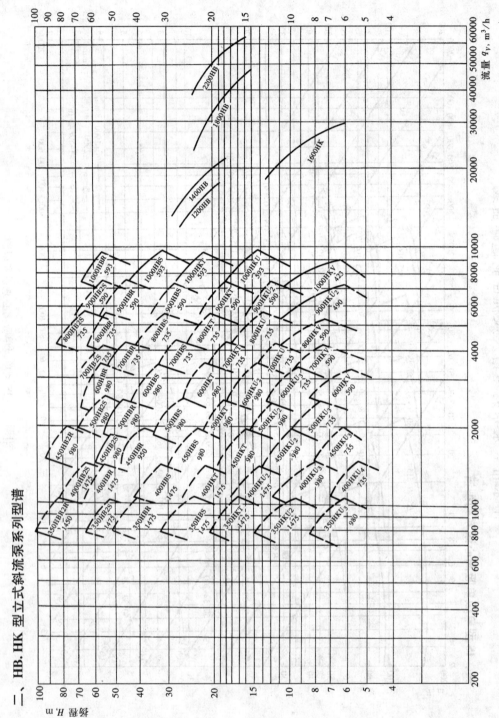

附图 - 4　HB、HK 型立式斜流泵系列型谱

三、A450、B520、C630 等系列斜流泵型谱

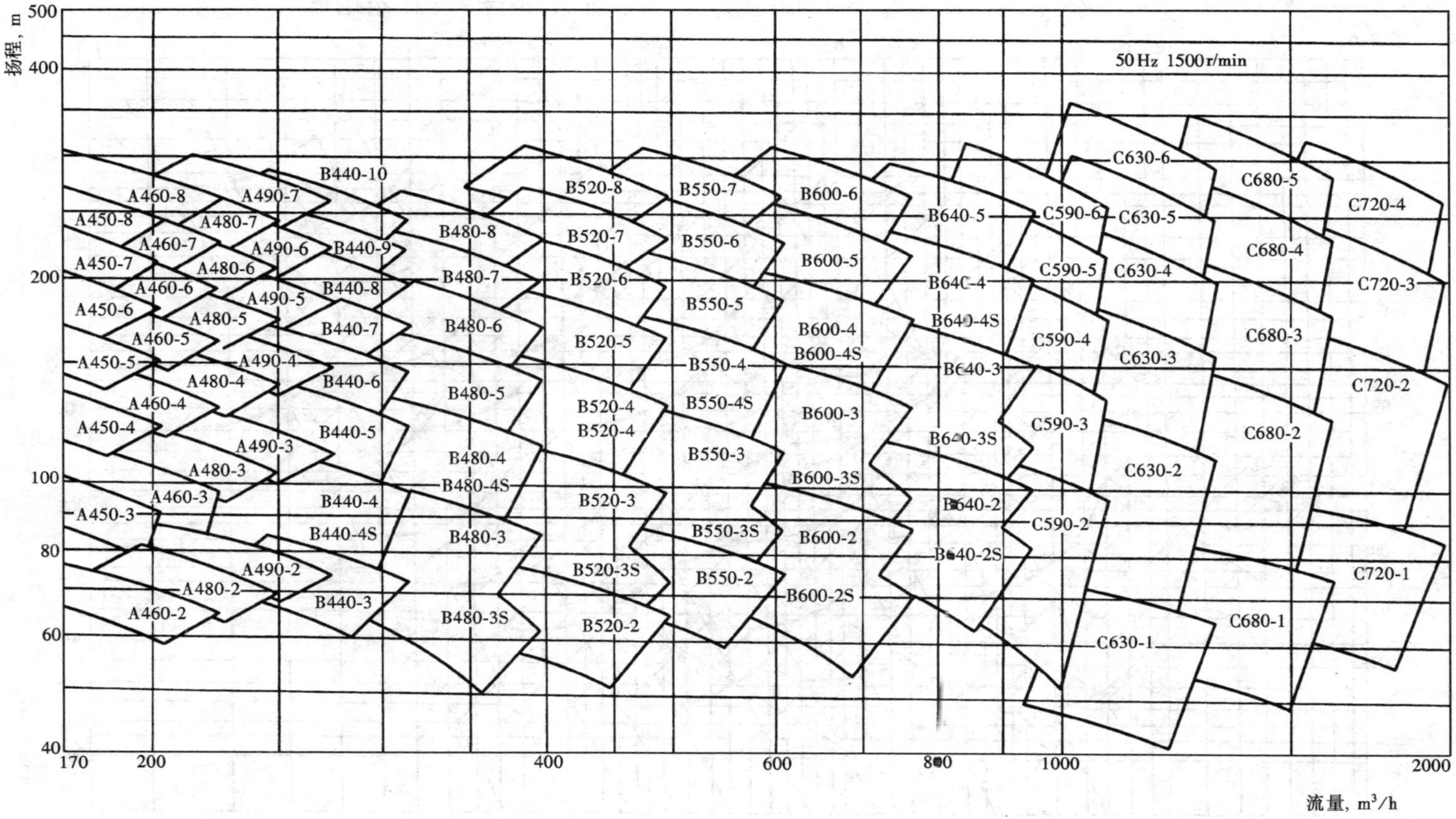

附图-5　A450、B520、C630 等系列斜流泵型谱

## 四、G4-13.2 型风机性能选择曲线

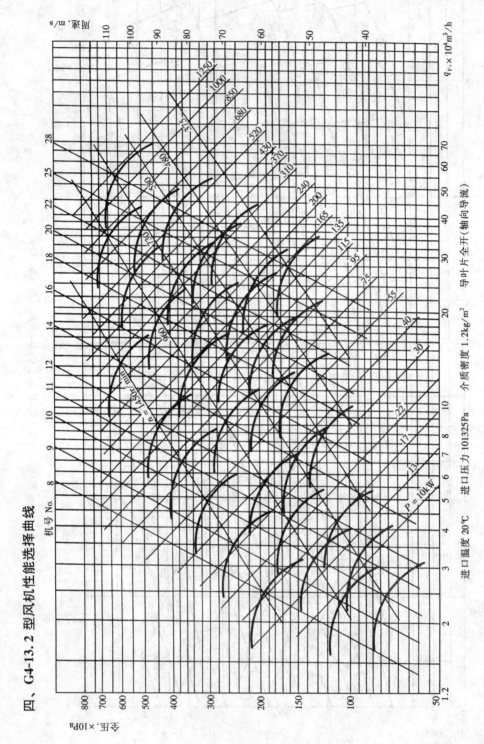

附图 - 6　G4-13.2 型送风机性能选择曲线

进口温度 20℃　　进口压力 101325Pa　　介质密度 1.2kg/m³　　导叶片全开（轴向导流）

五、Y4-13.2 型引风机性能选择曲线

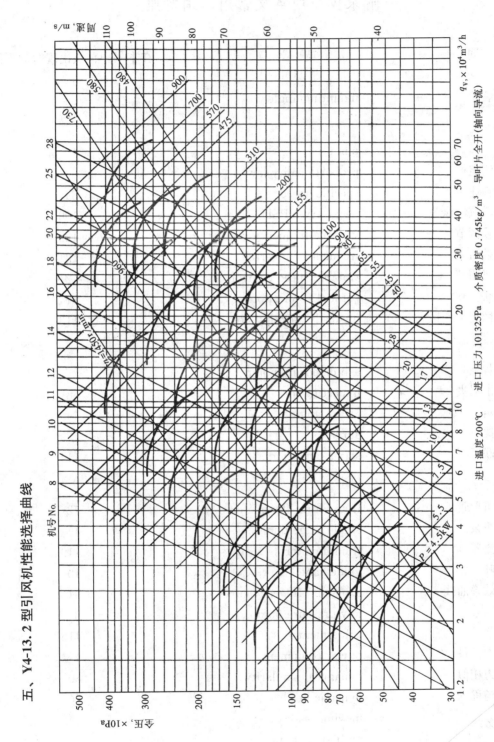

附图-7 Y4-13.2 型引风机性能选择曲线

进口温度 200℃ 进口压力 101325Pa 介质密度 0.745kg/m³ 导叶片全开(轴向导流)

# 附录Ⅳ　中英文常用名词对照

| 名　词 | 英　文 | 在本书中首次出现时的页码 |
| --- | --- | --- |
| **A** | | |
| 安装角 | mounting angle | 24 |
| **B** | | |
| 泵 | pump | 1 |
| 比例定律 | proportionality law | 82 |
| 比转速 | specific speed | 84 |
| 必需汽蚀余量 | necessary NPSH | 100 |
| 变频调节 | variable frequency regulation | 122 |
| 变频器 | frequency converter | 121 |
| 变速调节 | variable speed control | 121 |
| 并联 | parallel connection | 114 |
| 不稳定工作区 | unsteady working area | 113 |
| **C** | | |
| 冲灰泵 | ash disposing pump | 2 |
| 冲击损失 | impacting loss | 58 |
| 冲角 | attack angle | 44 |
| 喘振 | surge | 129 |
| 串联运行 | series operation | 114 |
| **D** | | |
| 单笛形管 | flute‑form flowmeter | 72 |
| 单级泵 | single stage pump | 4 |
| 导流器 | fluid director | 119 |
| 导叶 | guide vane | 10 |
| 等效率曲线 | constant efficiency curve | 91 |
| 低压泵 | low pressure pump | 3 |
| 调节 | adjustment | 118 |
| 动力设备 | power equipment | 1 |
| 动力相似 | dynamical similarity | 80 |
| 动扬程 | dynamic head | 26 |
| 动叶 | moving blade | 123 |
| 多级泵 | multistage pump | 4 |

**F**

| 风机 | fan | 1 |
| 附面层分离 | boundary layer separation | 66 |
| 富裕系数 | coefficient of redundance | 55 |

**G**

| 高压泵 | high pressure pump | 3 |
| 给水泵 | feedwater pump | 2 |
| 工作点 | operating point | 112 |
| 功率 | power | 17 |
| 功率系数 | power coefficient | 89 |
| 鼓风机 | blower | 3 |
| 管路特性曲线 | pipe characterization curve | 111 |

**H**

| 后弯式叶片 | backward curved vane | 13 |
| 滑移系数 | slip coefficient | 33 |
| 环流系数 | circulation coefficient | 33 |
| 灰渣泵 | ash disposing pump | 2 |
| 回转泵 | rotary pump | 6 |
| 混流式 | Francis Turbine | 5 |

**J**

| 机械密封 | mechanical seal | 11 |
| 机械损失 | mechanical loss | 55 |
| 机械效率 | mechanical efficiency | 55 |
| 级间泄漏 | interstage leakage | 56 |
| 集流箱 | collected box | 15 |
| 几何相似 | geometrical similarity | 79 |
| 加长 | lengthening | 125 |
| 节流调节 | throttle regulation | 118 |
| 介质 | medium | 1 |
| 进气实验 | intake experiment | 71 |
| 进气箱 | intake box | 15 |
| 经济工作区 | economic operating area | 64 |
| 径向力 | radial force | 139 |
| 静扬程 | static pressure head | 26 |

**K**

| 可靠性 | reliability | 18 |
| 空气动力特性 | aerodynamic characteristics | 43 |

| 真空泵 | vacuum pump | 4 |
| 振动 | vibration | 128 |
| 中压泵 | middling pressure pump | 3 |
| 轴端密封 | shaft end seal | 10 |
| 轴功率 | shaft power | 54 |
| 轴流泵 | axial flow pump | 5 |
| 轴面速度 | axis plane velocity | 22 |
| 轴向力 | axial force | 133 |
| 转速 | rotating speed | 17 |
| 自由预旋 | free pre - rotation | 36 |
| 综合性能曲线 | comprehensive performance curve | 172 |
| 总扬程 | total head | 112 |
| 最佳工况点 | optimum operation point | 64 |

# 参 考 文 献

［1］郭立君. 泵与风机. 北京：中国电力出版社，1997.

［2］丁成伟. 离心泵与轴流泵. 北京：机械工业出版社，1981.

［3］吴达人. 泵与风机. 西安：西安交通大学出版社，1989.

［4］斯捷潘诺夫 A. J. 离心泵与轴流泵. 徐行健，译. 北京：机械工业出版社，1980.

［5］斯捷潘诺夫 A. J. 泵与鼓风机、两相流. 吴达人，译. 北京：机械工业出版社，1986.

［6］李文广. 流体机械及工程国际学术会议论文述评. 水泵技术，2001（1）.

［7］能源部电力机械局. 电站配套设备产品手册（4）. 北京：水利电力出版社，1991.

［8］李庆宜. 通风机. 北京：机械工业出版社，1987.

［9］叶衡. 泵与风机习题集. 北京：水利电力出版社，1989.

［10］杨诗成，王喜魁. 泵与风机. 5 版. 北京：中国电力出版社，2016.

［11］杨惠宗，袁仲文，陆火庆. 泵与风机. 上海：上海交通大学出版社，1992.

［12］BRUNO E. Fans，design and operation of centrifugal，axial-flow and cross-flow Fans. London：Pergamon Press LTD.，1973.

［13］HARRY L. Pumps. 5th ed. An Audel Book，1991.

［14］JOHN T. Centrifugal pump design. New York：John Wiley & Sons Inc.，2000.

［15］MICHAEL V. Pump characteristics and applications. Ind ed. London：Taylor & Francis Group，2005.